KB133501

나를 찾아 떠나는

산티아고 산책

나를 찾아 떠나는 **산티아고 산책**

발행일 2015년 6월 26일

지은이 김 정 구
펴낸이 손 형 국
펴낸곳 (주)북랩
편집인 선일영 편집 서대종, 이소현, 김아름, 이은지
디자인 이현수, 윤미리내, 임혜수 제작 박기성, 황동현, 구성우, 이탄석
마케팅 김회란, 박진관, 이희정
출판등록 2004. 12. 1(제2012-000051호)
주소 서울시 금천구 가산디지털 1로 168, 우림라이온스밸리 B동 B113, 114호
홈페이지 www.book.co.kr
전화번호 (02)2026-5777 팩스 (02)2026-5747

ISBN 979-11-5585-636-9 03980 (종이책) 979-11-5585-637-6 05980 (전자책)

이 도서의 국립중앙도서관 출판예정도서목록(CIP)은 서지정보유통지원시스템 홈페이지(http://seoji.nl.go.kr)와 국가자료공동목록시스템(http://www.nl.go.kr/kolisnet)에서 이용하실 수 있습니다.

고 독 하 지 만 　행 복 한 　길 에 서 　나 를 　만 나 다

나를 찾아 떠나는

산티아고 산책

김정구 지음

목 차

순례길 위에서

K 형!

사람이 오랫동안 마음속에 품어온 꿈을 간절하게 소망하면 그가 꿈꾸어 온 대로 꿈을 닮아가는 삶을 살아가게 된다고 합니다. 나는 호기심이라는 보물을 마음속 깊이 간직하고 아직까지 꿈을 좇아 열심히 달려왔습니다. 그러나 가끔씩 내가 그려왔던 꿈과 나는 닮은 길을 가고 있는지 의구심을 가질 때도 있고, 내가 추구해왔던 그림과 나는 정녕 같은 방향으로 가고 있나 확인하고 싶은 경우도 종종 있었습니다. 인류의 스승인 소크라테스는 이미 BC 4세기에 "나는 누구인가를 끊임없이 성찰해야 하고" "진리를 향하여 캐묻지 않는 삶은 가치가 없다"고 하여 진리를 탐구하는 삶을 중요시하였습니다. 이 문제에 대하여 좀 더 깊이 있게 생각하며 구체적인 답을 찾아가던 중에 스페인의 '산티아고 순례길'을 알게 되었습니다. 그 길은 중세부터 가톨릭의 성지순례길로 많은 순례자들의 발길이 끊이지 않고 있으며, 또한 전 세계 도보 여행자들이 즐겨 찾는 트레킹 코스이기도 합니다.

나는 「예수 그리스도」의 12제자 중 한 사람인 「성 야고보」가 2,000여 년 전에 땅끝 마을까지 하나님 말씀을 전하기 위해 갔던 그 길을 걸으면서, 그동안 궁금하게 생각해왔던 삶의 여러 가지 현상에 대하여 진지하게 생각해보고 싶었습니다. 그리고 오늘날 인문학의 화두가 되고 있는 '나는 누구이고 인간은 무엇인가, 그리고 어떻게 살 것인가'에 대한 사색의 탐험을 하며 끊임없이 물음을 던지고 답을 찾아 왔습니다. 이 과정 가운데 여행을 좋아하면서도 신앙심이 깊은 아내와 함께 카미노 길을 걸었습니다.

스페인은 내가 체험한 국가 중에서 외국인에게 가장 우호적이고 개방적인 나라입니다. 서유럽에 위치해 있으면서도 피레네 산맥을 경계로 유럽과는 또 다른 독특한 문화와 정서를 가지고 있습니다. 이탈리아 다음으로 세계문화유산이 많이 등재되어 있고, 세계 각국으로부터 관광객이 가장 많이 찾는 나라 중 하나입니다. 고대 로마나 중세 이슬람의 찬란한 문화유산이 풍부하게 남아있으면서도 또한 기독교 문화유산을 많이 가지고 있습니다. 축구와 투우에 열광하면서도 근대와 현대 예술이 발달해 있습니다. 「디에고 로드리게스 데 실바 이 벨라스케스」, 「프란시스코 호세 데 고야」, 「파블로 피카소」, 「안토니 가우디」 같은 세계적인 예술의 거장들이 배출되었고, 「호세 카레라스」와 「플라시도 도밍고」 같은 성악가가 활동하고 있는 한편으로는 플라맹고의 구슬픈 집시 음악 선율이 스페인 사람들의 밑바닥 정서에 면면히 흐르고 있습니다. 국민 대부분이 가톨릭 신자이고 세계에서 성당이 가장 많은 나라이면서도 미사 참석률은 매우 저조합니다. 이런 점들이 나의 호기심을 끌기에 충분할 만큼 매력을 안겨 주었습니다.

그 나라에 예루살렘, 로마와 함께 세계 기독교 3대 성지 가운데 하나인 산티아고 데 콤포스텔라가 있습니다. 산티아고 데 콤포스텔라로

가는 길은 12개 코스가 있는데, 가장 대표적으로 알려진 길이 프랑스 생장 피데포르에서 산티아고 데 콤포스텔라를 거쳐 땅끝 마을 피스테라까지 가는 프란세스 카미노 1,000km 구간입니다. 이 길은 1993년 유네스코가 정한 세계문화유산으로 등재되었고, 전 세계 외국인들이 성지순례로 가장 많이 방문하는 아름다운 길입니다. 이 길을 방문하는 사람들에게는 성지순례에 참가하여 느끼는 성스러운 감동 이외에도 비움으로써 채워지는 행복과 깨달음이라는 또 다른 매력적인 선물이 안겨집니다.

인간의 내면에는 선과 악이 항상 함께 존재하는 양면성이 있습니다. 선하지도 않지만, 항상 악할 수도 없습니다. 성품에 따라, 교육 과정과 정도에 따라, 환경에 따라 선과 악의 비율이 조금씩 다르게 교차되어 나타납니다. 이 비율을 바꿀 수 있는 것이 양심과 종교의 힘이라고 나는 믿어왔습니다.

우리는 끊임없이 행복을 추구합니다. 이미 행복의 마지막 도착점인 피니시 라인에 도달해서도 멈출 줄 모르고 행복을 찾아 뛰어가는 마라토너처럼 말입니다. 「플라톤」은 그의 명저 「국가(Politeia: The Republics)」에서 우리는 현실에 묶여 실체를 보지 못하는 어두운 동굴에서 벗어나 본질인 이데아를 바라보며 참된 진실을 추구해야 한다고 했습니다. 「성 어거스틴」은 "걸으면 해결된다"면서 "너무나 많은 일들이 일상에 묶여서 진짜 역사와 인생의 실체를 못 본다"고 했습니다. "그때 일상을 벗어나 걸으라"는 것입니다. 다 잊고 멈추어 서서 자신의 내면을 찬찬히 바라보고 천천히 걸으면 역사와 인생의 진짜 모습이 보인다는 것입니다.

나는 마음과 영혼의 치유 길인 카미노를 걸으면서 카미노에 참가한 많은 사람들에게 물었습니다. "순례여행의 긴 길을 걸어오면서 당신의 내면에 있는 문제에 대한 답을 얻었습니까?" 대부분의 사람들은 "Mostly"라고 대답했습니다. 이 "Mostly"가 거의 모든 답을 얻었는지, 아니면 얻었다고 믿고 싶은 것인지 잘 알 수는 없었습니다. 다만, 이 길을 걸음으로써 자신의 참모습을 발견할 수 있고 이전보다 자유롭고 행복해질 수 있으며, 또 역사와 인생에 대한 깨달음이 있고 선을 향한 구체적인 변화가 있다면 그것만으로도 충분한 답이 될 수 있다고 생각합니다.

순례길에 만난 사람들 중에 기억나는 여러 사람들이 있지만 그중에서도 가우셀모 알베르게에서 자원봉사를 하는 영국인 「피터」와 「데이비드」는 잊혀지지 않습니다. 「데이비드」는 산티아고 순례길을 세 번 걸으면서 자신의 삶이 많은 부분에서 달라졌다고 말했습니다. 특히 가족관계와 사회생활이 전보다 크게 좋아졌다며, 이웃을 위하여 봉사하는 것을 보람 있고 자랑스럽게 생각하고 있었습니다. 4명의 자녀와 6명의 손자를 둔 「피터」도 의사로 정년퇴직한 후, 샤워실 청소를 하고 변기를 닦으며 자원봉사를 하고 있었습니다. 그러함에도 그는 의사로 근무할 때보다 더 행복하다고 고백했습니다. 순례길을 걷는 동안 생각과 행동양식에 큰 변화가 생긴 것입니다.

우리는 「성 야고보」가 활동했던 시대와는 달리 서로 다양하게 소통하고 교류하며 살아가고 있습니다. 소통과 교류는 태고 시대부터 상대방과 서로 영향을 주고받으며 인류의 문명을 발전시켜왔습니다. 바쁘게 지식 정보화 시대를 살아가는 현대인들에게 순례길을 걷는 것은 지루하고도 힘든 일입니다. 나는 순례길을 걸으면서 나 자신을 좀 더 객관적으로 바라보고, 앞으로 무엇을 하며 어떻게 사회에 기여할 것인지를 진솔하게 물었습니다. 우리 인생은 현재진행형이며 삶은 과정의 연장입니다. 과거는 역사 속으로 사라지고 기억 속에만 존재할 뿐 다시는 오지 않는 시간이며, 미래는 현재로 다가오는 다음 시간일 뿐 영원히 다가오지 않는 시간입니다. 우리는 과거에 집착하고 연연해서는 안 되지만, 너무 멀리 앞만 바라보아서도 안 된다고 생각합니다. 우리가 존재하고 살아가는 공간은 지금 이 순간 바로 현재라는 사실에 주목하고, 꿈은 크게 가지되 현재를 중요시하며 현실에 충실해야 합니다.

심리학자들은 '행복이란 영혼이 자유롭게 살아 숨 쉬며 건강한 정신에서 나오는 마음이 충만한 상태'라고 정의합니다. 따라서 행복은 몸과 마음이 자유롭고 자신이 하고 싶은 일을 자신의 의지로 자유롭게 할 수 있을 때 얻어지는 것입니다. 행복은 또한 전염성이 강해서 어떠한 이웃과 어떤 경험을 함께하느냐 하는 점도 매우 중요합니다. 왜냐하면 행복과 경험은 서로 다른 사람의 삶에 상호 작용하며 영향을 미치기 때문입니다.

삶은 우리가 현재 이 순간에 존재하고 있다는 사실 자체만으로도 큰 축복이라고 생각합니다. 나는 나눌 수 있는 좋은 벗들이 있고, 일할 수 있을 만큼 건강하며, 섬길 수 있는 이웃이 있음에 감사합니다.

나는 나에게 삶이 허락되는 날까지 하나님 사랑과 이웃 사랑을 실천하기를 원합니다. 손을 펴 나누며 이웃과 주변 사람들에게 삶의 따뜻한 온기가 전달되기를 소망합니다. 그리고 나에게 주어진 달란트가 잘 선용되어 세상을 향하여 선한 영향력이 미쳐지기를 희망합니다.

2015년 6월

김 정 구

엘 카미노 데 산티아고 데 콤포스텔라의 역사적 배경

엘 카미노 데 산티아고(El Camino de Santiago)는 '산티아고로 가는 길'이라는 뜻이며, 산티아고로 가는 길을 통칭하여 '카미노(Camino)'라고 합니다. 산티아고(Santiago)는 「성 야보고(Santo Jacobeo)」의 스페인식 이름으로서, 라틴어 표현인 「Santucs lacobus」를 갈리시아어 「Sant lago」로 옮긴 말에서 유래하였습니다.

「성 야보고(?~44)」는 이스라엘에서 「세베데」와 「살로메」의 첫째아들로 태어났습니다. 그는 「예수(Jesus Christ)」의 형제이자 열두 제자 가운데 한 사람입니다. 복음서를 쓴 「요한(John the Apostle)」의 형이며 「베드로(Peter the Apostle)」와 더불어 예수의 가장 가까운 제자 중의 한 사람이었습니다. 「성 야보고」는 예수님이 십자가에서 돌아가시고 난 후 스페인 북부 갈리시아 지방으로 가서 7년간 복음을 전하였습니다. 그리고는 팔레스타인으로 돌아가 포교 활동을 하던 중 유대인 과격분자들에게 붙잡혀 로마인들에게 넘겨졌고, 유대의 헤롯 「아그리파 1세(Herod Agrippa I)」에 의해 열두 제자 중 최초로 순교하였습니다. 그의 시신은 그를 따르던 두 젊은 제자 「아타나시오(Atanasio)」와 「테오도로(Teodoro)」에 의해 돌배에 실려 스페인의 서쪽 땅끝 마을인 피스테라 앞바다로 밀려왔고, 그 후 그의 유해는 갈리시아 지방에 옮겨와 비밀리에 매장되었습니다.

800여 년이 지난 어느 날 한 은둔 수도사가 밤중에 찬란한 별빛을 보고 그 별빛을 따라 들판을 헤메다가 「성 야보고」와 제자들의 유골과 부장품들을 발견했습니다. 1122년 교황 「칼리스토 2세(Pope Callistus II: 재임 1119.2~1124.12)」때 교황청의 조사에 의하여 이 유골이 「야보고」의 유해임이 입증되었습니다. 교황 「호노리오 2세(Pope Honorius II: 재임 1124.12~1130.2)」에 의하여 「야보고」의 유해가 안장된 이곳은 가톨릭의 성지로 지정되었으며, 당시 이 지역을 지배했던 아스투리아스(Comunidad Autonoma del Principado de Asturias) 왕국의 「알폰소 2세(Alfonse II)」의 명령에 따라 이 자리에 성당이 건립되었고 산티아고 데 콤포스텔라라고 불리게 되었습니다. Compo는 들판을, Stella는 별빛을 뜻합니다. 이후 콤포스텔라는 산티아고 대성당을 중심으로 도시가 발달하였고 순례의 중심지가 되었으며 12~14세기에 절정기를 맞이하였습니다. 교황 「알렉산데르 3세(Alexander III: 재임 1159.9~1181.8)」는 이곳을 로마, 예루살렘과 더불어 거룩한 도시로 명명하였고, 교황 「칼리스토 2세(Pope Callistus II)」는 로마 가톨릭 교회 역사상 최고 성지의 영예를 부여했습니다.

산티아고 데 콤포스텔라(Santiago de Compostela)는 산티아고의 무덤 위에 대성당이 건축되면서 도시가 형성되어 점차 인구가 증가하고 종교도시로 발달하였습니다. 중세에는 매년 오십만 명 이상의 순례자들이 피레네 산을 넘어 론세스바야스를 거쳐 지나가거나, 아라곤 지방의 솜포르트를 거쳐 산티아고 데 콤포스텔라로 가는 순례길을 걸어갔다고 합니다. 순례자들이 순례길을 따라 걷는 동안 마을과 도시가 생겨

나고 다리가 건립되었으며 성당들이 건축되는 한편, 극빈자들을 수용하고 치료해주기 위한 시설인 수도원과 병원이 생겨나게 되었다고 합니다. 이 카미노 길은 피레네의 높은 산맥을 넘어 유럽과 스페인 사이에 문화와 학문 교류가 이루어지는 통로가 되었습니다. 이 길을 통해서 상품 교역이 이루어지기도 하였으며 서역의 실크로드 역할을 하기도 했던 성스러우면서도 역사적인 길입니다.

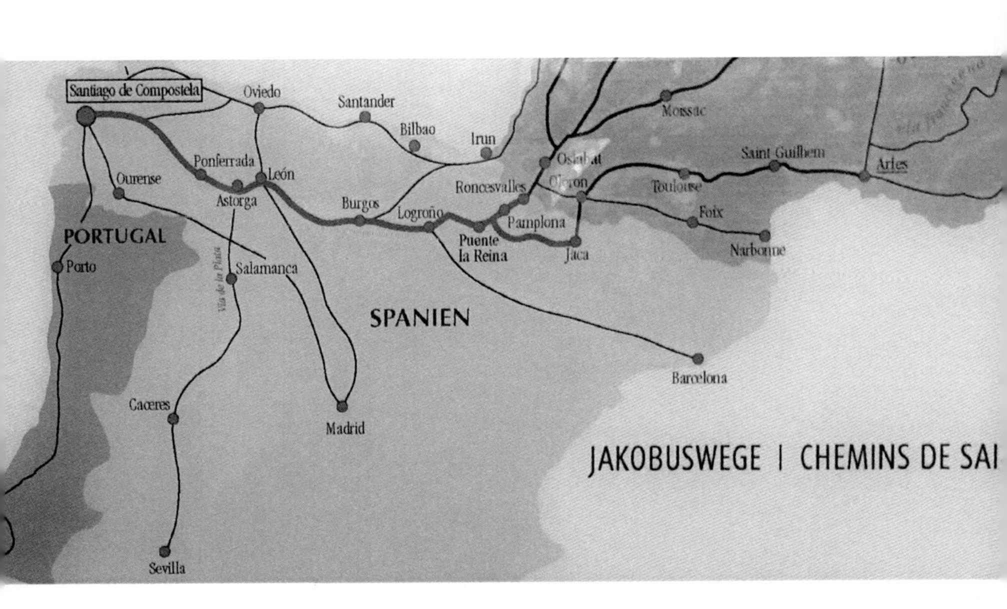

나를 찾아 떠나는 산티아고 산책

- 고독하지만 행복한 길에서 나를 만나다 -

이 길을 처음부터 끝까지 함께하며
때로는 친구가 되어주고, 때로는 연인이 되어주며,
때로는 다툴 수 있는 상대자가 되어준
사랑스런 내 삶의 동반자 정호연 님에게
감사한 마음을 전합니다.

아, 피레네여!

9/24 제1일 생장 피데포르(St. Jean Pied de Port) ~ 론세스바예스(Roncesvalles) 28km 9h

산티아고 데 콤포스텔라로 가는 순례길 첫날 아침입니다. 내가 갈 최종 목적지는 프랑스의 남서쪽 생장 피데포르를 출발하여 스페인의 산티아고 데 콤포스텔라 대성당(Catedral de Santiago de Compostela)을 거쳐 땅끝 마을인 피스테라(Faro de Fistera)까지 가는 것입니다. 2,000여 년 전부터 중동과 유럽 사람들이 땅끝 마을이라고 믿어왔던 피스테라까지 걸어가면서 「야고보」 성인의 선교 현장을 탐방해보고 싶었기 때문입니다.

카미노 출발점인 생장 피데포르는 프랑스 남서쪽 스페인과의 경계 지역에 있는 깨끗하고 아름다운 시골 마을입니다. 해발 146m의 낮은 산지에 위치하지만 초가을 날씨치고는 제법 쌀쌀하게 추위가 느껴졌습니다. 18kg이 넘는 배낭을 메고 아침 8시에 숙소 문을 나서니 세계 여러 나라에서 온 사람들이 여기저기서 "올라!"[1], "부엔 카미노!"[2], "부

1 올라(Hola): 안녕.

2 부엔 카미노(Buen camino): 좋은 순례여행 되시기 바랍니다.

에노스 디아스!"[3] 하며 반가운 인사를 건넵니다. 마치 수학여행 가는 학생이 길 위에서 반가운 친구를 만난 듯 기대에 부푼 모습입니다.

론세스바야스로 가는 데는 두 갈래 길이 있습니다. 한 길은 짧고 쉬운 평지 길이지만 재미가 없다고 하며, 또 다른 길은 높이 1,500m의 피레네 산맥(Los Pirinos)을 넘어가는 다소 멀고 힘든 길이지만 경치가 무척 아름다운 길이라고 합니다. 당연히 멀지만 아름다운 피레네 산맥을 넘어가기로 하였습니다. 피레네로 가는 길은 출발하면서부터 곧바로 가파른 언덕길이 시작됩니다. 자그마치 28km의 가파른 산길을 오르내려야 합니다. 숙소를 나서서 오르막 산길을 한발 한발 내딛는데 기분은 상쾌했지만 힘이 들었습니다.

사실, 어제저녁 생장 피데포르에 도착하여 순례자 사무실에서 순례자 여권을 발급받고 출발신고를 할 때, 접수를 돕는 호스피탈리노가 "론세스바예스까지 가는 첫날 28km의 여정은 너무 멀고 힘이 들며,

3 부에노스 디아스(Buenos dias): (아침 인사) 안녕하십니까?

피레네 산 정상은 날씨 변동이 매우 심하고 기온도 예측할 수 없다"며, "중간에 있는 오르손 산장에서 숙박하기를 원한다면 예약해주겠다"고 제의하였습니다. 그래서 그의 친절한 제안을 받아들였습니다. 그러하기에 여유 있게 산에 올라가 피레네 산 중턱에 있는 산장에서 하루를 지내며 산의 정기를 듬뿍 받고 다음 일정을 진행할 예정이었습니다.

순례길을 안내하는 노란색 화살표와 순례자의 상징인 조개껍데기 모양으로 표시된 길을 따라 오르는 길은 길을 잃을 염려를 하지 않아도 될 만큼 잘 안내되어 있었습니다. 기대에 부풀어서인지 큰 산의 충만한 에너지가 몸에 전달되어서인지 오르손까지 단숨에 걸어 올라가 산장에 도착하니 오전 11시였습니다. 주변을 찬찬히 둘러보았습니다. 날씨는 맑고 청명하며 주변 풍경은 경이로울 만큼 아름다웠습니다. 산에 가득 핀 야생화 냄새인지 산 고유의 냄새인지 공기조차 상큼하였습니다. 큰 산과 산이 겹쳐 보이는 위용 또한 장관이었습니다. 이곳까지 걸어온 사람에게만 허락되는 이국 산경의 아름다움과 상쾌한 감동이 가슴속에까지 시원하게 전달되어 왔습니다. 그러나 12시도 안 된 이른 시각에 산장에 짐을 풀고 다음 날까지 기다리기에는 시간이 너무 아깝다는 생각이 들었습니다. 호흡을 가다듬고 주변 산세를 둘러보며 아내와 상의한 결과 힘이 들더라도 론세스바야스까지 가기로 의견을 모았습니다.

피레네 산맥의 겹겹이 서 있는 크고 웅장한 산들은 보기에도 대단합니다. 피레네 산맥은 역사적으로 유명했던 영웅호걸들이 세상을 평정할 큰 꿈을 품고 넘나들었던 유명한 산맥입니다. 용병술의 귀재였던 「한니발(Hannibal)」 장군이 BC 218년 겨울에 10만 명의 북아프리카 카르타고군과 코끼리 부대를 이끌고 피레네와 알프스를 넘어 로마로 진격해 들어가 로마인들을 깜짝 놀라게 했던 바로 그 산맥입니다. BC 50년경 「줄리어스 시저(Julius Caesar)」가 갈리아 원정 시에 강력한 로마 군단 병력을 이끌고 넘나들며 갈리아 원정을 승리로 이끌었을 것으로 생각되는 그 유명한 산맥이기도 합니다. 「나폴레옹(Napoleon I)」이 프랑스 대군을 이끌고 침략해 왔던 그 험난한 산맥입니다. 그러나 이곳에 와서 내가 본 피레네는 일본의 여류작가 「시오노 나나미(Shiono Nanami)」의 대작 「로마인 이야기」를 읽고 내가 머릿속으로 상상해 왔던 것처럼 그렇게 험준하지는 않았습니다. 하기야 「한니발」 장군이 한겨울에 코끼리 부대를 이끌고 넘었던 피레네는 알프스 접경 동쪽 훨씬 험한 어딘가에 있을 것입니다.

「폴리비오스(Polybios)」의 「사기」에 따르면 한니발[4]은 북아프리카의 강국이었던 카르타고의 명장 「하밀카르 바르카(Hamilcar Barca)」의 아들로 태어나 어린 시절 스페인에서 성장했으며, 지중해와 대륙의 패권을 두고 로마 공화정과 전쟁하다가 일생을 마감한, 전략이 뛰어났고 용맹스러웠던 장군입니다. 그의 용맹성과 위용이 얼마나 뛰어났던지 로마 군인들은 그의 이름만 들어도 오금이 저려 달아날 정도였으며, 로마에서 우는 아이들에게도 "저기에 한니발 장군이 온다"고 하면 울음을

4 「한니발(Hannibal)」 장군(BC 247~BC 183): 고대 카르타고의 장군이자 정치가. 고대 카르타고의 위대한 장군이었던 하밀카르 바르카의 아들로 태어났다. 그의 부친은 그가 어린 나이에 스페인에 데려가서 어릴 적부터 스페인에 대한 적개심을 키웠다고 한다. 그의 나이 26세인 BC 221년 카르타고군의 총사령관에 임명되었다. 그가 죽은 BC 183년까지 지중해와 대륙의 패권을 두고 평생을 로마 공화정과 전쟁하다가 일생을 마감한, 전략이 뛰어났고 용맹스러웠던 장군이다.

뚝 그칠 정도로 위대한 장군이었다고 합니다. 그러나 일평생을 전쟁터에서 전투하다가 온 가족을 다 잃고 생을 마친 그가 당대에 위대한 장군으로서의 삶을 살았는지는 모르지만, 오늘날 나의 시각으로 그의 삶을 돌이켜 보면 행복하게 살았다고 인정하는 데 동의하고 싶지는 않습니다.

생장 피데포르에서 론세스바야스까지 가는 길은 생각보다 멀고도 험했습니다. 주변의 아름다운 경치에 취해 처음에는 힘드는 줄 모르고 올랐지만, 시간이 지날수록 발목이 아프고 배낭을 짊어진 어깨에 통증이 심하게 전해져 왔습니다. 서울 근교 산에 오를 때 가벼운 배낭을 메어 본 경험 이외에는 무거운 배낭을 어깨 위에 걸쳐본 적이 단 한 차례도 없었기에 더욱 무겁게 느껴졌습니다. 그러나 여기저기서 친절하게 인사말을 건네며 다가오는 세계 각국의 순례자들과 대화하다 보니 서로 궁금한 사항을 묻고 답하며 오르는 길도 재미있었습니다.

오르는 길에 한 여성이 큰 배낭을 등에 지고, 커다란 보조 가방을 목에 둘러메고, 또 한 손에는 비상식량까지 들고 걸음을 옮기는데 무척 힘들어 보였습니다. 외모가 동양인의 모습이기에 한국에서 왔나 하고 반갑게 물으니 일본에서 온 대학생 「하라 미츠코」라고 하였습니다. 무거운 짐을 지고 언덕길을 오르느라 얼굴이 발그레한 데다가 숨을 몹시 헐떡였습니다. 그 무거운 짐을 지고 피레네를 오르는 것이 여간 힘들 것 같지 않았습니다. 도와주려고 제의하였으나, "그냥 천천히 오르겠다"고 완곡하게 사양하며 수줍은 미소로 답을 하였습니다.

가을부터 이듬해 늦은 봄까지 피레네는 흰 눈으로 덮여있고, 날씨 변동이 심하며 안개가 끼는 날이 많다고 합니다. 피레네 산맥(Los Piri-

neos)의 험산 준령과 봉우리가 끝없이 연결되어있고, 멀리 나지막한 언덕에는 양 떼와 소 떼들이 한가로이 풀을 뜯는 전경이 평화롭게 보였습니다. 오리손 산장을 지나 2시간 가까이 올라가는 산길 양옆으로 펼쳐진 피레네 산맥은 탄성이 나오기에 충분할 만큼 아름다웠습니다.

벤타르테아(Col de Bentartea) 언덕을 넘으니 프랑스와 스페인 국경이 보였습니다. 그런데 계곡을 지나고 개울과 같은 길 하나를 건너니 벌써 스페인 땅이라고 합니다. '국경'하면 분단된 현실 속에 사는 우리는 무슨 거대한 담이나 높은 철조망이 있고 총을 거머쥔 건장한 군인들이 근엄하게 서 있을 것으로 연상하게 되는데, 국경치고는 참 허술하였습니다. 맹방인 미국과 캐나다 사이 국경을 건너더라도 통과 절차가 상당히 복잡하고 경비가 삼엄한데 국경을 이렇게 쉽게 건너다니 실감이 나지 않았습니다.

언덕을 오르며 이어지는 길이 해발 1,410m의 레푀데르(Col de Lepoeder)까지 계속되더니, 레푀데르 정상을 지나면서 내리막 경사길

이 시작되었습니다. 갑자기 시야가 확 트이며 저 멀리 숲 속에 자그마한 마을이 아련히 보였습니다. 론세스바야스라고 합니다. 웅장하고 찬란한 왕립 수도원이 있는 곳으로 유명한 론세스바야스가 오늘 가야할 목적지라고 생각하니 숲 속에 숨어있는 진주를 발견한 느낌입니다. 그러나 손에 잡힐 듯이 보이면서도 멀리 떨어져 있었고, 급격하게 내려오는 울퉁불퉁한 돌밭 길은 오르막길보다 더욱 발목과 발가락에 체중이 쏠려 신경을 곤두세우고 내려와야 했습니다.

첫날 순례길 행군치고는 먼 길을 걸어, 오후 6시 가까이 되어서야 론세스바야스의 수도원에서 운영하는 알베르게(Alberge)에 도착했습니다. 호스피탈리노들이 나와서 피곤함에 지친 순례자들을 맞아주었습니다. 자원봉사자인 호스피탈리노들은 순례자들이 머무를 숙소와 샤워장 그리고 주변 시설을 자세하게 안내해주고, 몸이 불편한 순례자들에게는 응급처치를 해주며 간단한 비상약도 제공해 주었습니다. 참 친절하고도 고마운 사람들입니다.

샤워를 마치고 안내 센터(Information Center)에 들러 주변 지도와 정보를 얻은 후에 산타마리아 성당(Real Colegiata de Santa Maria)과 성당 박물관(Museo de la Colegiata)을 둘러보았습니다. 첫날부터 무리하게 오래 걸은 탓에 발목과 발가락이 아파 오고, 걸음을 옮기는 것조차 쉽지가 않았습니다.

저녁 식사는 수도원 레스토랑에서 순례자 메뉴를 주문했습니다. 수프, 샐러드, 닭고기 요리에 포도주까지 곁들여 나오는데 가격(10유로) 대비 순례자 메뉴로는 훌륭한 편입니다. 피곤하기도 하거니와 내일의 일정을 위해 오늘은 식사 후에 일찍 잠자리에 들어야 하겠습니다. 숙소에 들어오니 여기저기서 발과 무릎을 마사지하는 사람들의 파스 냄새가 온 방 안에 가득하고, 초저녁부터 코골이들의 불협화음 합창 소리가 온 방 안에 진동합니다. 오늘부터 앞으로 40여 일간을 지내야 할, 익숙하지 않은 알베르게에 몸과 마음을 적응시켜야 하겠다고 생각하며 순례길의 첫날밤을 맞이합니다.

순례길의 단상

9/25 제2일 론세스바예스(Roncesvalles) ~ 수비리(Zubiri) 23km 7h

새벽부터 순례자들의 움직임이 부산합니다. 헤드 랜턴을 켜고 조용히 배낭을 꾸리는 사람, 생장 피데포르에서부터 먼 거리를 오는 동안 부르트고 물집 오른 발가락을 치료하는 사람, 벽을 더듬으며 어둠 속에서 물건을 확인하고 배낭을 꾸리는 사람, 모두 제각각 자기 일에 몰두하며 새벽 발걸음을 재촉합니다.

알베르게를 벗어나려는데 어제저녁에 순례자들을 따뜻하게 맞이해 준 호스피탈라노들이 모두 나와 일렬로 서서, 떠나는 순례자들에게 악수하고 포옹하며 배웅해주었습니다. 가슴 뭉클한 감사의 말이 저절로 튀어나왔습니다. 우리 사회에도 이렇게 소리 나지 않게 봉사하는 사람들의 뜻이 세상의 어두움을 밝히는 등불이 되어 멀리까지 퍼져 나아가고 그들의 온정이 험한 세상을 연결하는 다리가 되었으면 좋겠습니다.

나바라(Navara)는 프랑스에서 스페인으로 들어가는 관문이자 산티아고 데 컴포스텔라로 가는 초입에 해당합니다. 나바라의 출발점 론세스바야스를 벗어나 나지막한 내리막길을 3km쯤 내려오니 사방이 산으로 둘러싸인 부르게테(Burguete)라는 조그마한 마을이 나왔습니다. 「헤밍웨이(Ernest M. Hemingway)」가 팜플로나(Pamplona)에 머무르는 동안 '산 페르민 축제'의 도시 소음을 피해 와서 그의 대표작 「태양은 다시 떠오른다(The Sun Also Rises)」를 집필한 유명한 곳입니다. 조용하고 깨끗하며 마을 전체의 분위기가 중세 시대로 돌아간 것 같아 신비스러움마저 느끼게 합니다. 마을의 분위기와 맑은 하늘을 보니 그린 작품이 충분히 쓰일 수 있겠다는 생각이 들었습니다.

수년 전에 미국 마이애미(Miami)에 갔다가, 마이애미에서 남쪽으

로 섬들이 점점이 연결되어 12km 떨어진 곳에 있는 미국 최남단의 보석같이 아름다운 섬 키웨스트(Key West)에 들른 적이 있습니다. 쿠바(Cuba)가 바라다보이는 섬에서 「헤밍웨이」가 1928년부터 20여 년간 살면서 주요 작품을 집필한 곳입니다. 그의 마지막 작품이자 노벨상 수상작인 「노인과 바다」는 쿠바의 아바나(Havana)를 무대로 하고 있습니다. 키웨스트의 분위기와 바다를 접한 해안 그리고 바다 위에 떠 있는 보트를 보니 「노인과 바다」라는 작품 주제와 딱 어울리는 분위기입니다. 소설 속의 노인 「산티아고」가 멕시코 만의 바닷가에 보트를 대고 빈손으로 배에서 막 내리는 순간 소년이 노인의 품을 향해 달려가는 듯 「노인과 바다」의 스토리가 술술 전개되어 나아가는 것 같았습니다. 작품성이 높은 창작은 작가들의 경험과 환경이 빚어낸 창의적 아이디어를 통해 빛나는 작품이 되는구나 하는 생각이 들었습니다.

해발 1,000m의 고산지대 론세스바야스에서 좁은 길을 따라 수리비까지 내려가는 길에 메스키리츠 고개(Alto de Mezkiritz)만 제외하면 내리막길로 이어집니다. 길은 자작나무, 떡갈나무, 너도밤나무 숲의 터널로 이어지고, 숲길을 따라 내려오는 느낌은 마치 중세 시대의 순례자가 된 기분이었습니다. 산길이 그리 험하지는 않았으나 나무가 무성하여 숲 속에서 무엇인가가 갑자기 튀어나올 것 같아 손에 쥔 스틱에 은근히 힘이 들어가고 긴장되기도 하였습니다.

캐나다 밴쿠버(Vancouver)에 가면 밴쿠버와 태평양 사이에 밴쿠버 섬(Vancouver Ireland)이 있습니다. 캐나다 서해안에 남북으로 길게 뻗어있는 큰 섬으로 남한만 한 크기인데, 기후가 온화하고 주변 경관이 아름다워 사시사철 사람들이 많이 찾는 곳입니다. 우리나라에서는 부차드 가든(The Butchart Garden)이 있는 곳으로 잘 알려져 있습니다.

이 섬의 태평양에 접한 해안가에 퍼시픽 림 국립공원(Pacific Rim National Park)이 있고, 국립공원을 따라가다 보면 여러 개의 크고 작은 트레일 코스가 나옵니다. 그중에 인적이 아주 드물고 태고의 원시 상태를 유지하고 있는 웨스트 코스트 트레일(West Coast Trail)이 있습니다. 오지 탐험을 좋아하는 자유여행자들이 찾아가기를 꿈꾸는 곳 중의 하나입니다. 트레일 곳곳에 늑대와 곰 등 야생동물이 나타나는 경우도 있다고 합니다. 여행 도중에 매년 몇 사람이 희생된다고 할 만큼 위험스러워 이곳을 여행하려면 사전 허가를 받아야 하고, 장비 준비를 철저히 해야 함은 물론 사전에 철저한 트레일 훈련을 받아야 합니다.

메스키리츠 고개를 따라 에로 고개(Alto de Erro)까지 오는 동안 정도의 차이는 있겠지만 잔뜩 긴장되고 흥분되고 기대되는 것이 웨스트 코스트 트레일을 걷는 그런 느낌이었습니다. 메스키리츠 고개를 벗어나 다시 3km쯤 내려오니 비스카레트(Biscarret)라는 조그만 마을이 나옵니다. 목축을 주로 하는 마을인데 12세기까지는 순례자들을 위한 병원이 있을 정도로 번창하였으나 론세스바야스에 숙박시설과 레스토랑 등 편의시설이 생기면서 인구가 많이 감소했다고 합니다.

에로 고개를 지나면서 급격한 내리막 경사가 이어졌습니다. 길 양옆 숲에는 떡갈나무, 자작나무, 소나무가 우거져 있는데, 메스키리스 고개부터 에로 고개까지의 험한 길은 중세 순례자들을 위협하는 산적과 강도들의 보금자리였다고 합니다. 중세 순례자들은 오랜 순례길에 지쳐 몹시 배가 고프고 목이 말랐을 것입니다. 또 의료시설이 열악하고 영양 상태가 좋지 못해 질병에 많이 시달렸을 것이며, 지금처럼 샤워나 목욕시설도 거의 없었을 것입니다. 지금도 카미노 길 곳곳에 세워져 있는 중세 순례자들의 동상이나 사진을 보면 머리에서부터 발끝까지 거지나 다름없습니다. 이런 순례자들을 위하여 성당이 나서서 이들을 먹이고 입히며 잠자리를 제공해 주었다고 합니다. 그 시대의 산적이나 강도들을 오늘에 다시 만난다면, 그렇게 가난하고 불쌍한 순례자들에게서 무엇을 강탈할 것이 있었는지 물어보고 싶어집니다.

산은 오르막길을 오르는 것보다 비탈길을 내려가는 것이 훨씬 힘이 듭니다. 등에 무거운 배낭을 메고 있고 경사가 가파르니 체중의 무게와 배낭의 무게가 더해져 무릎과 발목 그리고 발가락에 하중이 배나 집중됩니다. 당연히 하체에 무리가 올 수밖에 없습니다. 이런 급경사 길을 기듯이 내려가다 보니 어느덧 저 멀리에 수비리가 숨을 듯 말 듯 살며시 보입니다. 저 마을에도 순례자들을 위한 숙소와 레스토랑이 있을 것이라고 생각하니, 침대가 있고 샤워할 수 있는 시설이 있으리라는 기대만으로도 감사한 생각이 들었습니다. 이렇게 땀을 많이 흘리고 갈증이 날 때는 시원한 생맥주 한잔이 최고입니다. 다리는 아프지만 스페인의 시원한 생맥주를 떠올리니 발걸음이 더욱 가벼워졌습니다.

지난 이틀간 쉬지 않고 길을 걸어왔지만, 힘들다거나 지루하다는 생각보다는 이국적 풍광 속에 빠져드는 행복한 느낌이 남은 일정에 대한 의욕을 강하게 고무시켜 줍니다. 학교가 우리에게 선사하는 기쁨이 '학문과의 만남, 벗과의 만남, 스승과의 만남'이라면, 카미노 길이 나에게 주는 기쁨은 '아름다운 자연과의 만남, 세계 각국 순례자들과의 만남, 나 자신과의 새로운 만남'입니다. 만남은 항상 헤어짐과 이별의 아픔을 동반합니다. 그렇지만 새로운 만남에 대한 호기심은 언제나 나의 가슴을 뜨겁게 자극합니다. 이런 호기심은 나만 가지는 것이 아니라, 세계 각국에서 온 순례자들이 물어오는 질문을 가만히 들어보면 모두 공통적으로 품고 있는 생각인가 봅니다.

오늘은 나 자신과의 새로운 만남과 자신과의 진솔한 대화를 위하여 오만한 생각이나 편견의 껍질을 벗어놓고 사색하며 숙고하는 데 조금 더 많은 시간을 할애해야 하겠습니다.

신발 이야기

9/26 제3일 수비리(Zubiri) ~ 팜플로나(Pamplona) 20.5km 6h

수비리에서 오르내리기가 계속되는 경사가 심한 산길을 한 시간 가까이 내려오니 라라소냐(Larrasoaña)가 나옵니다. 중세에 상업 활동이 활발했다고 하며, 카미노의 발전과 함께 형성되어 순례자들에게 숙소와 식사를 제공하였고 병원이 있어 치료를 도왔다고 합니다. 이어서 시골 마을 아케레타(Akerreta)와 이로츠(Irotz)까지 나지막한 내리막길을 내려오니, 고대 로마 시대로부터 전략적 요충지인 동시에 순례자들을 위한 각종 편의시설이 있었다는 트리니다드 데 아레(Trinidad de Arre) 마을이 나왔습니다. 이 마을로 들어가는 길에 서기 1세기에 건축된 트리니다드 다리가 있습니다. 물론 중간에 개축 과정을 거쳤다지만, 일천구백 년 전에 축조된 다리가 아직도 사용되고 있다니 신기한 생각이 듭니다. 건축된 지 이천여 년이 지났음에도 아직까지 건재하게 사용되고 있다는 사실이 놀랍습니다.

이십여 년 전에 우리나라의 성수대교가 붕괴되어 출근길의 많은 시민과 학생들이 희생되었던 기억이 떠오릅니다. 우리나라에도 오래된 다리를 들자면 개성의 선죽교가 있습니다. 고려 시대인 919년에 지어진 다리인데 지금은 붕괴되기 직전의 위험한 상태에 있고, 문화재로 지정되어 출입을 제한하고 있습니다. 트리나닷 다리는 중간에 개축되었다지만 로마 문명이 이 나라 도로와 건축, 수도, 다리 건설, 도량형 등 문명 발달에 가져다준 혜택이 많다는 사실을 곳곳에서 감지할 수 있습니다. 다리 아래로 흐르는 물은 옥류처럼 맑아 땀에 젖은 몸을 물속으로 풍덩 던져 수영이라도 하고 싶을 만큼 투명했습니다.

그제와 어제 양일간 돌밭 경사길을 계속 오르내렸습니다. 피레네 산은 대단히 크고 웅장하지만, 사람이 걷는 걸음 또한 대단합니다. 멀리 까마득히 보이던 산도 열심히 걷다 보면 어느새 내 옆을 지나게 되고, 또 한참 걷다 보면 등 뒤 저 멀리에 까만 점으로 사라집니다. 수비리를 벗어나 아르고 강을 끼고 내려오는 20km의 길은 전체적으로는 내리막 경사길이지만, 팜플로나까지 오는 구간에는 오르내리는 코스가 참 많아 힘들면서도 은근히 매력을 가져다주었습니다. 강기슭을 따라가다 보면 좁은 길 양옆으로 이름 모를 들꽃이 가득 피어 있고, 무화과 열매가 연분홍색으로 알맞게 익어 있어 자연이 주는 경이로운 느낌은 무엇과도 비교할 수 없었습니다.

이쯤에서 신발 이야기를 하지 않을 수 없습니다. 긴 순례길을 떠나는 여행자에게 가장 중요한 장비가 무엇이냐고 묻는다면 나는 신발이라고 주저 없이 대답하겠습니다. 1,000km 이상을 걷는데 체중을 지탱하고 발을 보호해주는 신발은 가장 신중히 선택해야 할 필수 장비 중 하나입니다. 신발 중에서도 바닥이 두껍고 발목까지 보호해주는 가죽으로 만든 방수 신발을 나는 권합니다.

이 길을 떠나오기 전에 나는 신발의 선택을 두고 꽤 고민했었습니다. 가볍고 트레킹에 좋은 경량화를 선택할 것인지, 바닥이 두껍고 다소 무겁지만 발목까지 잘 보호해주는 등산 전문화를 선택할 것인지를. 결국 신은 지 3년 되었고 평소 자주 신고 다녔던 K사의 고어텍스 등산화를 선택했습니다. 바닥이 꽤 튼튼하고 바위산 오르기에도 수월하며 견고한 가죽 제품입니다. 앨버타의 추운 겨울도 너끈히 견디어낸 등산화이기에 이 정도 신발이라면 충분하리라고 생각했습니다.

그러나 이곳에서 비포장에 험한 돌산 길을 수시로 오르내리며 걷다 보니 장거리 돌산 길을 걷는 데는 내가 신은 등산화로도 부족하다는 사실을 깨닫게 되었습니다. 처음 이틀 동안은 장시간 걷는 관계로 발에 물집이 생기고 부르텄습니다. 오랫동안 걷다 보니 발바닥이나 발가락 신경이 매우 예민해지고, 걸음을 옮길 때마다 발바닥에 밟히는 작은 자갈이나 조약돌에조차 통증이 민감하게 발바닥으로 전달되었습니다.

나는 곳곳에 서 있는 옛 순례자들의 동상을 바라보면서 곧 반성하였습니다. 지금부터 2,000여 년 전 「야고보」의 선교 여행과 중세 시대 이후의 순례자들이 신었던 신발과 복장을 생각하면 마음이 숙연해집니다. 순례 지도를 보면 저 멀리 이스라엘, 터키, 이탈리아, 독일, 프랑스로부

터 산티아고 데 콤포스텔라까지 순례길이 여러 갈래로 연결되어 있습니다. 이스라엘로부터는 5,000km 이상, 프랑스나 독일로부터 시작해도 2,000km 이상 됩니다. 그 먼 길을 걸어서 순례한다는 것은 목숨을 건 사투입니다. 게다가 과거에는 각종 질병과 전염병이 창궐했고, 곳곳에 숨어있던 산적들이 순례자들의 소중한 재물을 강탈하거나 목숨까지도 노렸으니, 이를 감수하고 오는 순례자들은 목숨을 담보하는 위험한 선택이었을 것입니다.

장거리를 걷는다는 것이 얼마나 힘들고 고된 일인지를 오래 걸어본 사람은 잘 알고 있습니다. 20kg 내외의 배낭을 메고 40여 일 동안 쉬지 않고 걷는 것은 고생을 수반할뿐더러 많은 인내를 요구하는 일이기 때문입니다.

학자들에게 인류가 역사 이래 발명한 가장 위대한 발명품이 무엇인가를 물으면, 견해의 차이는 있지만 신발이라는 데 의견을 같이합니다. 인류가 지난 일만여 년간 문명사회를 이루어오는 과정에서 발전된 신발의 형태는 모두 일곱 가지라고 합니다. 짚신, 짐승 가죽을 뒤집어 밑창에 대고 엮어 만든 가죽신, 샌들(나막신), 고무신, 운동화, 가죽 구두, 그리고 현대의 각종 기능성 신발들. 역사 속에 그렇게 많은 문명의 변화와 진보가 있었고, 첨단 과학이 발전했는데도 신발의 종류는 의외로 간단합니다. 그런데 이 일곱 가지 신발을 일평생 동안 다 신으며 살아온 사람들이 있습니다. 일만 년 인류 신발의 변천사와 과학 문명의 변화를 한 몸으로 체험하며 살아온 사람들입니다. 그들은 바로 대한민국의 60대 이상 세대들입니다.

나는 아주 어릴 적 짚신 만드는 것을 본 기억이 있고 잠시 신어보기도 했습니다. 해방 이후에 태어났기에 일본 문화의 유산인 나막신을 신어보았고, 1960년대 근대화 과정의 산물인 검정 고무신과 흰 고무신도 신어보았습니다. 어린 시절에 동네 친구들과 공을 차면 고무신과 공이 같은 방향으로 날아갔으며 때로는 공보다도 고무신이 멀리 튀어 날아갔습니다. 그 이후에 나온 운동화는 얼마나 질기고 편했는지 모릅니다. 그다음 가죽구두에 이어서 패션화가 나왔고, 오늘날 각종 스포츠의 기능을 향상시켜 주는 기능성 신발들이 나와서 이제는 가히 신발들의 천국 시대를 이루고 있습니다.

등산 의류만 해도 그렇습니다. 6·25전쟁 이후 우리 세대는 미군 군

복을 검은색으로 염색하여 그것을 교복으로, 작업복으로, 외출복으로 입고 다녔습니다. 지금처럼 등산복이나 각종 기능성 의류, 보온성 장비, 방수·방한 신발 등은 상상도 할 수 없는 시대였습니다.

우리는 지금 얼마나 편리하고 살기 좋은 세상에 살고 있나요? 각종 기능성 의류와 편의 장비들이 나오고, 순례여행하기에 용이해졌습니다. 그러나 순례의 감격과 만족도가 과거 순례자들이 느꼈던 것보다 나아졌을까를 생각하면, 문명의 이기는 사람에게 편리함을 가져다주기는 했지만, 만족도 측면에서는 과거 순례자들이 훨씬 행복했겠구나 하는 생각이 듭니다. 왜냐하면 사람은 고생의 무게만큼 성숙해지고, 어려움에 비례해서 감격과 희열이 커지기 때문입니다. 「뉴턴(Sir Issac Newton)」의 '작용과 반작용의 법칙'이 물리학뿐만 아니라 우리 삶 곳곳에서도 유효하게 적용되는가 봅니다.

팜플로나 산 페르민 축제

9/27 제4일 팜플로나(Pamplona)

유럽에서 인류가 남긴 최초의 흔적은 스페인의 부르고스(Brugos) 인근 시마 델 엘레판테(Sima del Elefante) 동굴에서 BC 약 120만 년 전의 것으로 추정되는 석기류 및 동물 뼈와 함께 사람의 것으로 추정되는 아래턱뼈가 발견된 것으로 거슬러 올라갑니다. 그다음에 발견된 흔적은 스페인 북부 해안 칸타부리아 지방의 알타미라 동굴에서 BC 18500~14000년경 후기 구석기시대의 수렵 원시인들인 크로마뇽인이 남긴 것으로 추정되는 아름답고 화려한 동물 벽화를 들 수 있습니다. 역동성이 느껴지는 들소, 이동하는 말, 수사슴 등이 입체감 있고 생동감 있게 그려져 있습니다. 그런데 구석기 시대 사람들이 남긴 것이라고 믿기 어려울 정도로 명암과 원근법을 잘 사용하였고, 사실적으로 섬세하게 묘사되어 있어 생동감이 있습니다.

BC 1000년경에는 지중해 동부에서 활동하던 무역상들과 페니키아인들이 스페인 남부와 동부 해안에 정착촌을 건설하였으나 후일 카르타고인들에 의해 점령되었고, BC 218년 제2차 포에니 전쟁에서 카르타고가 로마에 패한 이후 스페인은 로마인의 영토가 되었습니다. 그

후 로마인들은 600년 동안 이베리아 반도를 지배하며 포도 경작법, 도시 건설, 건축, 수도, 원형경기장, 문화와 예술 등 빛나는 로마 문명을 이 땅에 전하고 팍스 로마나의 시대를 이어가며 번영을 가져다주었습니다.

한편, 로마인의 정착촌이었던 이탈리카[5]에서는 로마의 부유한 원로원 아들 「트라이아누스」 황제(Marcuc Ulpius Traianus: AD 53~117)가 태어났으며, 후임 「하드리아누스」(Publus Aelius Hadrianus: AD 76~138) 황제가 유년 시절을 지낸 곳이어서 고대 시대 스페인과 로마는 분리하여 생각할 수 없을 만큼 역사와 문화를 함께하였습니다. 「트라이아누스」 황제 재임 시절 로마는 역사상 가장 넓은 영토와 제국을 거느리고 번영을 누렸으며, 이탈리카에서 발견된 「하드리아누스」 황제의 조각상은 지금도 세비아 고고학 박물관에 전시되어 있습니다.

팜플로나는 바스크어로 이루냐(Iruña)라고도 하며 이베리아 반도와 갈리아를 잇는 가교 역할을 했고, 로마 제국이 이베리아 반도를 가로지르는 전략적으로 매우 중요한 요충지였습니다. 팜플로나는 원래 나바라 원주민들이 살고 있던 곳이었는데 11세기 프랑스와 유대인이 이주해오면서 문화와 예술 및 다양한 전통이 융합되는 역사적인 도시가 되었습니다. 비옥한 나바라 분지에 자리 잡고 있는 팜플로나는 옛날 굳건한 독립 왕국이었던 나바라 왕국의 수도이기도 했습니다.

2,000여 년의 역사를 가진 궁전과 오래된 성당, 그리고 구시가지를

---

5 이탈리카(Italica): 세비야 북서쪽 6km Santiponce에 있는 Rome의 고대 유적지로, 고대 로마 제국이 스페인을 지배하고 통치하면서 남긴 문명의 잔재인 원형극장과 로마 사람들이 주거하던 거주지, 목욕탕, 동물 사육장 등 중요 생활 시설의 잔재들이 남아있다.

보면 한눈에도 팜플로나가 오랜 역사와 전통이 축적되어 형성된 도시임을 알 수 있습니다. 팜플로나 도심 가운데 우뚝 솟은 성이 있고 그 성안에 옛날 고대 도시 올드타운이 있습니다. 올드타운의 가장 높은 곳에 팜플로나 대성당이 웅장하게 자리하고 있어 당시 종교의 권위와 위엄을 느낄 수 있습니다. 고대나 중세 사람들은 대개 산 정상 높은 곳에 성벽을 쌓아 적의 공격으로부터 방어할 수 있는 가장 좋은 곳에 거주지를 만들고, 성 밖에서 농사를 지으며 생업에 종사하다가 외부로부터 적이 공격해올 경우 성안으로 들어가 방어하는 형태를 취했습니다.

팜플로나 역시 언덕 꼭대기에 크고 견고한 성벽이 이중 삼중으로 에워싸여 있으며, 이 성안에 올드타운이 형성되어 있습니다. 고대의 어느 도시나 마찬가지로 이 올드타운의 성벽도 높고 두꺼우며 이중 삼중의 방어망과 해자가 설치되어 있어, 외부에서 인간의 물리적 힘만으로는 정복할 수 없을 정도로 단단하고 견고하게 지어져 있습니다. 금요일 오후에 팜

플로나에 도착하였는데, 토요일과 일요일에 '산 페르민 가을 축제'가 열린다고 하여 온 마을이 금요일 오후부터 떠들썩하였습니다.

스페인 사람들은 축제에 열광하는 민족입니다. 지구 상에서 스페인 사람들만큼 축제를 즐기는 민족도 없을 것입니다. 세계적으로 널리 알려진 '산 페르민 축제(Fiestas de San Fermin)'는 7월 6일부터 14일까지 열리는데, 전 세계 사람들이 몰려들며 불꽃놀이, 음악, 춤, 행진, 소몰이 행사 등 스페인 사람들의 뜨거운 축제의 열기를 한껏 느낄 수 있다고 합니다.[6]

엘 엔시에로(El Encierro)라 불리는 소몰이 행사는 14세기에 상인들이 소 떼를 몰고 시장에 좀 더 빨리 도착하기 위해 가던 풍습에서 유래하였다고 합니다. 이 소몰이 행사는 축제 기간에 소를 투우대회에 참가시키기 위해 소 우리에서 팜플로나 투우장까지 몰아가는 행사입니다. 매일 6마리 이상의 소 떼를 투우장까지 이동시키는 이 축제는 사람이 소를 모는 것이 아니라 정확히 말하면 뒤에서 달려오는 소를 피해 투우장까지 도망가는 축제입니다. 이 축제는 상당히 위험이 따르며 축제 때마다 사망자와 부상자가 많이 발생한다고 합니다. 그럼에도 불구하고 축제에 대한 그들의 열기는 대단하다고 하는데, 우리나라 TV에서도 여러 번 방영된 적이 있습니다.

---

6 스페인의 주요 축제: 2월 카디스 카르나발 축제, 마드리드 아르코 미술 축제, 3월 라스 파야스 봄 축제, 4월 안달루시아 최대 축제인 Feria de Abril, 치즈 축제, 5월 Feria del Caballo, 카세레스 세계 음악 축제, 코르도바 정원 축제, 산 이시도르 축제, 6월 성체축일, 바르셀로나의 일렉트로니카 축제, 리호아의 Vatalla del Vino 축제, 7월 산페르민 소몰이 축제, 산티아고 축제, 8월 고전극 축제, 발렌시아 부뇰의 토마토 축제, 9월 세비야의 플라밍고 비엔날레, 페드로 로메로 축제, 플라멩코 축제, 10월 필라르 축제, 성녀 테레사 축제, 11월 마드리드 재즈 페스티벌, 라 마탄사 등 수도 헤아릴 수 없을 만큼 많이 있다.

내가 팜플로나에 도착하였을 때 본 산 페르민 가을 축제는 팜플로나의 올드타운 전역에서 개최되었는데 여느 축제와는 달랐습니다. 동네마다 연주악단이나 합창단 또는 가면무도단을 구성하고, 온 마을 어린이와 어른이 함께 참여하는데 그 열기가 가히 하늘을 찌를 듯하였습니다. 평소에는 뜸해 보이던 사람들이 어디에서 몰려왔는지 올드타운을 가득 채워 발걸음을 떼는 것조차 힘들었습니다. 아니 군중들 틈에 밀려다닌다고 해야 적절한 표현이리라 여겨집니다. 악기라야 기타, 드럼, 아코디언, 관악기 2~3개 정도이고, 연주자들의 연주 수준도 시골 중학교 밴드부 정도였지만, 연주자들이나 청중들의 참여하는 자세는 사뭇 진지하였습니다. 악기를 연주하며 행진하는 마을 집단, 여러 사람들이 빙 둘러서서 지휘자의 지휘에 따라 합창하는 마을 집단, 커다란 허수아비 왕과 왕비 또는 귀신의 복장을 하고 거리를 행진하는 마을 집단, 거기에 줄을 지어 구경하고 참여하는 관객 사이에 남녀

노소나 외국인이 따로 없었습니다. 정오부터 새벽까지 이런 열기가 계속 이어졌습니다. 심지어는 5~6세의 어린아이조차 드럼을 들고 동네 악단에 참여하여 연주하는데 그 솜씨가 어른 뺨치게 훌륭합니다. 이 축제에 기관이 개입하거나 관여한 흔적은 전혀 보이지 않습니다. 주민 모두가 자발적으로 참여한 것입니다.

이런 광란에 가까운 축제가 2일간 지속되며, 그동안 먹고 마시는데 소비되는 음료수나 와인과 맥주만 해도 그 양이 엄청나게 많습니다. 그런데 신기한 점은 우리나라 같으면 여기저기서 다툼이 일어나고 싸우는 소리가 들릴 법도 한데, 그 어디에서도 충돌이 일어나거나 고함지르는 소리조차 들어보지 못했다는 것입니다. 무질서한 것 같으면서도 그 나름의 평온한 질서가 유지되고 있었습니다.

아침 일찍 일어나 거리에 나가보았습니다. 대학 축제가 끝난 다음날 아침 일찍 캠퍼스에 가 본 일이 있는지요? 깨진 병 조각, 먹다 버린 음식, 버린 비닐 포장지, 불타다 꺼진 시커먼 나무토막과 휴지 등으로 캠퍼스 전체가 온통 쓰레기 더미로 난장판입니다. 팜플로나 시내도 그와 똑같았습니다. 아니 몇 배는 더 지저분하다고 표현해야 적절할 것 같습니다. 어떻게 이렇게 광란의 밤을 보냈단 말인가요?

그런데 그 이른 새벽에 청소차가 와서 거리를 구석구석 치우는 솜씨도 기가 막힙니다. 청소차가 쓸고 물을 뿌려 청소하고 지나간 자리는 땅바닥에 주저앉아도 좋을 만큼 깨끗하였습니다. 청소차의 거리 청소 수준과 청소 효과가 놀라웠습니다. 그렇게 더럽고 지저분했던 도시 골목과 차도가 티끌 하나 없이 깨끗하게 치워지고 있었습니다.

거리 축제에 참여하고 노는 것은 낙천적인 국민성을 반영하는 것이지만, 청소차를 운영하는 청소 시스템과 장비 그리고 청소하는 사람은 가히 최선진국 수준이었습니다.

다시 우리나라의 축제 문화를 생각해 봅니다. 우리나라 축제 문화는 기관이 주도하는 경우가 많습니다. 기관이 기획하고, 장소와 기능과 역할을 배정하고, 인원을 동원하고 예산을 지원합니다. 다분히 행사가 효과를 극대화하기 위해 전시성으로 이어질 수밖에 없습니다. 축제에는 당연히 홍(興)이 있어야 하고, 그 축제에 맞는 풍(風)이 있어야 제격입니다. 우리나라에도 지역마다 여러 가지 전통적인 축제가 있지만, 축제마다 관의 주도가 아닌 주민들의 자발적인 참여와 자치가 더해져 격(格)이 높고 풍(風)이 깊은 축제로 이어졌으면 좋겠다고 생각됩니다.

하몬과 파에야 그리고 올리브

9/28 제5일 팜플로나(Pamplona) ~시수르 메노르(Cizur Menor) 5km 2h

이틀 동안 이어진 팜플로나의 '산 페르민 가을 축제' 열기가 아직도 양 귓가에 생생합니다. 온 도시와 바(Bar)와 레스토랑이 축제의 열기 속에 뜨거웠습니다. 나바라의 주도인 팜플로나는 요리로도 유명한 도시입니다. 스페인 북부 음식의 도시인 산 세바스티안(San Sebastian)에는 비교할 수 없겠지만, 어떤 레스토랑이나 바에 들어가도 스페인의 전통 음식인 여러 종류의 핀초스(Pintxos), 타파스(Tapas), 하몬(Jamon), 토르티야(Torttilla) 등이 먹음직스럽게 진열장을 가득 채우고 있습니다. 축제 기간 동안에는 실내나 야외 테이블에 손님들로 빈자리가 없이 꽉 채워지고, 카페 안팎에는 자리를 차지하지 못한 사람들이 서서 접시에 담긴 음식을 먹고, 와인과 세르베사(Cerveza)라고 불리는 생맥주를 마시며 즐깁니다. 특히 스페인의 전통음식인 하몬(Jamon)과 파에야(Paella) 그리고 올리브(Olive)가 우리의 눈길을 사로잡습니다.

스페인 사람들이 가장 좋아하는 대표 음식 중 빼놓을 수 없는 것이 하몬입니다. 하몬은 돼지 뒷다리를 염장하여 3~4년간 그늘에서 말리고 자연 발효·건조시킨 것을 말합니다. 우리가 메주를 만들어 그늘진 천장에 매달고 띄워 곰팡이를 피우는 방식과 똑같이 그늘에 말리고 건조·발효시킵니다. 하몬 가운데서도 이베리카 반도 야산에서 방목되어 도토리만 먹고 자란 검정 돼지로 만든 하몬을 최고가로 평가해 줍니다. 야생에서 도토리만을 먹고 자랐기에 비계층이 적으며, 야외에서 활동하고 뛰어다니기에 지방이 적고 살이 단단합니다. 잘 건조·발효된 돼지 뒷다리 살코기를 종이처럼 얇게 썰어서 보카디요라고 하는 스페인식의 샌드위치 빵에 넣어서 먹든지, 타파스나 핀쵸스에 얹어 먹기도 합니다. 때로는 접시에 담아 와인 안주로 먹기도 하고, 간식으로 집어 먹기도 합니다.

스페인의 어느 레스토랑이나 바에 가 봐도 이런 하몬을 한국 농가의 메주처럼 천정에 주렁주렁 매달아 놓고 손님을 유혹합니다. 한번 먹어본 사람은 하몬의 맛과 향기 그리고 씹는 식감을 잊지 못할 것입니다. 스페인의 남부 지방 세비야에 가서 보면 도토리나무 밑에서 방사되어 도토리를 주워 먹는 야생 돼지들을 자주 볼 수 있습니다. 하몬으로 만들어질 돼지들이 야외에서 키워지는 것입니다.

스페인 음식 하면 또 떠오르는 것이 파에야(Paella)입니다. 스페인 사람들은 발렌시아 지방의 전통음식인 파에야를 즐겨 먹습니다. 스페인에 와본 한국 사람들은 최소 한 번 이상 파에야를 먹어본 경험이 있을 것입니다. 쌀로 만든 볶음밥과 비슷한 음식인데 한국 사람들이 특히 좋아합니다. 쌀로 만들어진 음식이기에 우리나라의 향수가 느껴지고, 해산물이나 닭고기 또는 토끼고기가 들어있어 씹는 식감도 고향의 음식 맛을 느끼게 해주기 때문입니다. 파에야 만드는 방법을 스페인 요리사에게 자세히 물어보았습니다.

파에예라(Paellera)라고 하는 둥글고 큰 팬에 토마토, 파슬리, 양파, 콩, 마늘 다진 것, 기타 야채를 썰어 넣고 소금으로 간을 한 후 올리브유로 살살 볶아 그릇에 덜어냅니다. 다음으로, 닭고기나 토끼고기 또는 햄 중 하나를 넣거나, 새우와 오징어, 홍합을 포함한 각종 해산물을 넣고 소금과 후추로 간을 하여 올리브유로 튀기듯 볶습니다. 볶은 팬에 미리 볶아낸 야채와 씻지 않은 생쌀을 함께 넣고, 사프란이라는 향료를 넣은 다음 물을 적당히 붓고 함께 끓입니다. 어느 정도 끓인 다음 뚜껑

을 덮고 바닥이 노릇하게 구워질 때까지 뜸을 들이면 완성됩니다.

파에야 중에는 파에야 발렌시아나(Paella Valenciana)가 인기가 높습니다. 말은 복잡하지만 실제 만드는 과정을 살펴보니 너무 쉬워 나도 따라 할 수 있을 것 같습니다. 여기에 나바라(Navarra)산 와인을 곁들이면 금상첨화입니다. 나바라산 와인은 맛과 향기가 뛰어나고 품질도 우수합니다.

스페인 와인 하면 대부분 사람들은 리오하(Lioja) 와인을 떠올리는데, 와인 비전문가인 나로서는 리오하 와인이나 나바라 와인이나 생산 지역과 가격의 차이만 다를 뿐, 와인의 질에 있어서는 큰 차이가 없어 보입니다. 하기야 미묘한 맛 속에 숨어있는 문명과 문화의 농축된 진미를 이방인이 쉽게 감별해 내기란 쉬운 일은 아닐 것입니다.

스페인 음식에서 또 빼놓을 수 없는 대표적인 것이 올리브입니다. 스페인 식탁의 대부분 요리에는 올리브가 식재료로 사용됩니다. 타파스, 핀초스, 꼬치구이 등 각종 요리에 사용되는가 하면, 페스카도(생선) 요리, 샐러드의 재료, 간식으로 또는 술안주로서도 인기가 높습니다. 또한 대부분의 요리에는 올리브유를 듬뿍 사용합니다.

세비아에서 마드리드까지 고속도로를 타고 가다 보면 눈에 보이는 산과 들에는 올리브 나무가 빽빽하게 심겨 있습니다. 몇 시간을 달려도 그 많은 산과 평야에 가득하게 심겨 따가운 햇볕을 풍부하게 받고 자란 고품질의 올리브는 음식 재료로, 올리브기름으로, 화장품 원료로 가공되어 스페인에서 소비되는 것은 물론이고 전 세계로도 수출됩니다.

올리브 나무를 심고 가꾸는 이 나라 사람들의 정성과 노력은 대단합니다. 소득 증대를 위해 넓은 평야와 야산에 심고 가꾸는 것은 쉽게 이해됩니다. 그러나 도저히 경작하기 어려워 보이는 산비탈 언덕이나 급경사 계곡에 올리브를 심고 가꾸는 모습을 보면, 스페인 사람들이 올리브 나무를 경작하기 위하여 얼마나 많은 노력을 기울이는지 이해할 수 있습니다. 그렇게 드넓은 평야와 산지에서 생산되는 많은 올리브가 세계 시장에서 어떻게 수요를 창출하는지 의심스러울 정도입니다.

이렇게 올리브가 많이 생산되다 보니, 과잉생산으로 가격이 하락하여 상품이 제값을 못 받는 경우도 있다고 합니다. 또 주변 이웃 나라 올리브 농가들이 가격 경쟁력을 이기지 못해 폐농하는 경우도 있어 국가 간에 무역 마찰이 생기기도 한다고 합니다. 그래서 스페인 정부에서는 올리브의 과잉생산을 억제하고 가격을 안정시키기 위해 올리브 나무를 제거하고 다른 작물로 대체할 때마다 보조금을 지급하여 올리브 감산정책을 유도했다고 합니다. 그러나 그 감산정책을 유도하는 순간에도 스페인 농가에서는 산지를 개간하고 산비탈에, 심지어는

경사가 심한 계곡 비탈길에 올리브 묘목을 심는 것을 나는 보았습니다. 지금도 개간한 산지에 어린 올리브 묘목을 심으며 올리브 농장은 자꾸만 확대되고 있습니다.

우리나라 제주도에서도 이와 비슷한 정책을 실시한 적이 있습니다. 제주도는 밀감이 특산물입니다. 밀감은 처음에는 서귀포 지역에서만 재배가 가능했었습니다. 지금이야 밀감이 흔하고 가격도 저렴하지만, 초창기에는 생산량도 적을뿐더러 희귀성이 있어 매우 귀한 대접을 받던 과일이었습니다. 밀감나무 몇 그루에서 생산되는 밀감으로 자녀의 대학 등록금을 마련할 수 있을 정도로 비싸게 판매되어, 한때는 대학나무라고 귀하게 여긴 적도 있었습니다.

이렇게 밀감이 귀한 과일이 되고, 서귀포 밀감 농가의 주요 소득원이 되자 밀감농장이 점차 확대되어 제주도 전 지역으로 확산되었고, 밀감값은 점차 하락했습니다. 그래도 가격경쟁력이 있었기에 급기야는 밀감농장이 남해 지역으로까지 북상했습니다. 게다가 종자개량과 영농법 개선으로 밀감 수확량이 점차 늘어나자 공급과잉으로 밀감값은 폭락했고, 한때는 과잉 생산된 밀감 가격을 안정시키고자 정부에서 수매하여 북한에 보내준 적도 있었던 것을 기억할 것입니다. 당시에 제주도에서 자구책으로 마련한 방안이 밀감나무를 제거하고 대체작물로 전환할 때마다 보조금을 지급하는 정책이었습니다. 그때 밀감농장을 선인장이나 키위 등 다른 작물로 전환한 농가가 소수 있기는 했지만 지금도 제주도에 가보면 밀감농장이 점차 확산되고 있습니다. 공급이 늘어난 만큼 각종 가공식품과 다른 상품의 원료로 쓰임새가 늘어난 것입니다. 공급은 스스로의 수요를 창출한다는 고전 경제

이론이 효력을 발휘하는 경우입니다. 스페인의 올리브를 보면서 제주의 밀감 생각이 더욱 간절합니다. 밀감은 오렌지와는 다른 한국적인 맛이 있어서 좋습니다.

나바라는 순례자들의 땅입니다. 피레네 산맥의 상쾌하고 싱그러운 공기가 남부의 광활한 평원에 시원한 바람을 싣고 와서 포도와 곡물 그리고 야채를 잘 자라게 하고, 기름진 토양에서 자란 곡물과 싱싱한 야채와 각종 농산물들은 론세스바예스와 팜플로나 주변 도시로 공급됩니다.

수 세기 동안 순례자들은 생장피데포르르를 출발하여 나바라 왕국 주도인 팜플로나를 지나 로그로뇨와 레온을 거쳐 산티아고로 이어지는 순례길을 지나갔습니다. 사실, 팜플로나의 진정한 매력은 산 페르민 축제가 아니라 올드타운의 중심에 있는 팜플로나 대성당과 온갖 종류의 아름다운 건축물들이 잘 배열되어 있는 조화의 미, 그리고 올드타운을 둘러싸고 있는 방어 울타리와 요새공원이 아닌가 하는 생각이 듭니다.

팜플로나 대성당(Catedral de Pamplona)은 산타마리아 대성당(Catedral de Santa Maria)이라고도 불리는데 팜플로나 구시가지 가장 높은 곳에 있습니다. 1397년 건축이 시작되어 1530년에 완성된 고딕 양식인 이 성당은 정면이 신고전주의 양식이고, 프랑스의 영향을 받은 회랑이 특히 아름답습니다. 미술 전문가들에 따르면 팜플로나 대성당 회랑은 유럽의 고딕 양식 건축물 중에서도 가장 상징적인 곳이라고 합니다. 성당 내부에는 종교예술박물관이 있는데 중세에 사용되었던 그림성경, 금화, 왕관, 팔찌, 목걸이, 귀걸이 등 장신구, 그리고 미사와 관련된 종교예술품들이 많이 소장되어 있어 한나절에 찬찬히 둘러보기에는 시간이 모자랍니다. 특히 회랑 안뜰에 팜플로나 대성당 건립 초기에 제작된 종이 전시되어 있어 볼만합니다. 나는 문득 중세 시대 사람들의 혼이 담긴 종소리가 듣고 싶었습니다. 당시 사람들의 숨결이 담긴 소리를 통해서 문명과 시간의 벽을 뛰어넘어 당시 사람들과 교류하고 싶었던 것입니다. 일반인의 출입을 금지하는 펜스를 살며시 타고 넘어가 손가락으로 종을 가볍게 두드려 보았습니다. 그러나 부드러운 손으로 노크해서인지 당시 사람들의 숨결이 담긴 소리는 나에게 허락되지 않더군요.

팜플로나 올드타운을 벗어나면서 올드타운을 지키는 성벽과 요새공원이 나타납니다. 이 방어 성벽은 「펠리페 2세」가 건설했다고 하는데, 16세기에 외부에서 침략해오는 적들로부터 팜플로나를 지켜주었던 훌륭한 성벽이었으며 스페인에 남아있는 성벽 중에서 역사적인 의미가 아주 큰 유적이라고 합니다. 재미있는 사실은 이 성벽은 함락된 적이 한 번도 없고, 단 한 차례의 발포나 유혈 사태도 없는 난공불락의 요새였다는 것입니다. 그런데 1808년 2월 겨울에 눈이 쌓이자 성벽을 포위하고 있던 나폴레옹의 군사들이 물리적 힘으로는 이 요새를 정복하기가 어렵다고 판단하고, 꾀를 내어 눈싸움을 하는 척 위장하여 스페인 요새 방어 군인들을 유인했다고 합니다. 이 모습을 보고 성벽을 방어하던 스페인 병사들이 이 눈싸움 놀이에 끼어들기 위해 성문을 열고 나온 틈을 타 프랑스군이 입성하여 성벽이 함락되었다고 합니다. 매력 있는 도시 팜플로나에서 발걸음이 떨어지지 않습니다.

미국인들의 카미노

9/29 제6일 시수르 메노르(Cizur Menor) ~ 푸엔테 라 레이나(Puente la Reina) 20km 6.5h

팜플로나에서부터 시수르 메노르를 거쳐 페르돈 고개(Alto del Perdon)까지 이르는 구간은 중세 시대 카미노 길에서 도적들이 들끓는 가장 위험한 지역 중 한 곳이었다고 합니다. 도시를 벗어난 평야에서 낮은 구릉지를 지나 인적이 뜸한 야산 길은 도적들이 이 길을 지나는 순례객을 위협하여 소지품을 빼앗고 달아나기에 좋은 지형인 것 같습니다. 그리하여 시수르 메노르에는 12세기부터 성 요한 기사단이 상주하면서 순례자들이 팜플로나에서부터 페르돈 고개를 지나가는 길을 보호해주었다고 하며, 이 지역에는 당시부터 병든 순례자들을 치료해주기 위한 병원과 수도원이 존재했었다고 합니다.

시수르 메노르를 벗어나니 두 시간 가까이 급격한 오르막 경사길이 이어졌습니다. 가쁜 숨을 몰아쉬며 페르돈 고개 정상에 올랐습니다. 가을걷이를 끝낸 밀밭이 언덕 아래로 넓게 펼쳐져 있고, 안개가 얇게 드리워진 정상에는 순례자의 모습을 형상화한 여러 가지 모양의 철제 조형물들이 길게 늘어서 있습니다. 먼저 온 순례자들은 철제 조형물 앞에서 기념사진을 찍기에 바쁩니다. 철제 조형물이지만 형상이 아름답고 아이디어가 탁월한 예술품들입니다. 나도 말을 탄 형상의 조형물 앞에서 아내와 함께 기념사진을 찍었습니다. 페르돈 고개를 지나 1시간 가까이 급격한 내리막 경사를 내려오니 작지만 아름다운 마을 우르테가(Uterga)가 나타나고, 멀리에서도 첨탑이 뾰족하게 보이는 성모 승천 성당(Iglesia de la Asuncion)이 시야에 들어왔습니다.

무루사발(Muruzabal)을 지나면서 길 양옆에는 아직 수확하지 않은 적보라색 탐스러운 포도가 주렁주렁 달린 포도밭이 입에 군침을 돌게 합니다. 간간이 지나가는 순례자들이 길가의 포도를 한 송이씩 따먹은 흔적이 보입니다. 포도밭 주인도 호기심 가득한 순례자들이 지나는 길에 따먹는 포도 한 송이쯤은 눈 감고 이해하여 주시는가 봅니다.

그로부터 세 시간 가까이 걸어 푸엔테 라 레이나에 도착하였습니다. 마을 입구에 세워진 순례자 형상의 조각상이 피곤함에 지친 순례자들을 반기는 듯싶었습니다. 이곳은 론세스바야스 카미노 길과 솜포르트 카미노 길이 만나는 곳이어서 항상 순례자들로 붐비며, 카미노로 인해 발달한 도시라고 합니다. 특히 이 지역은 포도를 많이 재배하여 나바라의 훌륭한 포도주를 생산하는 주요 산지이며, 리하오산 와인이 유명해지기 전까지는 최고로 질이 좋은 와인을 생산하였다고 합니다.

카미노 길을 걸을 때는 맑은 날보다는 구름이 약간 드리워진 날이 좋습니다. 햇볕을 정면으로 받으며 걷는 것은 괴로움에 가까운 일입니다. 한국 사람들은 피부가 약해서 대부분 햇볕에 장시간 노출되는 것을 꺼립니다. 하루 종일 강렬한 햇볕을 받으며 걸으면 우리 몸의 비타민 D 합성에는 도움이 되겠지만, 자외선에 피부가 검게 그을리거니와 강한 햇볕 때문에 화상을 입는 경우도 종종 있습니다. 그래서인지 우리나라에서 여름에 산이나 공원길을 걷다 보면, 긴 소매 옷을 입고 마스크로 얼굴을 가리고 있는 경우를 종종 봅니다. 여기에서도 그러한 복장으로 걷는 사람들을 가끔씩 만나게 되는데 주로 동양 사람들인 경우가 많습니다. 그러나 서양 사람들은 다릅니다. 햇빛이 나오면 피부를 가능한 많이 드러낸 채 걷습니다. 심지어는 카미노 길 걷기를 끝낸 오후에도 벤치에 나와 웃통을 벗고 햇빛을 즐깁니다. 여성들도

곤란하지 않을 만큼 가능한 많은 부위를 햇빛에 드러낸 채 의자에 앉아있거나 바닥에 누워 책을 읽고 있습니다.

오늘은 날씨가 흐리고 구름이 온 하늘을 덮고 있어서 걷기에는 아주 좋았습니다. 스페인의 시골 풍경은 참으로 아름답고, 어쩌다 만나는 사람들은 명랑하고 친절하기 그지없습니다. 낙천적이기에 외국인에게도 친절하게 보이는지, 친절하기 때문에 낙천적으로 보이는지는 모르겠으나 외국인을 대하는 그들의 태도는 매우 호의적입니다. 우연히 길을 가다가 마주친 스페인 사람들에게 "올라!"하고 인사하면, 거의 "올라! 부에노스 디아스!"하고 대답합니다. 한 사람이든, 두 사람이든, 열 사람이든 모두가 합창하듯이 "올라! 부에노스 디아스!"하고 화답하는데 그 사람들 반응이 무척 재미있습니다. 마치 커피 자판기에 동전을 넣으면 커피가 주르륵 쏟아져 흘러나오듯이….

길을 물으면 자세하게 가르쳐줍니다. 스페인어를 잘 못 알아듣는다 싶으면 손을 붙잡고 친절히 목적지까지 안내해주기도 합니다. 이 사람들의 낙천적 성격과 친절은 인위적인 것이 아니라 천성적으로 타고난 듯싶습니다. 오늘도 꽤나 멀지만 아름다운 길을 걸으니 시간 가는 줄 모른 채 저녁 시간을 맞이하였습니다. 이곳에 와서 깨달은 점은 걷는 길이 지루하지 않고 재미있다는 사실입니다. 매일 매일의 삶이 즐겁고 새로운 여행입니다. 하루 7~8시간 걸으면 다리도 아프고 걷는데 싫증을 느낄 법도 한데, 이곳 길을 걷다 보면 시시각각으로 변하는 이국적인 문명의 잔재와 풍경을 보는 것이 재미도 있으려니와 시간 가는 줄 모르게 저녁 시간이 빨리 다가옵니다.

저녁에 호텔에서 부설로 운영하는 알베르게에 들어갔습니다. 1인당 12유로로 다소 비싼 편이지만 깨끗하고 시설이 매우 훌륭했습니다. 미국인 친구들 여러 명이 벌써 주방을 다 차지하고 한창 요리를 하느라 바쁘게 움직이고 있었습니다. 한바탕 벌여놓고 감자를 깎는 친구, 당근을 써는 친구, 시금치를 다듬는 친구, 스파게티 면을 삶는 친구. 모두 남자들이었습니다. 그래서 물었습니다. "앞으로 얼마나 더 기다려야 요리가 끝나는가?" "마스터 셰프는 누구인가?" 미국인 친구들이 "우리들은 다 쿠커들이고 마스터 셰프는 샤워 중이다"라고 대답했습니다. 빨리 끝내달라고 부탁하고, 아내와 함께 슈퍼마켓에 가서 계란, 햄, 치즈, 빵, 그리고 꽤 괜찮은 샴페인을 한 병 샀습니다.

돌아와 보니 미국 친구들이 테이블에 앉아 떠들썩하게 식사 중이었습니다. 우리가 들어오는 것을 보더니 음식을 많이 준비했다며 같이 식사하자고 권하기에, 사 가지고 온 샴페인 병을 건네주고 그들의 식사 테이블에 참여하였습니다. 그런데 이 친구들의 카미노에 참여하는 태도가 마치 축제에 참가한 듯 유쾌하고 명랑합니다. 즐겁게 담소하고 기분 좋게 떠들면서도 상대방을 정중히 배려하고, 타인의 얘기를 신중하게 경청하면서도 시종 즐거운 웃음을 선사하는 그들의 낙천적인 파티에 나도 함께 동화되었습니다.

"음식 만드는 중에 샤워만 했던 음식 만드는 총지휘자가 누구인가" 하고 물었더니 다들 귀엽게 생긴 젊은 여성을 지목하며 방글방글 웃었습니다. 모두 유쾌하고 발랄한 어린아이 같았습니다. 성경 말씀에 '천국에는 어린이와 같은 마음을 가진 자라야 들어갈 수 있다'고 기록되어 있는데, 이렇게 순수한 마음씨를 가진 사람들을 지칭함이 아닐까 하는 생각이 들었습니다.

식사를 마치고 푸엔테 라 레이나 동네 거리를 산책하면서 생각에 잠겼습니다. 나는 카미노 길을 걸으면서 삶에 대해, 인생에 대해 진지하게 생각해보고 고민하며 해답을 찾을 생각으로 이 길을 선택했는데, 오늘은 마치 즐거운 축제에 참여한 기분입니다. 진지한 구도자의 자세로 카미노에 참여하고 싶은 나의 마음가짐이 옳은 것인지, 미국 친구들처럼 축제를 벌이는 듯 떠들썩하면서도 순진한 어린아이와 같은 자세로 참여하는 것이 옳은지는 모르겠으나, 오늘 저녁은 유쾌한 시간을 가져서 잠자리가 더욱 포근하게 느껴질 것 같습니다.

세계 속의 한국인

9/30 제7일 푸엔테 라 레이나(Puente la Reina) ~ 에스테야(Estella) 22km 7h

오늘 푸엔테 라 레이나를 벗어나 카미노 길을 걷는 도중에 'ALBERGUE DEL PEREGRINO'를 운영하는 스페인·한국인 부부를 만났습니다. 카미노 길을 가는 길옆에 있는 휴게소와 알베르게를 겸하여 운영하는데 털북숭이 스페인 남자 주인은 친절했고 알베르게 또한 한국인 안주인답게 정결하게 정돈되어 있었습니다. 역시 한국인의 섬세한 손끝이 닿은 곳은 매무새부터가 다른 것을 느낍니다.

이곳에 오기 전에 이 길을 먼저 걸었던 후배가 "에스테야 가는 길에 한국말을 잘하는 알베르게 주인이 있는데, 말만 잘하면 소주도 한잔 마실 수 있다"고 말했던 집이 바로 이 집이구나 싶었습니다. 저녁 시간이라면 하루쯤 묵어 한국어와 한국 문화를 잘 아는 스페인 친구와 여러 가지 이야기도 나누고 싶었지만, 이 집을 숙소로 정하기에는 너무 이른 시간입니다. 마침 한국인 안주인이 휴게소에 나와 있기에 이야기를 건넸습니다. 이렇게 외진 곳까지 어떻게 와서 살게 되었는가 물었더니 "신랑을 따라 이곳에 와서 알베르게를 운영하는데 오가는 많은 카미노 친구들이 이 집에 들러 심심하지 않다"고 대답하였습니다. "어떻게 이렇게 잘생긴 털북숭이 친구를 신랑으로 만나게 되었는가" 물었더니 "20여 년 전 이탈리아에 배낭여행을 갔다가 만났는데 20년 동안 집요하게 사랑을 고백하며 따라다녀 어쩔 수 없이 항복했노라" 대답하였습니다. 고백인지 자기 자랑인지 아리송하였습니다. 털북숭이 친구에게 "예쁜 한국 여인을 부인으로 맞이한 비결이 무엇이냐"고 물으니 연신 싱글벙글합니다.

9월 말인데도 불구하고 작열하는 태양의 따가운 햇볕은 우리나라 여름을 연상케 합니다. 에스테야에 가까워지니 13세기에 고딕 양식으로 지어진 성묘 성당(Iglesia del Santo Sepuicro)이 첫눈에 보이고, 나바라 왕궁으로 쓰였다는 미술관과 성당 건물들이 고풍스럽게 보였습니다. 도심으로 들어오는 길가 다리 위에서 쉬고 있는 건장하게 생긴 중년 남자가 호기심 어린 눈길로 대화를 제의하였습니다. 반바지 차림에 드러난 구릿빛 다리와 단단하게 다져진 근육으로 볼 때 한눈으로도 건각임을 알 수 있었습니다. 독일에서부터 1,600km를 걸어서 왔

다고 합니다. 깜짝 놀라지 않을 수 없었지만 여기서부터 700Km를 더 가야 하니 2,300km를 걷는 셈입니다. 걷는 여행을 좋아한다고 하는데, 전쟁 영화 속에서 보았던 독일 병사의 완고한 강인함이 전신을 타고 흘러 전해져 왔습니다.

카미노 길을 걸을 때는 목적지에 도착하면 숙소를 먼저 결정하는 것이 순서입니다. 성당에서 운영하는 알베르게(Albergue Parroquial San Miguel)에 들어갔습니다. 도네이션(Donation)제로 운영되는데, 안내해주는 호스피탈레노들이 매우 교양 있고 친절했습니다. 피곤함에 지치고 배고픈 순례자들을 배려하여 샌드위치와 커피를 준비하고, 레몬을 띄운 식수를 제공하는 그들의 정성스러운 태도에 잔잔한 감명을 받았습니다. 성당에서 운영하는 알베르게의 호스피탈리노들은 대게 현직에서 은퇴한 이후 자원봉사자로 일하는 분들입니다. 따라서 그분들의 학식과 경륜을 알고 보면 상당히 훌륭한 분들이 많이 있습니다. 그분들의 겸손하고 검소하지만 친절하고 기품 있는 태도를 보면 머리가 저절로 숙여집니다.

석양이 질 무렵 마을을 산책하며 둘러볼 겸 동네로 나왔습니다. 중년 남자 세 명이 강을 가로지르는 다리 위에 서서 흘러가는 강물을 바라보며 무엇인가 열심히 대화하고 있었습니다. 가까이 다가가서 미소를 보내며 "올라!"하고 인사하니 그중 한 사람이 무화과를 건네주며 먹어보라고 권합니다. 무척 달고 맛이 있었습니다. "무이 비엔(Muy bien)"하고 대답해주었더니 자꾸 더 먹으라고 권합니다. 남에게서 이런 친절을 받는 것에 익숙하지 않은 우리는 그 자리를 빨리 벗어나고 싶었지만, 자꾸 더 먹어보라며 권하는데 그냥 돌아서기가 미안하여 아내와 무화과를 하나씩 받아들고 "고맙다(Muchas gracias)"고 대답해주었습니다. "좋은 하루 되시기 바랍니다(Que tenga un buen dia)"라고 말하고 돌아서는데, 그들의 환한 표정이 흡족해 보였습니다. 받는 우리보다 주는 그들의 표정이 더 흐뭇해하는 것 같습니다. 주는 자가 복이 있다는 성경 말씀이 뇌리에 새롭게 각인됩니다. 일면식도 없는 이민족 순례자들을 따뜻하게 배려해주는 그들의 소박하지만 인정미 넘치는 정이 고맙게 느껴졌습니다.

저녁에 숙소로 돌아오니, 네덜란드에서부터 자전거로 카미노 길을 가고 있다는 처녀가 우리 옆 침대에 도착해 있었습니다. 우리가 한국인임을 알아보고는 거스 히딩크(Guus Hiddink)가 한국 축구 국가대표팀 감독을 역임했던 사실을 이야기하며 무척 반가워하였습니다. 히딩크 감독은 한국은 물론이려니와 네덜란드와 세계인들로부터도 사랑을 받는 유능한 감독입니다. 그는 2002년 한국 축구를 FIFA 월드컵 사상 최초로 4강으로 올려놓는 데 기여한 신화의 주인공이자 대한민국의 명예시민입니다. 또한 대한민국의 장애 아동과 저소득층 어린이를 위한 복지사업으로 히딩크 드림필드를 만들어 운영하며 노블레스 오블리주를 몸소 실천하고 있는 한국인 이상으로 한국을 사랑하는 외국인입니다. 나는 대한민국의 광복과 건국 이래 온 국민을 하나의 목표와 가치 아래 한마음으로 뭉치게 하고, "대-한-민-국"을 한목소리로 외치게 하여 우리에게 꿈과 희망을 심어준 그의 업적에 감사하고 있습니다.

알베르게 숙소에서 만난 네덜란드 처녀는 "오는 길에 한국인 8명을 만났는데, 이 알베르게에서 또 한국인을 여러 명 만났다"며 "왜 한국인들이 이렇게 먼 길을 많이 와서 걷는지 그 이유가 궁금하다"고 진지하게 물었습니다. 나는 "우리나라 TV에서 카미노 길이 방영된 적이 여러 번 있으며, 천주교에서 카미노 순례길이 매우 유명하고 인기 있는 트레킹 코스다"라고 이야기해 주었습니다. 그러고 보니 오는 길에 정말로 한국인들을 자주 만났습니다. 이 길을 걷는 사람 중에는 종교적인 이유로 순례여행을 하는 사람들이 많지만, 카미노 자체가 좋아서 걷는다는 사람들도 꽤 있었습니다. 처음엔 트레킹 여행처럼 이 길을 걷기 시작한 사람들도 나중에는 자신도 모르는 사이에 순례자가 된다고 합니다.

세계 70억 인구 중 남한 사람이 약 5,100만 명이면 전 세계 사람들 중에 0.72%가 남한 사람입니다. 남한 사람은 전 세계 인구의 0.8%도 안 된다는 이야기입니다. 그러나 카미노 길을 걷는 사람들 중에 적어도 5% 이상은 한국 사람들입니다. 한번은 알베르게의 한 방에 배정된 사람들 대부분이 한국 사람들인 경우도 있었습니다. 외국인들이 한국 사람들끼리 이야기하는 것을 조용히 경청하며 숨죽이고 바라보고 있는 재미있는 경험을 한 적도 있습니다.

7년 전, 동유럽을 여행한 적이 있습니다. 헝가리 부다페스트를 거쳐 체코의 프라하 성(Prague Castle)으로 가기 위해 볼타바 강에서 가장 오래된 카를 교(Charles Bridge)를 건널 때의 일입니다. 저녁 땅거미가 질 무렵 볼타바 강 위에 그림처럼 떠 있는 카를 교와 카를 교 다리 위에 세워져 있는 여러 가지 모양의 조각상도 아름답거니와, 카를 교 위에서 바라보는 프라하 성의 야경은 탄성이 나오도록 멋이 있습니다. 한때는 유럽 합수브르크 왕가와 신성 로마 제국 정통성의 맥을 이어 오던 궁성입니다. 유네스코 세계문화유산으로 지정된 구시가지와 프라하 성을 연결하는 다리 중간쯤에 서서 이미지 조명이 아름답게 비치는 성을 바라보고 있는데, 이곳이 한국인지 체코인지 모를 정도로 한국말이 많이 들려왔습니다. 주위를 살펴보니 전체 여행객의 절반 가까이가 한국 사람들 같아 보였습니다. 특히 배낭을 메고 온 젊은 자유 여행객들은 거의 한국의 젊은이들이었습니다. 세계 곳곳에서 활동하는 한국인이 그만큼 많아졌다는 증거입니다.

그런데 이번 카미노 길 위에서도 많은 한국 사람들을 만나게 되었습니다. 불과 30여 년 전까지만 해도 외국인들은 한국에서 왔다고 하면 한국이라는 나라가 존재하는지조차도 모르는 경우가 대부분이었고, 일본과 중국 사이에 놓여있는 토끼 같은 형상의 반도 국가라거나 전쟁을 겪은 분단국가라는 사실은 아는 사람은 거의 없었습니다. 오늘날 세계 어느 곳을 가더라도 한국 사람들을 많이 만나게 됩니다. 또한 어눌한 한국어로 인사말을 건네며 호기심 어린 눈길을 보내오는 외국 사람들도 자주 만나게 됩니다. 세계 속에서 한국의 국가 위상이 그만큼 높아졌고 국격이 신장되었다는 의미이기도 합니다. 외국에 있으면서도 마음속에 있는 생각을 아무 거리낌 없이 자유롭게 표현하면서 모국어로 의사소통하는 것이 얼마나 편한지 모릅니다. 가슴이 확 트이고 나도 모르게 한국인이라는 뿌듯한 자부심이 밀려왔습니다.

우리는 반만년 동안 931번 외세의 침략에 시달려왔던 아픈 역사를 가지고 있는 민족입니다. 일백 년 전만 해도 나라를 잃어버린 서러움 속에서 애국지사들이 나라를 되찾고자 상해로 중경으로 만주로 망명하여 독립의 의지를 불태우며 절박하고 치열하게 독립운동을 했던, 암울했던 역사를 가진 나라입니다. 60여 년 전만 해도 남과 북이 서로 총을 겨누고 동족상잔의 비극을 겪었던 눈물 어린 과거를 가지고 있습니다. 전쟁이 끝난 이 땅은 온통 파괴되고, 동강 나고, 산야는 황폐화되었습니다. 늘 배고픔과 실업의 어두운 그림자가 이 땅 아버지들의 어깨를 짓눌러왔던, 기억하기조차 싫은 역사를 가진 나라입니다.

그로부터 60여 년이 지난 오늘날의 대한민국은 이제 외국으로부터 원조를 받고 구호물자를 얻어 쓰던 배고픈 나라가 아닙니다. 세계 경제 랭킹 13위 국가로 세계 물류의 1/10을 창출해내고, 정보통신과 휴대전화, TV, 가전제품, 철강, 조선, 자동차, 원자력 발전, 그리고 생명과학 분야에서 세계 최고 수준의 선진국으로 우뚝 솟아있습니다. 오대양 육대주에서 메이드 인 코리아(Made in Korea)의 물결이 세계 경제의 흐름을 관류하고 있습니다. 미국 다음으로 해외에 선교사를 많이 파송하는 나라입니다. UN 사무총장과 세계은행 총재를 배출한 나라입니다. 우리에게 온정의 손길을 베풀었던 나라에 진 빚을 이제는 갚아줄 수 있는 나라가 되었습니다.

우리는 과거의 아픈 역사를 잊지 말아야 합니다. 역사를 망각한 민족에게 미래는 없습니다. 사람들은 망각에 의해 역사가 치유된다고 생각하기도 하는 것 같습니다. 그러나 과거를 기억하지 못하는 민족은 반드시 그 과거의 역사를 되풀이한다는 것이 역사가 우리에게 주는 교훈입니다. 오천 년 질곡의 역사와 서러움을 통해서 시대의 아픔을 딛고 피워낸 민족중흥의 꽃을 소중히 가꾸어서 우리의 후손들에게 자랑스럽게 물려주어야 할 위대한 유산이 되어야 합니다.

포도주가 나오는 수도꼭지

10/1 제8일 에스테야(Estella) ~ 로스 아르코스(Los Arcos) 21.5km 6h

새벽 5시부터 순례자들이 침낭을 접고 배낭을 꾸리며 조용하게 움직입니다. 어제저녁까지만 해도 침대에 늘어져 뒹굴던 친구들이 밤사이에 회복되었는지 이른 아침부터 부산하게 카미노 길을 떠날 준비에 한창입니다. 옆 사람에게 방해가 되지 않도록 헤드 랜턴(Head Lantern)을 켜고 짐을 꾸리는 사람, 어둠 속에서 물건을 확인하는 사람, 발가락에 약을 바르고 반창고를 붙이는 사람들 모두의 눈은 산티아고를 향한 희망으로 반짝입니다.

무슨 이유가 그들로 하여금 새벽 일찍 일어나게 하고, 터진 발과 아픈 다리를 이끌고 카미노 길을 걷게 하는지 모르겠습니다. 아무도 그들에게 이 길을 가도록 강요한 적 없고, 그 누구도 이 길을 완주한 자들의 품에 안겨질 달콤한 과실을 약속한 적이 없습니다. 그러나 카미노에 참여한 다양한 국적의 사람들 눈에는 설렘과 기대가 가득 차 있습니다. 이 길을 걷는 동안 종교 이외의 어떤 또 다른 힘이 작용하고 있음이 틀림없다고 느껴집니다.

에스테야 마을을 벗어나 2km쯤 가면 아예기(Ayegui)라는 전원마을

이 있고, 이 마을이 끝날 무렵 이라체(Irache) 수도원이 나타납니다. 주변에는 끝이 보이지 않는 포도밭이 넓게 펼쳐져 있습니다. 이라체 수도원은 958년부터 존재했으며, 11세기에는 나바라 지역의 순례자를 위한 병원으로도 사용되어 졌다고 합니다. 카미노 길을 걷다 보면 곳곳에 순례자를 위해 설치한 급수대와 휴게시설을 자주 보게 됩니다. 도시 곳곳에 존재하는 이러한 급수대와 휴게시설은 정부에서 귀족이 아닌 가난한 일반 주민들을 위해 베푸는 수혜시설로서 로마 시대부터 전해 내려왔던 잔재입니다.

그런데 이라체 성당과 수도원을 지나다 보면 조금 특이한 수도꼭지 하나가 보입니다. 수도꼭지 2개 중 한 곳에서 물 대신 와인이 졸졸 쏟아져 나오는 것입니다. '보데가스 이라체'라는 포도주 제조업체가 만들었다고 하는데, 순례자들이 활기 있고 힘차게 산티아고까지 가라고 배려해주는 시혜 음료라고 합니다. 아무리 의미가 좋은 시혜 음료라 할지라도 매일 하루 200여 명 이상의 순례자에게 와인을 무료로 공급해주는 일은 결코 쉬운 일이 아닐 것입니다. 목이 마른 순례자가 한 잔씩 받아 목을 축이라는 의도로 시작했겠지만, 나를 포함한 모든 순례자들은 한 잔씩만 받아 마시는 것이 아니라 물병에 한 병씩 채워서 두고두고 조금씩 마십니다. 와인값이 비싸거나 와인이 맛이 있어서가 아닙니다. '수도원에서 순례자들을 위해 배려해주는 와인'이라는 고마운 온기를 오랫동안 두고두고 몸으로 느끼고 체험하고 싶기 때문입니다.

중세에는 성당과 수도원이 나서서 오랜 순례길에 지쳐 몹시 더럽고, 목이 마르고, 배가 고프고, 병든 순례자들을 먹이고, 입히고, 치료해주며 잠자리를 제공해 주었습니다. 이런 전통이 오늘날까지 면면히 이어져 내려와 이라체 성당과 수도원이 그중의 한 역할을 수행하고 있는 것입니다.

물론 오늘날의 순례자들은 그렇게 배가 고프지 않습니다. 현대화된 각종 기능성 신발과 기능성 섬유로 만든 의류로 무장하고 있습니다. 무거운 지팡이 대신에 견고하면서도 가벼운 스틱을 들고, 첨단 정보화 기계인 휴대전화로 유익한 정보를 들으며 호사스럽게 마치 소풍 가듯 카미노 길을 걷습니다. 무거운 식량과 침구를 메고 다닐 필요가 없으며, 커다랗고 무거운 가죽부대에 물을 담아 들고 다닐 일은 더더욱 없습니다. 카미노 곳곳에 휴게소(Bar)와 레스토랑이 있어서 필요한 음식과 음료를 얼마든지 저렴하게 제공받을 수 있기 때문입니다. 풍요한 나바라 땅이나 리오하 지역에서 나오는 저렴하고 질 좋은 와인은 피곤한 순례자의 발걸음을 가볍게 해주고, 몸과 마음에 보약처럼 스며들어 순례자들에게 평안과 안식을 가져다줍니다.

포도주가 언제부터 인류의 식탁에 올랐는지 기원은 확실치 않으나 7,000년 이상의 역사와 함께해온 것으로 추측됩니다. 미술사에 등장하는 와인에 관한 최초의 그림은 약 3,500년 전 고대 이집트의 「나크트」라는 유명한 귀족의 묘에서 포도를 수확하고 와인 담그는 모습과 와인 마시는 그림이 그려진 벽화가 발견된 것으로 거슬러 올라갑니다. 터키의 고고학 박물관에도 3,500년 전부터 보스포루스 해협을 통과하는 무역 상품에 관세를 부과하였고, 포도주 통관에는 세금을 현물로 부과한다는 기록이 있습니다. 그것으로 유추해 볼 때 최소한 그 이전부터 포도를 경작하고 포도주를 거래했으며, 고대 시대에도 매우 가치 있는 국제 무역의 교역품 중 하나였던 것으로 추정됩니다.

고대 로마의 시대상을 조망할 수 있는 조각상이나 모자이크 벽화 등을 보면 포도 농법과 와인 제조 기술이 매우 발달했고 대중적인 음료로 정착한 것을 확인할 수 있습니다. 로마 시대에는 길거리 상가에서도 와인이 널리 유통되었고, 빈티지가 150년 이상 되는 고급 와인도 거래되었다고 하니, 와인은 그들의 생활에 중요한 소비 식품으로 자리하였으리라고 쉽게 짐작됩니다.

성경에도 예수님이 행한 최초의 기적인 '가나안의 혼인 잔치'에서 포도주가 혼례 음식의 빠질

수 없는 주요 음료로 등장한 것을 볼 수 있습니다. 포도주의 역사는 인류의 문명 속에 오래전부터 깊숙이 침투하여 사람들의 식탁을 풍요롭게 채워주었던, 인류를 위한 하나님의 선물임이 틀림없습니다.

나는 이 저녁 시간에 이라체 수도원에서 '보데가스 이라체'가 제공해준 포도주를 손에 들고, 하나님이 인간에게 내리신 축복스러운 음료에 감사하며 포도주를 음미해봅니다. 나는 또한 이 시간까지 살아온 것에 감사하며, 중세가 아닌 현대에 태어난 것에도 감사합니다. 국적은 내가 택할 수 있었던 선택의 영역은 아니었지만 아프리카나 인도나 중동 지역이 아닌 대한민국에서 태어난 것에 감사하지 않을 수 없습니다. 지식 정보화 사회의 여러 가지 문명과 문화의 혜택을 누리고 있음에도 감사합니다. 카미노 길에 있는 여러 알베르게와 바와 레스토랑에서 일하며 이 길을 걷는 사람들에게 혜택을 베풀어주는 여러 사람들에게도 감사해야겠습니다. 그러고 보니 나는 감사해야 할 조건들이 너무나 많은 행복한 순례자임이 틀림없습니다.

바(Bar) 이야기

10/2 제9일 로스 아르코스(Los Arcos) ~로그로뇨(Logroño) 28.5km 9h

로스 아르코스는 로마 시대 이전부터 사람들이 거주한 조그만 농업 도시입니다. 까스띠아와 나바라 왕국의 국경에 위치한 이곳 로스 아르코스는 예로부터 인근 지역 패권을 차지하기 위하여 로마인, 까스띠아인, 나바라인, 무어인, 기독교 연합군 등 무수한 군대가 정착하고 지나갔던 유서 깊은 곳입니다. 로스 아르코스에서 산솔(Sansol)까지 이어지는 구간에도 긴 포도밭이 길 양옆으로 끝없이 이어져 있습니다. 이곳의 포도는 열매는 작지만 포도송이가 크고 당도가 높습니다. 이곳에 오기 전에 우리나라에서 들은 얘기로는 와인을 만드는 원료가 되는 유럽의 포도는 당도가 낮고 맛이 떫다고 들었습니다. 그러나 이곳 포도밭에서 내가 먹어본 포도는 당도가 매우 높고 포도 향기가 한국보다 훨씬 진하고 풍부하였습니다.

산솔에서부터 이어지는 길은 그림 같은 풍경의 도시 토레스 델 리오(Torres del Rio)로 연결되고, 비아나(Viana)까지는 완만한 내리막이 계속됩니다. 비아나에는 오래된 성벽이 잘 보존되어 있고, 1329년에 완성된 고딕 양식의 산타마리아 성당(Iglesia de Santa Maria)과 바로크 양식

의 산 페드로 수도원(Monasterio de San Pedro)등 아름다운 종교 건축물이 많이 있어서 짧은 시간 동안 둘러보기에는 시간이 모자랄 지경입니다.

역사를 통해서 전해주는 지혜는 미래를 밝게 비추는 등불이 됩니다. 문명의 흔적이 남아있는 어디에서도 주의를 집중하고 자세히 살펴보면 고대나 중세 사람들이 전해주는 숨결이 느껴지는 듯싶고, 그 시대에 살았던 사람들이 역사를 뛰어넘어 우리에게 전해주고자 하는 세미한 음성이 귀에 전달되는 듯싶습니다.

비아나에서 10km 평야 지대를 지나면 신비로운 도시 로그로뇨를 만나게 됩니다. 로그로뇨는 신비한 매력을 지닌 도시입니다. 온 도시가 활기에 넘쳐있고 도시 전체가 잘 조성된 정원처럼 느껴집니다. 로그로뇨도 도시 중심에 커다란 성당이 우뚝 솟아있고 성당을 중심으로 마을이 형성되어 오래전부터 이어져 내려온 그들만의 전통과 문화를 현대 속에 공존시켜 주고 있습니다. 저녁 석양빛이 밀려올 즈음 휠체어를 타고 오거나 가족이 밀어주는 휠체어 위에 앉아있는 동네 노인들이 황혼 속 도시의 벤치 주위에 둘러앉아 바쁘게 움직이는 젊은 이들을 바라보며 담소를 나누는 모습은 퍽 인상적입니다. 이 도시는 서양에 있으면서도 동양적인 정취가 물씬 풍기며, 서구 유럽 국가임에도 불구하고 노인을 공경하는 문화가 여러 곳곳에 남아있음이 감지됩니다. 노인들을 존중하며 가족 중심 생활을 하는 이곳 사람들의 태도를 보면, 현대 자본주의와 정보화 사회의 빠른 흐름에 밀려 자칫 사라져 버리기 쉬운 삶의 훈훈한 온기가 전해져 옴을 느낍니다.

저녁이 되자 산타마리아 성당을 중심으로 좌우에 산재해있는 바(Bar)와 레스토랑(Restaurant)에는 여러 사람들이 야외 카페에 둘러앉아 도란도란 얘기를 나누며, 리오하(Rihoa)의 풍요로운 젖줄에서 나오는 질 좋은 와인과 함께 토르티야, 타파스, 핀초스와 하몬을 즐기고 있습니다. 이런 모습이 스페인 사람들의 여가를 즐기는 방식인가 봅니다. 아무런 근심이나 걱정 없이 수다를 떨고 앉아있는 모습을 보면, 착하고 순박한 스페인 사람들 삶의 한 단면을 숨어서 훔쳐보는 것 같습니다.

야외 카페에서 생맥주를 마시고 있는데 한 스위스 친구가 다가와 말을 건넵니다. 자신을 「Rody Fasel」이라고 소개하면서 현재는 말라가 해변과 스위스를 오가며 살고 있다고 합니다. 비즈니스와 세미나 관계로 한국에도 여러 번 다녀왔노라고 하는데 한국의 선비 문화에 매료되었나 봅니다. 한국 문화와 한국적 미풍양속에 대하여 미담이 될 수 있는 여러 가지 이야기를 조금은 미화해서 재미있게 들려주었습니다. 그가 "듭시다"라고 우리말로 건배 제의를 하면서 싱긋 웃었습니다. 딱 한 마디 아는 한국말이었습니다. 누군가가 식사 자리에서 건배사로 가르쳐준 모양인데 어설프지만 진지한 태도가 밉지 않았습니다. "11월 이후로는 따뜻한 남쪽 말라가에 머무를 예정"이라며, "카미노 순례여행이 끝나면 말라가의 자기 집을 꼭 방문해 달라"고 연락처를 남겨주는데 그의 눈빛과 표정에서 진심이 전해져 왔습니다.

풍요와 흥청거림 속에 찾아온 스페인의 밤은 근처 레스토랑과 바에서 흘러나오는 달콤새콤한 와인의 향기로움, 진열장 속을 가득 채운 스페인 전통음식들 그리고 바텐더들의 기민한 손놀림이 어우러져 거리 곳곳이 흥겨운 웃음소리로 넘쳐납니다.

바는 스페인 사람들에게 있어 중요한 생활·문화·식사·사교 공간입니다. 영국에 대중문화의 대명사인 펍이 있다면, 스페인에는 바가 있습니다. 바는 아침 일찍 일어난 사람들이 나와서 카페 콘 레체(Cafe con Leche)[7]를 마시면서 지인들을 만나 담소하는 곳이고, 간단하게 아침 식사를 하며 신문을 보거나 뉴스를 시청하는 공간입니다. 점심시간에는 식사하며 쉬는 휴게 공간이고, 저녁이면 친구나 가족들과 식사하며 맥주나 와인을 마시고 모임을 갖는 사교 공간입니다. 축구나 투우가 있는 날이면 온 동네 사람들이 나와서 즐기는 축제의 공간이 되기도 합니다.

어느 바에나 스페인 사람들이 즐겨 먹는 하몬이 천정에 주렁주렁 매달려 있고, 핀쵸스와 타파스가 쌓여있고, 토르티야가 놓여 있습니다. 곳에 따라서는 우리가 좋아하는 문어 요리 「뿔뽀」가 나오거나 오징어 튀김 「칼라마리」가 제공되기도 합니다. 간단한 스낵으로부터 푸

7 카페 콘 레체(Cafe con Leche): 진한 커피에 우유를 듬뿍 넣고 설탕을 넣어 마시는 커피의 일종.

짐한 식사와 와인과 생맥주까지 제공되는 문화·식사·사교·예술 공간인 셈입니다. 때로는 아침부터 스페인의 독한 술인 카페 데 비노(Cafe de Vino)[8]를 주문하여 친구들과 한 잔씩 즐기며 하루 일과를 시작하는 사람도 있고, 아침부터 하루 종일 바의 테이블에 둘러서서 친구들과 담소하며 게으른 하루를 보내는 사람들도 있습니다. 한마디로 바는 스페인 사람들에게 있어 일상과 분리해서 생각할 수 없는 생활의 일부분입니다.

1개월 전에 프랑스 보르도 지방에서부터 산 세바스티안(San Sebastian)으로 가는 기차를 탄 적이 있습니다. 스페인에서 음식으로 유명한 산 세바스티안 (San Sebastian)으로 가는 기차 안에서 보르도에서 왔다는 프랑스인을 만났습니다. 여러 가지 대화를 나누다 보니 와인에

8 카페 데 비노(Cafe de Vino): 포도로 만든 독한 위스키의 일종.

대한 지식이 해박했습니다. 스페인에서 장기 여행할 계획임을 말하고 가격 대비 품질이 우수한 와인을 소개해달라고 부탁했습니다. 그 프랑스인은 5~6유로 정도 가격이면 프랑스 보르도(Bordeaux) 지역에 결코 뒤지지 않는 스페인 나바라(Navara)나 리호아(Rihoa) 지역의 좋은 와인을 얼마든지 구입할 수 있다며 몇 가지 와인 이름을 적어주었습니다. 그러면서 팁으로 하는 말이 "프랑스 와인은 품질 대비 가격이 고평가되어 있다"며, 아주 비싸고 좋은 와인이 아니라면 절대로 6유로를 넘기지 않는 가격 선에서 구입하라고 조언해 주었습니다. 그 정도 가격이면 마시기에 적합하고 질이 좋은 스페인 와인을 구입할 수 있다는 얘기지요.

저녁 식사 후 와인숍에 들러 카미노 길을 함께 걸어왔던 동료들과 마시기 위해 큰마음을 먹고 아주 좋은 리하오 산 레드 와인과 화이트

와인을 한 병씩 샀습니다. 스페인 와인은 산지가 다양하고 종류도 너무 많아 비전문가인 나로서는 와인 질을 감별하기가 수월치 않습니다. 그래서 나는 와인을 살 때면 와인숍에 가서 딜러에게 대개 10유로 내외의 와인을 추천해달라고 요청하곤 했습니다. 경험상 그 정도 가격이면 꽤 괜찮은 품질의 와인을 살 수 있습니다. 그렇지만 오늘 밤은 카미노 동료들을 위해 아주 좋은 리하오 산 레드 와인과 화이트 와인을 한 병씩 고가로 사는 호사를 부렸습니다. 밤 9시경 알베르게로 돌아와 카미노 동료들과 함께 모여 앉아 저녁에 산 리오하 와인 병뚜껑을 땄습니다. 송이버섯을 씹는 듯 떨떠름한 맛, 삼나무의 싱그러운 향기, 농익은 라즈베리의 은은한 향기로움이 혀끝에 감기는 듯했습니다. 실크처럼 매끄러운 치즈의 고소한 맛과 와인 향에 취해 밤늦도록 담소를 나누며 모두들 각자 느끼는 카미노의 의미와 체험에 관하여 이야기를 나누었습니다. 늦은 밤 시간은 새벽을 향하여 거침없이 달려갑니다.

맛있는 닭고기 요리

10/3 제10일 로그로뇨(Logroño) ~ 벤토사(Ventosa) 21km 6h

새벽 3시경 눈이 반짝 뜨이더니 잠이 오지 않습니다. 어둠 속을 손으로 더듬어 스마트폰에 저장해놓은 스페인어 회화 리시버를 귀에 꽂고 반복하여 듣고 또 듣습니다. 나는 스페인의 카미노 길을 걷기 위하여 아내와 함께 몇 개월간 스페인어 회화를 공부했습니다. 선배 카미노 참가자들이 스페인에서는 영어가 통하지 않아 어려움을 겪은 경우가 자주 있었다는 얘기를 들었습니다. 나는 스페인에서 현지인들과 마음속에서 우러나오는 대화를 나누어보고 싶었습니다. 모든 외국어가 그러하듯 스페인어도 영어와 언어 구조가 비슷하여 쉬운 것 같지만, 어느 단계에 이르면 언어의 벽이 느껴지고, 특히 스페인 사람들 사이에 빠르게 말하는 대화는 무슨 내용인지 알아듣기가 어려웠습니다.

어둠이 걷히는 새벽 6시를 전후하여 여기저기서 바삐 배낭을 꾸리는 순례자들의 움직임이 마치 첩보 영화 속에 나오는 배우들처럼 조용하지만 민첩합니다. 지치고 피로에 찌들었던 전날의 표정은 온데간데없고, 먼 길을 떠나는 순례자들의 눈빛과 표정은 희망으로 가득 차 있습니다. 기대와 희망은 우리에게 늘 새로운 힘을 주고, 목표를 향하여 매진할 수 있는 새로운 에너지를 충족시켜 줍니다. 새벽의 차가운 공기를 가르며 산티아고 데 콤포스텔라를 향한 안내 표지판을 따라 발걸음 소리를 죽이고 알베르게 문을 나섰습니다.

로그로뇨는 대서양 기후, 지중해 기후, 내륙 메세타 지역의 영향을 모두 받는 접점이어서 땅이 비옥하고, 끝없이 펼쳐져 있는 충적토 토양에서는 포도가 잘 자랍니다. 하나님은 라 리오하 지역을 잘 개발하고 가꾸어 온 이 지역 사람들에게 선물로 포도주를 내려주셨나 봅니다. 스페인에서 최고로 질 좋은 와인이 리오하 전역에 널리 분포된 와이너리에서 생산되고 있으니 말입니다.

이곳은 곳곳에 문화유적이 풍성하게 남아있습니다. 로그로뇨에서 가장 오래되었고 외관이 화려한 산 바르톨로메 성당(Igesia de San Bartolome), 15세기에 만들어진 쌍둥이 탑이 있는 산타마리아 라 레돈다 성당(Catedral Santa Maria la Redonda), 산티아고 엘 레알 성당(Igesia de Santiago el Real), 피에드라 다리(Puente de Piedral) 등 여기저기 고풍스러운 건축

물에서 풍겨 나오는 신비스러움은 로그로뇨의 매력을 한층 더 크게 해줍니다.

카미노 길을 따라 나바레테(Navarrete)로 가는 길에 리오하 대학교(University of Rioha)가 있습니다. 대학에 오래 몸담고 있었던 사람들은 대학 캠퍼스를 보면 한 바퀴 둘러보며 그 대학의 학풍과 면학 분위기를 살펴보고 싶은 욕구가 큽니다. 아침 10시경 리오하 대학교를 방문하였습니다. 로그로뇨 시내에서는 약 30분 거리 외곽에 있어 도시의 소음을 피할 수 있는 조용하고 안정감이 있는 캠퍼스였습니다.

순례자 사무실을 방문하여 친절하게 환대해주는 리오하 대학교 교직원과 한동안 리오하 대학교의 현황과 교육 목표 그리고 비전에 관하여 담소를 나누었습니다. 리오하 대학교 홍보실에서는 우리 부부의 사진을 찍어서 대학 홍보용으로 사용하고 싶다며 촬영해도 좋겠냐고 정중히 요청하였습니다. 흔쾌히 응하자 홍보실에서는 여러 포즈로 다양한 사진을 찍게 했습니다. 촬영을 마친 그들이 고맙다고 감사 인사를 하며 기념품을 건네주는데, 기념품은 감사하게 받았지만 내가 오히려 감사해야 할 일이 아닌가 하는 생각이 들었습니다.

카미노 길을 가는 길목에 「DON JACOBO」 와이너리가 있어 예상치 않게 와인 박물관을 탐방했습니다. 와이너리 방문 예약은 안 했지만 탐방이 가능한가 물었더니, 리셉션 여직원이 기꺼이 OK 하고 대답해주었습니다. 우리가 한국인임을 알아보고는 자신도 한국에 교환학생으로 잠시 다녀온 적이 있다며 친절하게 맞이해주었습니다. 국력이란 이런 것이구나 생각하니 마음 한구석 뿌듯한 자부심도 생겼습니다.

「DON JACOBO」는 리오하의 신생 와이너리 중 하나인데 국제 와인 콘테스트에서 여러 번 수상한 적이 있는, 장래 성장 가능성이 큰 와이너리라고 자랑합니다. 그리스에서 온 부부가 12시에 방문 예약이 되어있다며 먼저 와서 기다리고 있었기에 그들과 함께 조인했습니다. 약속 시각이 되자 홍보실 책임자 「에드워드(Edward M. Tanex)」가 나와서 와이너리를 안내하며 포도의 성장과 선별 그리고 와인이 생성되는 과정을 자세히 설명해 주었습니다.

'맑고 깨끗한 고산지대에서 수확한 당도 높은 포도를 커다란 스테인리스 통에 넣고 3개월 정도 숙성시킨 다음, 다시 오크통에 옮겨 1년 숙성시키고 와인 병에 넣어서 2~3년 더 숙성시켜 상품으로 출고시킨다'고 합니다. 창고 오크통과 가득 쌓여있는 병에 담겨 있는 여러 종류의 와인은 보기만 해도 군침이 절로 나왔습니다. 그리스 부부와 함께 탐방하기에 「에드워드」는 스페인어와 영어를 섞어 가며 설명하는데 「DON JACOBO」에 대한 자부심과 품질에 대한 확신으로 가득 차 있었습니다.

와이너리 탐방이 끝나고 와인 테스팅을 하는데 레드 와인과 화이트 와인을 각각 한 병씩 내놓았습니다. 처음에는 화이트 와인을 와인 잔에 따라주었습니다. 화이트 와인의 향기를 깊은숨을 들이쉬며 느껴보고는 한 모금 입에 물었습니다. 달콤새콤한 향이 가득한 화이트 와인은 입안을 감돌아 기분을 상쾌하게 만들어 주었습니다. 이어서 2001년산 DON JACOBO CRIANZA' 레드 와인을 와인 잔에 따라주었습니다. 숨을 깊이 들이쉬며 적보라색 와인의 감미로운 향기를 맡으니 어떤 와인에 견주어도 손색이 없겠다 싶었습니다. 한 모금 물어서 혀 안에 굴려보았습니다. 타닌의 텁텁한 맛과 농익은 과일 향기 그리고 이름 모를 들꽃 향기가 났습니다. 그곳에서 「DON JACOBO」가 가장 자랑한다는 1999년산 DON JACOBO CRIANZA'와 2001년산 DON JACOBO CRIANZA'를 한 병씩 구입했습니다. 와인은 배낭에 넣고 이동하면 걸음을 걸을 때마다 와인이 흔들려 맛이 변합니다. 손에 들고 오는데 와인 병은 무거웠지만, 와인을 즐길 행복한 욕심으로 발걸음이 가벼웠습니다.

벤토사의 알베르게는 내가 가 보았던 사립 알베르게 중 가장 깨끗했고, 정결하게 정돈된 정원이 있었습니다. 품위 있어 보이는 여주인은 자신을 디자이너(Art Designer)라고 소개했는데 아담한 정원이 디자이너의 예술적 감각이 있는 손길에 영향을 받은 듯 아기자기하게 꾸며져 있었고, 실내에는 클래식 음악의 은은한 선율이 귓전에 다가와 마음을 평온하게 해 주었습니다.

오늘 저녁에는 아내와 함께 마켓에 가서 신선한 식재료를 산 뒤, 낮에 구입한 1999년산 DON JACOBO CRIANZA'와 함께 먹을 생각이었습니다. 며칠 동안 계속 스페인 음식만 먹었더니 매콤한 한국 음식이 그리워집니다. 그러나 밖에 나가서 알아보니 이 마을에는 식료품 가게는 물론 없거니와 슈퍼마켓조차도 없다고 합니다. 300호는 족히 넘을 것으로 보이는 마을인데 그 흔한 슈퍼마켓 하나도 없다니, 이 마을 사람들은 도대체 수요와 공급에 의해서 가격이 결정되고 거래가 이루어지는 시장경제의 기초 개념조차 있는지 의심스럽습니다.

동네 아주머니들이 석양빛 아래 공원 의자에 앉아서 잡담하며 한가한 시간을 보내고 있기에 레스토랑 위치를 물어보았습니다. 인상이 좋아 보이는 여성 한 분이 골목길을 돌아 200m 떨어진 레스토랑 입구까지 걸어서 동행하며 친절하게 안내해 주었습니다. 이곳 사람들은 길을 물으면 몇 마디 설명해 주다가는 친절하게도 직접 걸어서 목적지까지 안내해 줍니다. 안내해준 곳은 그리 크지는 않았지만 마을 분위기에 비해 아담하고 깨끗한 레스토랑이었습니다.

레스토랑에서 '순례자의 저녁 메뉴(Pilgrimer's Super Menu)'를 주문했습니다. 전채 요리로 선택한 샐러드는 시골의 싱싱한 식재료를 사용하여 신선하고 상큼했습니다. 포요(Pollo)라고 부르는 닭고기는 내가 지금까지 먹어본 닭고기 요리 중 최고였습니다. 조리법도 특이했지만 우리나라에서 먹을 때 씹히는 닭고기와는 맛이 달랐습니다. 시골에서 방사되어 자유로이 뛰놀며 키워졌기 때문인 것 같습니다. 제법 근사한 와인은 식사의 풍미를 한껏 더해주었습니다.

식사 중에 카미노 길을 동행하며 이야기를 나누었던 프랑스인 의사 부부와 호주인 부부가 레스토랑 안으로 들어와 합석하였습니다. 우리가 시킨 메뉴를 보고는 마음에 들었는지 같은 것으로 주문했습니다. 벤토사의 한가했던 시골 마을 식당이 세 가족 부부 6명의 주문으로 갑자기 시끌벅적 부산해졌습니다. 마스터 셰프도 덩달아 신이 났었나 봅니다.

음식은 사람의 마음 문을 쉽게 열게 하고 삶을 즐겁게 해주는 매개체인가 봅니다. 이날 저녁에 우리가 식사하는 데 소비한 시간은 2시간 30분이나 되었습니다. 전채 요리로 주문한 샐러드와 스파게티, 메인 요리인 닭고기 요리, 후식으로 제공된 우유를 넣어 끓인 쌀죽, 그리고 와인 한 병씩을 먹고 마시고 웃고 담소하며 보낸 시간으로는 너무나 긴 시간입니다. 그러나 그 시간은 우리 모두에게 참으로 유쾌했고 서로에게 유익했으며 다 함께 행복한 시간이었습니다.

나는 서양 사람들이 식사 후에 물어 오는 "Did you enjoy meal?"의 의미를 '식사를 잘했느냐'고 묻는 정도로만 알았었습니다. 우리 한국 사람들의 식사는 대부분 개시 5분에서 10분이면 종료됩니다. 그만큼 음식도 간단하고, 먹기도 쉽고, 성격이 급하고 바쁜 한국 사람들이 쉽게 먹고 빨리 일어날 수 있는 장점이 있습니다.

유럽의 식당에 가 보면 식당 종업원들이 가장 빨리 배우는 한국말이 '빨리빨리'입니다. 한국의 단체 관광객들이 와서 음식을 주문하면 손님들이 빨리 가져오라고 재촉하며 자주 하는 말이 '빨리빨리'이기 때문에, 종업원들도 한국인들의 조급한 성미에서 나오는 '빨리빨리'라는 말의 의미는 다 알고 있습니다. 나는 오늘에야 비로소 "Did you enjoy meal?"의 의미를 조금은 이해할 것 같았습니다. 오늘 저녁 식사로 2시간 30분 동안의 긴 시간을 소비하였지만 즐겁게 담소하며 식사하는 데 보낸 시간은 전혀 아깝다고 생각되지 않았습니다.

식사 후 산책 삼아 동네를 한 바퀴 둘러보았습니다. 우리나라 같으면 모든 어린이들이 저녁 식사 후 학원에서 선행학습을 하거나, 집에서 TV를 시청하거나, 또는 학교 숙제를 하면서 바쁜 시간을 보내고 있을 텐데, 이곳 어린이들은 밤늦도록 왁자지껄 떠들며 공을 차고 뛰놀고 있었습니다. 허약해 보인다거나 근심스러운 표정을 짓는 아이는 전혀 발견할 수 없었습니다. 부모가 와서 집에 데리고 가는 경우도 보지 못했습니다. 어린이들은 놀이를 통해 창의성과 소통의 능력을 키우고, 환경에 적응하며 서로 화합하는 정신을 배우게 됩니다. 이런 점에서 우리 한국의 어린이들과 스페인 어린이들은 놀이 문화의 질이나 가치관이 다른 것을 발견할 수 있었습니다.

밤늦게 알베르게에 귀가하니 실내에 클래식 음악이 조용히 흐르고 있었습니다. 고상하게 보이는 여주인은 책상에 다소곳이 앉아 책을 읽고 있어서 말 붙이기가 다소 서먹하였습니다. 나는 조용한 시간이면 「The Mission」의 「Main Theme」를 즐겨 듣습니다. 오보에의 음색과 곡이 전해주는 신비로운 느낌도 좋지만 플루트의 청아한 소리가 매우 아름답기 때문입니다. 그 곡을 청해 들을 수 있느냐고 물으니 여주인은 검색한 후에 "없다"고 대답하였습니다. 「베토벤(Ludwig V. Beethoven)」의 「월광 소나타」를 신청하여 어스름한 달밤의 스산함을 느끼며 감상하였습니다. 역시 「베토벤」의 음악은 머리를 풀어헤치고 하늘로 올라가는 느낌입니다. 초승달 밤하늘 아래 카미노의 또 하루가 이렇게 기억의 강을 건너 과거 속으로 달음질치고 있습니다.

젖과 꿀이 흐르는 땅

10/4 제11일 벤토사(Ventosa) ~ 시루에냐(Cirueña) 26km 7h

벤토사에서의 새벽을 기분 좋게 맞이했습니다. 어느 순례길에서의 일정이든 마찬가지이지만 새벽 5시에 일어나 침묵기도를 하고, 카톡으로 지인들과 통화한 후에 오늘 해야 할 필요 사항들을 점검했습니다. 6시가 되니 여주인이 클래식 음악의 볼륨을 처음에는 작게 그리고 점점 크게 올려 기상을 알리는 신호를 음악으로 들려주었습니다. 역시 지성 있는 여성이 지혜롭게 일어나는 시간을 알려주는 현명한 방법이라고 생각되었습니다.

아침 8시에 밖으로 나와 보니 하늘이 어두웠습니다. 비가 쏟아져 내릴 것을 대비하여 배낭에 방수 커버를 씌우고, 우비도 챙기고 다음 목적지인 시루에냐를 향하여 발걸음을 옮겼습니다. 오늘의 목적지 시루에냐까지는 26Km. 가깝지 않은 거리입니다.

스페인의 하늘은 참으로 맑고 넓고 아름답습니다. 하늘이 넓다는 얘기는 시야가 닿는 사방 어디에도 산이 보이지 않는다는 얘기입니다. 뭉게구름으로 뒤덮인 하늘은 구름이 낀 대로 그림처럼 아름답습니다. 과장이 좀 심할지 모르지만 「미켈란젤로(Michelangelo di Lodovico

Buonarroti Simoni)」가 그린 바티칸 박물관의 시스티나 성당 천장화 「최후의 심판」이나 「천지창조」에 나오는 하늘의 구름 모습과 흡사합니다. 16세기 스페인 종교미술의 거장 「엘 그레코(El Greco)」의 그림도 베네치아풍의 정확한 자연 묘사를 잘하는 유명한 화가인데, 그의 그림에도 자주 등장하는 하늘과 구름은 스페인의 하늘과 너무도 닮았습니다.

우리에게 너무나 친숙한 프랑스 화가 「장 프랑수아 밀레(Jean-Francois Millet)」의 「만종」도 농민이었던 그의 조부모를 생각하며 그린 그림이라고 합니다. 프랑스 전원풍의 농가에서 하루 일과를 마치고 성당에서 은은하게 들려오는 저녁 종소리를 들으며 감사 기도를 드리는 농촌 부부의 경건하고도 엄숙한 분위기를 느끼게 하는 서정적 사실주의 종교화인데, 이곳 농가의 평화로운 저녁 모습과 아주 흡사합니다. 기도를 드리는 두 부부의 옆에는 감자 바구니가 놓여있고, 캐다 만 감자가 여기저기 놓여있어 그 평화로운 모습이 잔잔한 감동을 줍니다.

「밀레」의 명작 「만종」을 재해석하는 시각도 있습니다. 「밀레」는 진보

성향이 강하며 사회 부조리를 비평하는 그림을 잘 그렸다고 합니다. 20세기 초현실주의 화가인 스페인의 「살바도르 달리(Salvador Dali)」는 「밀레」가 평화로운 농촌 풍경을 그린 것이 아니라 당시 농민들의 곤고한 생활상을 화폭에 담아 당시의 비참했던 사회상을 고발하려 했다고 주장했습니다. 「밀레」는 독실한 기독교인이 아니었고, 가난으로 인해 굶주리고 당시 유행하던 콜레라 등으로 비참해진 농민들의 참혹한 삶을 사실적으로 표현하려고 했다는 것입니다. 그림 속의 풍경에는 어딘지 모르게 슬픔과 불안이 느껴지고, 농민들의 고단한 생활상이 애잔하게 묻어있습니다. '초기의 「만종」은 두 부부가 기도드리는 옆의 감자 바구니에는 감자가 아니라 죽은 어린아이를 매장하기 위한 시체가 놓여있었고, 초기 그림은 개작 과정을 거치면서 다른 의도로 변형되었다'는 해석입니다. 프랑스 루브르 박물관 측은 이런 논란을 잠재우기 위하여 1963년 자외선 투시를 통해 감자 바구니를 조사한 결과

'초벌그림에서는 감자바구니가 아니라 아이의 관으로 추정되는 물체를 확인했다'고 합니다. 그 실체적 진실이 무엇인지는 모르나 감자 바구니 이전의 밑그림이 존재했던 것만은 사실이라고 합니다.

스페인은 태양의 나라입니다. 태양이 이 나라만을 위해 떠오르지는 않을 텐데 이 나라의 태양은 햇빛이 강하고 청명한 날이 많습니다. 오죽하면 이 나라의 수도인 마드리드 중심에 태양의 문이라고 하는 '푸에르타 델 솔 (Puerta del Sol) 광장'이 있고, 솔 광장이 있는 지하철역 이름이 '솔' 역일까 싶습니다. 스페인어 솔(Sol)은 태양입니다. 그만큼 스페인에는 태양이 강하게 비추고 있다는 뜻입니다. 스페인 남쪽 안달루시아 지방으로 가보면 말라가, 그라나다, 세비아, 코르도바의 모든 건물 벽이 흰색으로 칠해져 있습니다. 태양 빛이 그만큼 뜨겁기 때문입니다.

재미있는 식물이 생각납니다. 해바라기입니다. 아침부터 저녁까지 햇빛을 바라보고 움직이며 자라기에 해바라기라고 하며 모양도 태양과 비슷하게 생겼습니다. 나바라 지역은 물론 스페인 전역에서 많이 재배

하는 식물입니다. 영어로 표현하면 선플라워(Sunflower)인데 스페인어로는 미라 솔(Mira sol)이라고 씁니다. 미라(Mira)는 의도, 목표 또는 바라본다는 뜻이며 솔(Sol)은 태양입니다. 우리의 말로 해석하면 해바라기와 똑같습니다. 우리와 문화적인 교류가 있었던 것은 아니지만 한국어와 언어의 동질성이 느껴져 더욱 친근하게 정감이 가는 식물입니다.

나바라의 끝이 보이지 않을 정도로 넓은 적갈색 토양에서 자란 해바라기, 곡물, 채소와 포도는 스페인 농가의 소득을 올려줄 뿐만 아니라 스페인의 경제를 풍성하게 살찌워줍니다. 세비야 남부 지방으로 가면 전체가 오렌지밭과 올리브 농장입니다. 따가운 햇볕을 받고 자란 오렌지는 세계 최고로 맛있고 품질 좋은 오렌지로 인정받고 있으며, 이곳 오렌지는 유럽은 물론 전 세계로 수출되는 매력 있는 과일입니다.

순례길 내내 끝없이 펼쳐진 넓은 평야, 유기물질을 풍부하게 함유한 기름진 토양에서 자라는 곡물과 채소, 그리고 각종 과일과 보석처럼 촘촘하게 박혀 적보라색으로 익어가는 포도 열매를 바라보면 스페인 농업의 또 다른 힘과 미래를 엿볼 수 있습니다. 어느 측면에서 보면 스페인은 젖과 꿀이 흐르는 풍요의 땅인 것 같습니다.

1960년대까지만 해도 우리나라에서 농업에 종사하는 농부는 가난의 대명사였습니다. 당시 우리나라 생산인구의 90% 정도는 농업에 종사했습니다. 농업이 주요 소득원이었으며, 생명줄이었던 셈입니다. 생각해 보십시오. 우리나라 전 국토의 75%는 산지이고, 10% 정도는 주거지역이거나 공공시설이 점유하고 있습니다. 전 국토의 25%밖에 안 되는 좁은 땅 위에서 삼천만 인구가 생존을 위해 뒹굴고 몸부림치며 살아왔습니다. 1960년까지 우리나라의 GNP가 1인당 $64를 밑돌았던 배고프고 뼈저린 시절이 있었음을 우리는 잊지 말아야 합니다.

땅을 기업으로 삼고 있는 스페인의 농부는 부자들입니다. 스페인에서는 한 농부가 적어도 수십만 평 이상을 경작합니다. 십만 평, 백만 평에 농사짓고 있는 농부가 있다고 생각해 보십시오. 그 농업이 쌀이든, 밀이든, 포도든 아니면 다른 식물을 경작한다고 가정하고 1평에서 연간 1,000원씩만 소득이 발생한다고 추정하면, 그 농부의 소득은 1년에 1억 원, 10억 원 아니 그 이상이 될 수도 있습니다. 미국이나 캐나다에서 농사짓는 사람들은 적어도 수백만 평에서부터 수천만 평, 아니 수억 평을 소유하고 있습니다. 우리네 부모가 500평, 1,000평의 땅에 대식구의 생존을 의지하고 손가락이 굽도록 일했던 빈곤한 농부와는 전혀 차원이 다른 얘기입니다. 그러기에 우리 부모 세대들은 산과 들로 쑥이나 칡뿌리 등 먹거리를 찾아 나섰으며, 1965년 이전까지만 해도 초근목피나 보릿고개 같은 용어가 우리 생활 곳곳에서 떠나지 않았습니다.

사람이 가난해지면 인품이 손상되는 것은 물론이러니와 인성까지도 파괴됩니다. "가난은 부끄러움이나 죄가 아니다. 다만 불편할 뿐이다."라는 말은 가난을 경험해보지 않은 사람들이 고상하게 표현하는 언어라고 생각됩니다.

우리는 옛 시절 가난하고 청빈하되 고고하게 살며 글만 읽었던 사람들을 남산골샌님이라고 하여 선비의 표상으로 여겼습니다. 올곧고 바르게 사는 것은 비난받을 일이 결코 아니라는 사실을 백번 인정합니다. 그러나 늘 빈곤과 질병과 굶주림으로부터 자유롭지 못한 가장이 굶고 있는 부인과 자녀를 집에 두고 글만 읽으며 밖에 나가 고상한 인품을 유지하거나 인격을 따지는 일이 올바른 일이며, 집에 먹거리가 없는데 책가방을 들고 학교에 가는 자녀의 배고픈 심정과 상대적 박탈감이 얼마나 견디기 힘든 것인가를 경험해보지 않은 사람들은 모릅니다. 우리 부모 세대들은 어렵고 암울했던 시대에 태어나 상처뿐인 절망스러운 환경 속에서도 희망을 키우며 오늘날의 풍요로운 삶을 이루는 토대를 닦아왔습니다. 그런 측면에서 보면 우리 부모 세대가 한없이 고맙고 자랑스럽지만, 한편으로 스페인 농부가 부럽기도 합니다.

가을걷이를 끝낸 넓은 들판은 흡사 이스라엘이나 요르단의 풀 한 포기, 나무 한 그루 없는 광야와 같습니다. 이스라엘 민족은 도저히 사람이 살아갈 수 없을 것 같은 그런 험준한 환경에 정착해서도 농민들의 집성촌인 키부츠(Kibbuth)를 중심으로 땅을 일구며 생존해 온 민족입니다. 그만큼 민족성이 강하다는 뜻입니다. 그런 험준한 땅을 사이에 두고 지금도 이스라엘과 팔레스타인 사이에는 끝없는 영토 분쟁과 투쟁이 계속되고 있습니다. 그러나 그 갈등과 투쟁의 이면에는 서로 생존을 위해 많이 차지하고, 많이 소유하고, 상대방 위에 군림하려는 욕심 때문이 아닌가요? 욕심은 죄를 낳고 죄는 사망에 이르게 한다는데, 그들 사이의 투쟁에서 얼마나 많은 사람들이 죽어갔고, 얼마나 많은 이들의 가슴에 깊은 상처가 남았습니까? 「구용록」님의 저서 「전쟁론」을 보면 고대나 근대나 현대를 막론하고 전쟁의 본질은 서로 먹거리를 많이 확보하려는 데서 출발한다고 합니다.

어쩌면 창조주 하나님은 젖과 꿀이 흐르는 땅의 축복을, 「야고보」를 통하여 땅끝까지 복음을 전하게 하셨던 이곳 스페인의 붉은 땅 위에 내리시지 않았나 하는 생각이 들 때가 많습니다.

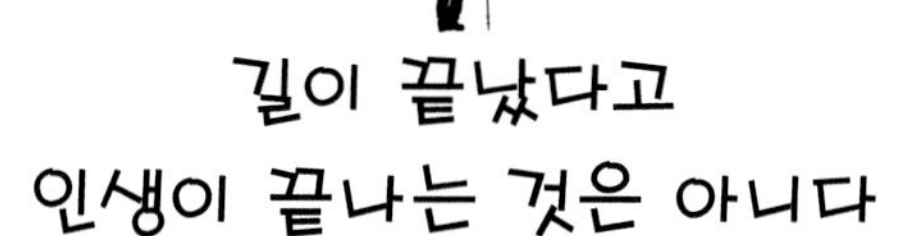

길이 끝났다고 인생이 끝나는 것은 아니다

10/5 제12일 시루에냐(Cirueña) ~빌로리아 데 리오하 (Vìloria de Rìoha) 20.5km 7h

시루에냐는 로그로뇨에서 약 44km 떨어진 곳에 있는 작은 마을입니다. 시루에냐에 들어서면 처음 눈에 띄는 것이 작은 골프장입니다. 시골에 웬 골프장인가 하고 조금은 의아스럽습니다. 골프장 주변의 자연경관이 뛰어난 것도 아니고, 주변에 큰 마을이나 위락시설이 있는 것도 아니며, 다음 마을인 '산토도밍고 데 라 깔사다'도 그리 큰 마을은 아닙니다. 다만 시루에냐에는 신축 건물들과 빌라들이 많이 들어서 있는 것이 뉴타운을 조성하는 중인 것 같지만, 아직까지 사람들이 많이 거주하는 흔적은 보이지 않습니다.

시루에냐에 들어서면서 포도밭이 끝나고, 가을걷이를 끝낸 넓은 들판은 황갈색 토양이 빨간 속살을 드러내놓고 있습니다. 이곳의 주요 농산물은 감자, 양파, 해바라기, 그리고 각종 채소라고 합니다. 넓은 들판에서 나오는 풍부한 농산물이 수천 년 동안 이곳에 살아온 사람들의 젖줄이 되었던 것입니다.

기록에 의하면 시루에냐 지역이 역사에 등장한 것은 1,100년 전쯤이라고 합니다. 물론 그 이전에도 사람들은 살았겠지만, 나바라 왕국 연대기에 의하면 960년에 팜플로니아의 왕 「가르시아 산체스」와 까스티아의 백작 「페르난 곤잘레스」 사이의 전투가 이곳에서 벌어졌고, 이 전투에서 「페르난 곤잘레스」 백작이 패하여 포로로 잡혔다는 기록이 있습니다.

스페인 땅 전역에서는 고대부터 지역의 패권을 장악하기 위하여 여러 세력 간 끊임없이 충돌이 일어났고 지배권이 변화하였습니다. 고대나 중세 시대 전투에서 패한다는 것은 모든 지배권을 빼앗기고 죽거나 노예가 되는 절망적인 상황을 맞게 되는 것을 의미합니다.

우리가 살다 보면 간혹 풀리지 않는 어려움에 부딪히면서 미래가 보이지 않는다고, 또는 해결책이 없다고 절망하는 경우가 종종 있습

니다. 그런 경우 인생이 끝났다고 생각하고 극단적인 선택을 하는 사람들이 있는 것을 우리는 종종 봅니다. 1997년 11월 IMF가 터지자 우리나라의 수많은 기업들이 도산했고, 많은 알자 기업들이 헐값으로 외국인의 손에 팔려나갔습니다. 많은 기업인들이 당시의 절망스러운 현실을 한탄하며 목숨을 버렸습니다. 내가 아는 몇몇 기업인들도 그 당시의 어려운 현실 앞에서 여러 번 삶을 포기하려고 약 봉지를 들고 산을 오르내리며 개탄했었노라 고백했습니다. 어떤 기업인은 한강 다리를 수차례 배회하며 삶과 죽음의 절박한 선택을 두고 심각하게 고뇌했었다고도 합니다.

D 건설의 P 사장, S 금속의 K 사장, P 철강의 J 사장. 그들은 모두 한때 IMF의 위기 앞에서 절망하며 인생을 포기하려고 시도하기 직전까지 갔던 사람들입니다. 그들은 평생을 땀 흘리며 허리띠를 졸라매고 키운 기업이 일순간에 무너지고 연쇄 부도로 도산의 위기에 직면했을 때, 억울한 마음으로 매일 산을 오르내리며 울분을 삭였고, 매일 밤 술에 취하지 않고는 잠을 이룰 수 없었노라고 그 당시의 괴로웠던 순간을 회고했습니다. 그래도 종업원들의 미래와 협력업체의 다른 기업들 그리고 이웃들과 맺은 소중한 인연을 생각하며, 눈물을 머금고 남은 사업체와 알짜 부동산을 정리하여 부채를 청산하고 어려운 현실을 극복하여 오늘의 기업을 다시 일으킨 사람들입니다.

아무런 어려움과 고통도 거치지 않고 성장하는 사람은 없듯이, 자유 경쟁 사회에서 어려운 경쟁 과정을 거치지 않고 성장하는 기업도 별로 없습니다. 힘들고 어려운 과정을 거쳐야만 소중한 과실을 얻을 수 있다는 점을 인식하고, 혹시 우리가 어려운 처지에 직면해 있을지라도 길이 없다고 또는 인생이 끝났다고 절망하지 말고, 또 다른 길과 선택의 기회를 찾아야 합니다. 삶에는 여러 갈래의 길이 있고 선택의 기회 또한 다양합니다. 길이 끝났다고 인생이 끝나는 것은 결코 아닙니다. 도저히 길이라고 느껴지지 않는 관목과 수풀이 우거진 숲을 벗어나면 또 다른 넓은 신천지가 우리를 기다리고 있습니다.

특히 청소년들이 학업 성적을 비관하거나 교우관계의 갈등과 어려움을 이기지 못해 극단적인 선택을 하는 가슴 아픈 경우를 종종 봅니다. 삶은 과정의 연속이며, 학문과 나의 관계는 경쟁과 대립 관계가 아니라 진리 탐구를 향한 호기심을 찾아 떠나는 일평생의 여행입니다. 일순간의 성적이 결코 내 인생의 성적표일 수는 없으며, 성적 자체가 우리 삶에 행복을 가져다주는 것은 결코 아닙니다. 교우관계의 갈등도 어둡고 깊은 터널을 지나면 평화로운 길을 마주하게 됩니다. 마치 태양이 사라질 것 같은 생각이 들 정도로 폭우가 쏟아지고 먹구름이 대지를 어둡게 하더라도, 폭풍과 먹구름 위에 태양은 항상 빛나고 있으며 폭풍과 먹구름이 걷히면 더욱 찬란하게 비추듯이 말입니다.

나는 지금도 방송인 「임성훈」 씨가 진행하는 「강연 100℃」를 즐겨 봅니다. 최근 진행자가 「이형걸」 씨로 바뀌었더군요. 그곳에 연사로 출연한 사람들 중에 정말로 존경스럽고, 아낌없이 박수를 쳐주고 싶은 사람들이 많습니다. 출연자 대부분은 건강을 잃고 죽음 앞에서 절망했거나, 사업에 실패하고 희망을 상실하여 삶의 의지를 포기하려 했거나, 또는 어려운 현실을 딛고 자신이 속한 분야에서 최고의 자리에 오르기까지 눈물겨웠던 과정을 소개하며, 의지와 집념으로 성공한 이야기를 증언합니다. 간혹 젊은 사람들 중에서 자신만의 꿈과 희망을 가지고 이 시대의 어둠을 밝히려고 도전하는 용기 있는 사람들을 보면 뜨거운 격려를 보내고 싶습니다. 「강연 100℃」에는 어렵고 힘든 과정을 슬기롭게 극복하고 자랑스럽게 살아가는 사람들의 진한 땀 냄새와 가슴 뭉클한 감동의 열기가 가득해서 좋습니다.

신앙

10/6	제13일	빌로리아 데 리오하(Viloria de Rioha) ~산 후안 데 오르테가 (San Juan de Ortega)	32km	9.5h

카미노는 마음과 영혼의 치유길입니다. 매일매일의 삶이 즐겁고 신비로운 세계로 여행하는 것처럼 행복합니다. 오랜 시간 동안 걷다 보면 육체가 건강해지고 삶이 바뀌고 생각하는 방식이 바뀌는 것 같습니다. 오늘은 상당히 먼 길을 걸었습니다. 오전 8시 30분에 빌로리아 데 리오하를 출발하여 오후 6시에야 산 후안 데 오르테가에 도착했습니다. 32Km를 걸은 셈입니다. 하루 20Km 내외를 걷되 최고 25Km 이상을 넘기지 않기로 아내와 약속했지만, 나 자신과 나누는 대화에 묻고 답을 찾으며 골똘히 생각하다 보니 무리한 거리를 걸었습니다.

발목이 시큰거리고 발가락이 고통스러울 정도로 아팠지만, 걷는다는 것 자체가 재미있었고, 삶과 신앙에 대해 진지하게 질문을 던지고 답하기를 거듭하다 보니 먼 길을 걸었습니다.

「성 야고보」는 복음을 들고 이 땅에 왔습니다. 「마가」의 다락방 성령강림 이후 「예수 그리스도」의 주 되심과 다시 오실 주님의 복된 소식을 땅끝까지 전하기 위하여 멀고 먼 이국땅까지 온 것입니다. 복음은 하나님의 지혜이며 능력입니다. 복된 소리, 곧 'Good News'입니다.

그런데 나는 왜 새벽부터 일어나 아침을 기다려 왔으며, 고단하고 힘든 이 길을 걷는 것인가요? 이 길이 나의 삶에 어떤 의미가 있는 것인가요? 나는 이 세상에 와서 무엇을 위해 어떻게 살다가 어디로 가는 것일까요? 구원에 대한 소망으로 주님을 믿으며 살다가 하나님이 부르실 때 순순히 가면 되는 건가요? 2,000여 년 전의 사람들은 어떠한 생각으로 이 땅을 살다가 갔으며, 앞으로 2,000년 후에 올 후세대들은 우리들이 이러한 고민에 대해 고뇌했었다는 사실을 어떻게 받아들일까요? 오전 내내 이런 저런 생각에 빠져들었습니다.

지금이야 산허리와 능성이조차 모두 나무를 제거하고 경작지를 만들어 포도, 밀, 감자, 옥수수, 각종 채소를 재배하지만, 중세 사회만 하더라도 이곳은 나무가 울창한 숲이었으리라 생각됩니다. 예수님의 사도 「야고보」가 선교를 위해 이곳에 왔을 때의 환경은 원시림에 가깝지 않았을까요? 예수살렘으로부터 5,000Km 이상 되는 그 먼 길을 지나서 언어와 문화와 생활 습관이 다른 이민족에게 복음을 전한다는 것은, 당시 상황에서는 매우 힘들고 어쩌면 목숨을 건 모험이었을 지도 모를 일입니다.

오후 늦게 산 후안 데 오르테가 성당에 앉아서도 이러한 생각은 이어졌습니다. 우리가 구세주로 믿는 「예수 그리스도」의 사상과 가르침은 이천여 년 전 사회의 구조와 틀을 바꾸는 혁명적인 사상이었습니다. 「예수」의 가르침은 당시 로마의 지배 이데올로기나 유대인 사회의 관습으로 볼 때 도저히 받아들여질 수 없는 사상과 행동과 태도였기에 유대인의 요구대로 십자가형에 처해지지 않았던가요? 인간으로 오신 예수는 십자가에 매달려 가엽고 자신조차 구원할 힘이 없는 인물로 묘사되었지만, 왜 당시의 죄수로 처형되었던 「예수」를 우리는 '인류의 구세주'로 믿으며 성부와 성자와 성령이 하나인 '삼위일체 하나님'이라고 믿고 따르는가요?

마음으로 믿어 의에 이르고 입으로 시인하여 구원에 이른다고 하는데, 우리는 꼭 구원받기 위하여 「예수」를 구세주로 믿고 따르는가요? 성경에 "너희가 내 말에 거하면 참 내 제자가 되고 진리를 알지니 진리가 너희를 자유케 하리라"는 말씀이 있는데, 진리는 우리를 언제나 자유롭게 하였던가요? 역사는 언제나 진리의 편에서 정의의 손을 들어주었던가요? 끊임없는 물음에 답을 찾으며 구도자의 자세로 성당에 앉아, 성당이 주는 고요 속에서 나 자신을 깊이 성찰하며 깨달음을 구하는 기도를 드렸습니다.

성경은 인간의 이성으로 쓰인 작품이 아니라 성령의 감동으로 기록된 하나님의 말씀입니다. 그러기에 이성으로 생각해서는 아무리 이해하려고 노력해도 이해될 수 있는 책이 아닙니다. 성령을 사모해야 하고, 성령의 도우심이 함께해야 합니다. 성령이 나에게 찾아와야 합니다. 하나님은 우리에게 양심과 이성을 주셨고, 판단할 수 있는 지혜를 주셨으며, 선택할 수 있는 기회를 주셨습니다.

신앙은 하나님의 하나님 되심과 예수 그리스도가 내 삶의 주인 되심을 인정하고, 성령이 나의 삶 속에 항상 함께하심을 믿으며, 내가 하나님 뜻을 알아 그분의 뜻에 맞추어 살아가는 것입니다. 자신의 능력을 증명하고 자랑하며 이 땅에서 보다 더 잘 먹고 잘살기 위하여 복을 구하는 것이 신앙일 수는 결코 없습니다. 예수 그리스도는 우리의 죄를 구원해주시기 위해서 이 땅에 사람의 몸으로 오신 구세주임을 믿고, 부활을 소망하며 하나님께서 우리에게 허락하신 원대한 계획을 묵묵히 수행하는 것이라고 생각합니다.

신앙에서 내가 주인이고 하나님이 나의 종이 되어서는 안 됩니다. 신앙은 내 뜻과 주장을 내려놓고 하나님의 뜻에 나를 맞추어가는 과정이라고 생각합니다. 자기중심적 가치관에서 벗어나 하나님이 요구하시는 뜻을 실천하는 것입니다. 우리는 역사의 주인이 하나님이라고 말을 합니다. 그렇습니다. 하나님의 창조 목적을 위해 역사가 있고, 그 역사를 이루시기 위해 우리가 존재하는 것입니다. 그러나 우리 주변에는 아직도 구약적 사고와 신앙의 틀, 현세 구복적인 신앙관을 가지고 교회를 찾는 사람들이 많이 보입니다. 하나님이 내 뜻에 맞추어서, 나의 필요에 의해서, 나의 요구를 채워주며 나를 위해 존재하는 분으로 착각하는 경우를 많이 보게 됩니다.

신앙인은 세상 속에서 성품이 성숙하게 변화되어 거룩하고 흠 없고 책망받을 일이 없는 사람으로 살아가야 합니다. 상대방을 이해하고 존중하며 예수 그리스도가 생전에 보이셨던 섬김의 리더십을 본받아 이웃을 내 몸과 같이 사랑하라는 가르침을 생활 속에서 구체적으로 실천해야 합니다.

기도의 경우만 해도 그렇습니다. 기도는 내가 하나님을 은밀히 만나 하나님의 말씀을 듣고, 그 뜻에 청종하기 위하여 나를 내려놓는 것입니다. "주여 믿습니다!"하며 내가 가지고 싶은 것을 구하고, 내게 필요한 것을 요구하며, 내 뜻대로 이루어지게 해달라고 요청하는 것이 아닙니다. 내 앞에 아무리 큰 어려움이 있을지라도 내 안에 계신 성령의 도우심이 있을 때에 내가 새로운 소망으로 다시 설 수 있음을 인정하고, 하나님의 뜻을 이루는 도구로로 쓰임받는 데 부족함이 없도록 도와주십사 하고 간구하며 모든 것을 역사의 주인이신 하나님께 의탁하는 것입니다. 「예수 그리스도」께서 너희는 이렇게 기도하라고 우리에게 가르쳐 주신 '주기도문'이 있습니다. 하나님이 어떠한 분이며, 우리는 어떤 마음과 자세로 살며, 하나님께 구할 내용을 어떻게 구해야 하는지를 너무나도 완벽하게 가르쳐 주고 있습니다.

그런데 대부분 우리는 내 삶의 주인은 나라고 생각하고 하나님께 많은 것을 기대하고 많은 것을 요구합니다. 심지어는 하나님과 물질로 거래하려고 하기도 합니다. 내게 보다 더 큰 복을 주시겠지 하는 믿음으로 많은 재물을 교회에 헌납하고, 나를 나타내기 위하여 이웃을 섬기며 봉사하려고 합니다. 이 땅에서 더 많은 물질을 쌓아야 축복을 받으며 하나님 나라에서 얻는 상금과 보화가 크다고 유도하는 목회자들이 많이 있는 것은 부인할 수 없는 현실입니다. 무엇이 올바른 신앙이며 무엇이 하나님의 올바른 뜻과 가르침인가를 생각하게 됩니다.

나는 다시 한 번 나 자신을 돌아보며 물음에 대답을 찾습니다. 신앙은 하나님과 나와의 수직적인 관계를 잘 유지해야 하는 데 힘써야 하기도 하지만, 동시에 이웃 사람들과의 수평적인 관계에서도 아름다운 열매를 맺도록 힘써야 하는 것입니다. 공동체 의식으로 이웃과 화평을 이루고 덕을 쌓으며 참된 말을 하고 선행을 해야 합니다. 나 자신과 코드가 맞는 사람만을 찾아가는 과정이 아니라, 맞지 않는 사람과도 화평하고 조정하며 함께 같은 방향으로 걸어가는 것입니다. 넓은 강물이 되어 포용하고, 함께 기뻐하고, 함께 웃으며 함께 아파하는 것입니다. 나와 다른 이웃의 다양성을 이해하고 배려하며 존중할 줄 아는 사람이어야 합니다. 남을 정죄하고 비판하는 것은 우리가 할 역할이 아닙니다. 판단은 창조주께서 하시는 것입니다. 나는 타인의 허물을 비판하기 전에 나의 눈에 있는 들보를 먼저 확인해야겠습니다. 그리고 하나님이 나에게 허락하신 뜻을 겸손하게 묻고 나에게 맡겨주신 청지기의 역할만이라도 잘 수행해야 하겠다는 결론에 도달하였습니다.

부르고스의 매력

10/7 제14일 산 후안 데 오르테가(San Juan de Ortega) ~부르고스(Burgos) 29km 8h

산 후안 데 오르테가는 아름다운 산림에 둘러싸인 마을로, 12세기부터 17세기까지 교황과 주교, 왕과 귀족, 그리고 평민들의 헌신과 노력으로 이루어진 오래된 유적 도시입니다. 산 후안 데 오르테가에서 부르고스까지는 상당히 먼 길입니다. 어제 32Km의 먼 길을 걸었기에 오늘은 짧게 걷기로 굳게 마음먹었습니다. 아침에 일어나 보니 발가락에 물집이 생기고 발목과 무릎도 뻐근하게 통증이 느껴졌습니다. 그러나 절뚝거리며 걷다 보니 또 욕심이 생깁니다. 욕심 중에 가장 나쁜 욕심이 식탐이라고 합니다. 장거리를 걷는 것은 고통을 동반하지만, 걷는 동안 미지의 자연이 구체적인 모습으로 다가올 때마다 설레는 마음으로 바라보는 재미가 쏠쏠합니다. 그뿐만 아니라 걷는 동안 깨달음을 얻는 것도 사실이기에 나쁜 식탐이 아닌 선한 욕심을 부리기로 했습니다.

산 후안 데 오르테가를 벗어나자 드넓은 평원이 나옵니다. 앞만 보고 걸으면서 여기저기 산재한 문화유산을 바라보았습니다. 오늘도 순례길을 걸어오면서 과거에 많은 순례객들이 순례 도중 숨지거나 질병으로 입원하여 치료받았던 기록과 병원 터 등의 유물과 유적을 보았습니다. 7~8세기부터 순례자들의 발길이 끊이지 않았고, 순례자들을 위해 음식과 잠자리를 제공하고 환자를 치료하는 등 온갖 서비스를 아끼지 않았던 이곳 사람들에게는 신앙 이전에 인간에 대한 사랑, 인류애가 먼저 작용되었다고 생각됩니다. 지금이야 국제 공용어인 영어와 스페인어가 널리 쓰이지만, 1,000여 년 전 당시 사람들은 서로 언어와 문화가 다르고 생활 관습이 달랐을 텐데 어떻게 서로 의사소통이 가능했고, 서로의 생각을 교환하며 필요한 도움을 주고받았는지 궁금합니다.

오르테가를 벗어나니 광활한 평원이 나오고 곧 오르막 산길이 이어집니다. 2,000여 년 전 이 지역은 숲이 울창한 산림이었을 것입니다. 로마인들이 이곳을 점령한 후 문화시설이 들어서고, 포도 농작법과 세법이 들어오면서 통치 세력이 생겨나고, 통치를 위한 조직이 형성되면서 점차 오늘과 같은 사회로 발전되었으리라고 생각됩니다.

부르고스에 가까이 오니 제법 근사한 공장들이 나타납니다. 전형적인 농업국가인 줄 알았던 스페인도 이렇게 공업이 발달해 있고, 상업도 꽤 발달한 산업국가라는 사실을 알 수 있었습니다.

어느 큰 도시나 마찬가지로 부르고스도 적들을 방어하기 위한 전략적 요충지에 세워진 도시입니다. 까스띠아 왕국의 수도였으며 카미노 길이 지나가는 주요 거점도시로, 스페인의 역사가 담겨있고 다양한 건축물이 풍부하게 남아있는 문화의 보고이기도 합니다. 산타마리아 대성당(Catedral de Santa Maria), 산타마리아 라 레알 성당(Iglesia de Santa Maria la Real), 산타마리아 라 레알 우엘가스 수도원(Monasterio Santa Maria Real Huelgas), 산 레스메스 성당(Iglesia de San Lesmes), 산 힐 성당(Iglesia de San Hill), 산타마리아 아치(Arco de Santa Maria) 등 흥미로운 유적들이 부르고스 구시가지에 무수히 많이 있어 옛 시절 영광스러웠던 스페인의 역사를 보는 듯합니다.

부르고스의 산타마리아 대성당은 세비아 대성당(Catedral de Sevilla), 톨레도 대성당(Catedral de Toledo)에 이어 스페인에서 3번째로 큰 성당으로 스페인 고딕 양식 중 가장 아름다운 건축물이라고 합니다. 전체 길이가 106m, 높이가 54m에 달합니다. 특히 성당 지붕의 돔은 르네상스 양식으로 만들어졌으며, 탑과 파시드와 현관 등이 눈부시게 아름답습니다. 돌로 조각된 건축물이 어찌 이리도 아름다울 수 있단 말인가요? 눈이 부시도록 장엄하고 웅장하면서도 섬세하다는 말 이외에 달리 표현할 방법이 없습니다.

하나님이 인간에게 주신 위대한 재능에 감사드리지 않을 수 없습니다. 착공한 지 800여 년이 지난 지금도 그 화려한 외형을 간직하고 있는 것을 보면서 이곳 사람들이 건축과 조각에 쏟아 넣은 위대한 장인 정신을 느낄 수 있었습니다.

성당 내부에는 무수한 조각상과 부조, 장식, 회화 등이 전시되어 있어 그 아름다움은 말로 표현할 수 없을 정도입니다. 성당의 건축물과 장식물을 감상하면서, 이렇게 눈부시게 아름다운 성당을 우리는 잠시 바라보고 감탄한 뒤 지나치지만, 찬란한 성당을 건축하기 위해 땀 흘리며 애썼을 이름 모를 수많은 사람들의 노고에 머리 숙여 감사한 마음을 표시했습니다.

부르고스 시내를 조금 벗어나면 오랜 역사와 전통을 자랑하는 부르고스 대학교(University of Burgos)가 보입니다. 대학 입구에 있는 오래된 석조 건축물의 위용과 대학 캠퍼스의 면학 분위기 그리고 캠퍼스

주변에 잘 조성된 공원을 보면 이 대학교의 고풍스러운 학풍을 읽을 수 있고, 이 대학교가 오랜 기간 이 지역 사회에 인재를 공급하는 산실이었다는 사실을 깨닫게 됩니다.

진리와 자유의 전당인 상아탑은 언제나 다음 시대를 이끌어갈 훌륭한 인재를 양성하여 시대와 사회를 이끄는 지도자를 배출하도록 노력해야 합니다. 또한 사회가 필요로 하는 양질의 노동력을 제공하고 학·연·산 협력을 통해 시대의 발전과 삶의 질을 향상시키기 위하여 노력해야 합니다. 타면 사회는 교육에 투자하고 각종 장학금과 기부금을 기부하여 상아탑을 보호하고 인재를 육성하기 위한 노력을 게을리하지 말아야 합니다. 이러한 역사의 흔적이 유서 깊은 부르고스 대학교 캠퍼스의 이곳저곳에서 감지됩니다.

인류의 스승인 플라톤도 그의 명저 「국가(The Republc)」에서 이상 국가 건설은 구성원 각자가 탁월함을 가지고 각각 자신에게 부여된 역할을 다할 때 실현 가능하다고 하면서, 이상 국가 건설의 희망은 교육에 있다고 하였습니다. 플라톤이 강조한 참교육은 현실에 안주하지 않고 참된 진실을 제대로 바라보며, 나는 누구인가를 끊임없이 성찰하고, 사회적 약자들과 함께 가는 것이라고 하였습니다. 이 길을 걸으면서 나는 지금도 나 자신을 바라보고 자신을 향하여 끊임없이 질문을 던집니다. 나는 누구이며, 이웃과 어떻게 협력하여 선을 이루며, 어떤 방식으로 이 사회에 기여할 것인가를….

노블레스 오블리주

10/8 제15일 부르고스(Burgos)

노블레스 오블리주(Noblesse Oblige)는 프랑스어로 "고귀하게 태어난 사람은 고귀하게 행동하여야 한다"는 의미인데, 원래 로마 시대에 권력과 금력을 소유한 왕과 귀족들이 보여준 투철한 도덕 정신과 솔선수범하여 앞장서는 공공 의식에서 비롯되었습니다. 초기 로마 공화정의 귀족들은 카르타고의 명장 한니발과 벌인 전쟁에 솔선하여 참여하였고, 제2차 포에니 전쟁 기간[9] 16년 동안에는 13명의 집정관이 전사하였습니다. 당시 집정관은 로마의 귀족 계급을 대표하는 최고위 공직자입니다. 당시 로마에서는 병역 의무를 실천하지 않은 사람은 호민관이나 집정관 등 고위 공직을 맡을 수가 없을 만큼 귀족들의 노블레스 오블리주 실천을 당연하게 여겨왔습니다.

9 제2차 포에니 전쟁(BC 218~201): BC 1000년경 페니키아인과 셈인이 스페인에 관심을 가지고 무역 교류를 하다가 점차 군사력을 동원하여 스페인을 정복하고 식민지를 건설했다. BC 7세기에는 그리스 무역상들이 카탈루냐의 엠포리온에 그리스의 정착지를 조성했다. BC 6세기에는 페니키아인과 그리스인이 카르타고에 밀려 지중해 서부에서 쫓겨났다. 제1차 포에니 전쟁(BC 264~241)에서 카르타고는 시실리아의 지배권을 놓고 로마와 전쟁을 벌였으나 패배했다. 그 후 카르타고는 스페인 남부를 정복했으나 제2차 포에니 전쟁에서 패배하여 스페인에서의 지배권을 완전히 상실했다.

현대에서도 노블레스 오블리주는 '부와 명성과 권력을 가진 사회 지도층은 사회적 책임이나 국민의 의무를 모범적으로 실천해야 한다'는 도덕성을 요구하는 단어로서, 많이 소유한 자와 적게 소유한 자 또는 계급과 계층 간에 갈등과 대립을 해소할 수 있는 최고의 정신으로 여겨지고 있습니다.

카미노 길을 걷다 보면 공통적인 특징이 하나 있습니다. 마을은 대개 성안의 높은 지대에 형성되어 있고, 가장 높은 중심지역에는 꼭 성당이 자리하고 있습니다. 고대로부터 살아왔던 성터에서는 성 외곽에 두껍고 높은 방어벽을 쌓고 해자를 파놓아 적군이 침입하지 못하도록 막았으며, 2차, 3차로 그보다도 더 높고 두껍게 성벽을 쌓고 사람들은 그 성안에서 종교를 중심으로 마을 공동체를 이루고 생활해왔습니다. 카미노 길에서 처음 마주한 성은 론세스바야스 올드타운이고 그다음이 부르고스입니다. 세고비아에도 이와 비슷한 성이 있으며, 이웃 나라 포르투갈의 발렌시아(Valenca)에도 규모는 작지만 꽤 튼튼하게 제1차, 제2차, 제3차 방어 성벽을 쌓아놓은 고대 성벽을 볼 수 있습니다. 성안의 마을은 올드타운이라 불리지만 오늘날에도 현대 문명과 공존하며 생활하고 있습니다.

고대 사람들은 왜 이다지도 두껍고 높은 성벽을 쌓아 올렸을까요? 나는 생존과 자유를 지키기 위한 본능적 투쟁의 결과라고 감히 말하고 싶습니다. 성벽을 쌓기 위해 모아놓은 돌과 성벽의 높이 그리고 성벽의 두께를 보면 생존과 자유를 지키기 위해 얼마나 많은 사람들이 땀과 눈물을 쏟아 방어벽을 쌓아 올렸는지를 상상할 수 있습니다. 고대 시대 전쟁에서는 승리자가 'All'을 취하고, 패배자는 'Nothing'을 취했습니다. 승리자는 점령 지역의 모든 것을 취하며, 심지어는 전쟁에 패한 사람들의 부인과 자녀들까지 전리품으로 취하였습니다. 따라서 전쟁에서의 패배란 죽음보다도 더 비참해지는 것이어서, 승리자에게 돌아가는 행복과 만족에 반비례하여 패배자에게는 고통과 불행의

강도가 커집니다.

고대 이스라엘 역사에 등장하는 남유다 왕 「시드기야(Tzidkiyahu)」의 최후가 대표적인 예입니다. 구약성경 예레미아에 보면 바벨론 왕 「느부갓네살(Nebuchadnezzar Ⅱ)」이 예루살렘 성을 포위하고 18개월간 항복을 요구합니다. 18개월간 포위하고 항복을 요구했다는 의미는 그만큼 저항이 강렬했다는 의미이기도 하고, 예루살렘 성이 난공불락이었다는 의미이기도 합니다. 「시드기야」 왕은 선지자 「에레미야(Zeremiah)」의 예언을 묵살했고, 「느부갓네살」 왕의 항복 요구나 회유도 듣지 않고 「느부갓네살」에 대항하여 항전하다가 결국은 함락되었습니다.

> "갈대아인들이 왕궁과 백성의 집을 불사르며 예루살렘 성벽을 헐었고 사령관 「느부사라단」이 성중에 남아있는 백성과 자기에게 항복한 자와 그 외에 남은 백성을 잡아 바벨론으로 옮겼으며 사령관 「느부사라단」이 아무 소유가 없는 빈민을 유다 땅에 남겨두고 그날에 포도원과 밭을 그들에게 주었더라"(렘 39:8~10)

성이 함락되면 왕궁과 백성의 집은 불타고 성안의 살아남은 모든 백성이 포로가 되지만, 아무 소유가 없는 자들은 살아남으며 재산까지 분배받습니다. 그러나 끝까지 저항하며 사투를 벌이던 왕과 귀족들에게 기다리는 운명은 한마디로 참혹함과 처참함입니다.

"바벨론의 왕이 립나에서 「시드기야」의 눈앞에서 그의 아들들을 죽였고 왕이 또 유다의 모든 귀족을 죽였으며 왕이 또 「시드기야」의 눈을 빼게 하고 바벨론으로 옮기려고 사슬로 결박하였더라"(렘 39:6~7)

BC 586년에 있었던 남유다 왕 「시드기야」의 최후입니다. 이때 「시드기야」 왕의 나이는 32세였다고 합니다. 21세에 왕이 되어 11년간 통치했으니 당시에 두 아들은 나이 어린 소년들이었을 것입니다. 그가 마지막으로 세상에서 본 모습은 사랑스러운 두 아들의 목이 달아나는 참혹한 광경이었습니다. 「시드기야」는 그 후 바벨론으로 끌려가 지하 감방에서 죽을 때까지 비참하게 고통받았다고 합니다. 전쟁에 패배한 왕이 감당해야 할 책임은 너무도 가혹한 것입니다.

참상은 그것으로 끝나지 않습니다. 전쟁사를 보면 '점령 사령관은 병사들의 사기 진작을 위하여 승전 후 3일, 또는 5일간 약탈을 허용한다'고 합니다. 그런데 이 약탈에서 가장 취약한 계층에 있는 사람들이 힘없이 살아남은 남자와 부녀자와 아이들입니다. 남자들은 무조건 보이는 대로 살해당하고, 여인들은 무차별적으로 폭행당하게 되며, 아이들은 고아가 되고, 모든 쓸만한 재물은 약탈당합니다. 이런 약탈이 며칠간 지속되면 점령지는 그야말로 생지옥이나 다름없겠지요.

이런 비참한 일을 당하지 않으려면 통치자나 권력을 가진 귀족 또는 재산이 많은 자들이 앞장서서 그들이 가진 것과 그들이 속한 사회를 지키고 보호하기 위해 목숨을 걸고 싸워야 합니다.

전쟁에 동원되는 전투원 중에는 무산 계층과 노예군인이 있었습니다. 이들은 전쟁에 승리해도 여전히 무산 계층이거나 노예이고, 패배해도 신분이 크게 바뀌지 않았습니다. 전쟁에서 지배 권력이 바뀌면 이들 무산 계층은 오히려 포도원과 밭을 분배받기도 했습니다. 목숨을 걸고 지킬 아무런 이익이 없다는 얘기입니다. 우리가 노블레스 오블리주를 얘기하면서 주목하고 보호해 주어야 할 사람들이 바로 이런 계층에 있는 사람들입니다. 물론 현대 사회는 고대 사회와는 다릅니다.

오늘날 '노블레스'한 사람들이 사회적 약자를 지키고 보호해주는 첫 번째 덕목은 인류를 향한 사랑·화합·박애의 정신이라고 생각합니다. 「예수 그리스도」께서 "네 이웃을 네 몸과 같이 사랑하라"고 말씀하신 사랑의 가르침을 실천하기 위해서입니다. 그러나 다른 한편으로 우리 사회를 건강하게 지키고 유지하기 위해서는 빈민층의 구제 활동에 힘쓰고, 어둡고 그늘진 곳에서 힘겹게 살아가는 우리 이웃을 지켜주고 보호해주어야 할 책임이 우리 사회에 있습니다. 그것은 이웃을 돕는 것이 아니라 자신을 지키고 자신이 속한 사회를 건강하게 유지하기 위한 최소한의 '오블리주'라고 나는 감히 말하고 싶습니다.

세계인들의 사랑을 받은 뮤지컬 「맘마미아」가 우리나라에서도 2014년부터 1년 가까이 큰 인기를 끌며 공연되었습니다. 1970~80년대 유행했던 스웨덴의 팝그룹 「ABBA」의 히트곡을 토대로 한 뮤지컬입니다. 1999년 영국 런던에서 초연된 이후 전 세계에서 인기리에 공연되고 있습니다. 뮤지컬 「맘마마아」 중에 「The winner takes it all」이라는 곡이 있습니다. 서정적인 사랑 이야기이며, 사랑싸움에 승리한 자가 모든 것을 취하고 패배한 자는 조용하고 쓸쓸하게 사라져야 한다는 내용입니다. 나는 이 음악을 들을 때마다 역사 속에서 이루어졌던 수많은 전쟁을 회상하며 전율합니다. 「The winner takes it all」의 역사적인 배경을 생각하면 그렇게 낭만적으로만 감상할 곡이 아니기 때문입니다. 나는 이 음악을 들을 때마다 제목과 가사가 「The winner shares it all」이었다면 인간의 욕심 많고, 야만스럽고, 죄스러웠던 역사가 좀 더 정의로운 방향으로 진보하지 않았을까 상상해 보곤 합니다.

인간의 심성

10/9 제16일	부르고스(Burgos) ~오르니요스 델 카미노 (Hornillos del Camino)	21.5km 6h

부르고스 시내의 작지만 아름다운 성당 3층에 있는 알베르게에서 하루를 지냈습니다. 나의 견해로는 성당이나 교회가 이 정도였으면 좋겠다고 생각하는 규모가 있습니다. 500석 내외의 예배당 본당과 교육장, 선교활동장, 특별활동장을 갖춘 3~4층 규모의 아담하면서도 내실 있는 교회, 전 교인이 모여 예배와 각종 친목 활동을 할 수 있고, 봉사와 구제 활동을 할 수 있는 공간이 있는 교회였으면 좋겠다고 생각해왔습니다. 어느 교우가 예배에 참석했는지 안 했는지 여부를 한눈에 확인할 수 있고, 교인들의 기쁜 사정에 함께 축하해주고, 가슴 아픈 사정에 동참할 수 있는 그런 마을 공동체 중심의 정감 있고 가족적인 교회였으면 좋겠다고 생각합니다.

교회가 너무 비대해지면 큰 교회를 유지하고 관리하기가 힘이 듭니다. 조직이 커지면 사회화·계층화되기 쉽고, 목회자와 교인 간 또는 교인 상호 간 소통의 기회가 줄어듭니다. 소통의 기회가 줄어든다는 것은 서로의 의사를 교환할 수 있는 통로가 닫힌다는 의미이기도 하고,

조직이 활력을 상실하고 일방적 커뮤니케이션으로 흘러가서 권위주의적으로 부패하게 된다는 의미이기도 합니다. 반면 교회가 너무 작고 영세하면 교회의 모든 활동이 위축되고 축소될 수밖에 없습니다. 내가 전날 밤을 지낸 성당은 내가 좋아하는 규모보다는 조금 작은 성당이었습니다. 300석 규모의 크지도 작지도 않은 예배당 본당을 갖추고 2층에 각종 교육장과 특별활동장이 있으며 3층에는 소규모 침실과 기타 특별활동 공간이 있는 곳이었습니다. 한눈에 성당의 모든 활동이 파악되며 구성원 모두가 참여하고 활동할 수 있는 성당이었습니다.

어제저녁에도 수녀님의 따뜻한 환대와 배려가 나그네라는 느낌이 아니라 멀리 타향에 나갔다가 집으로 돌아온 듯한 친근감이 들었습니다. 그런 곳에서 하루를 지내고 나니 아침부터 상쾌했습니다.

아침 7시에 숙소를 나섰습니다. 아직 어둠이 채 걷히지 않은 새벽은 안개로 짙게 드리워져 앞길도 분간하기가 쉽지 않았습니다. 이렇게 이른 아침에도 부르고스는 출근하는 사람들과 등교하는 학생들로 분주한 것을 보니 도시의 역동성이 가슴에 와 닿습니다. 부르고스를 벗어날 즈음부터 중부 메세타 고원 지역이 시작됩니다. 200km가 넘는 길 대부분이 나무 한 그루 없이 가도 가도 지평선만 보이는 평평한 평원입니다.

넓은 들녘의 가을걷이를 끝낸 평원은 황량함으로 거칠게 보였습니다. 사방 주위를 둘러보아도 끝이 없는 들판일 뿐입니다. 이렇게 넓은 들에서 불어오는 바람은 억세고 강합니다. 엊그제 비바람이 칠 때는 배낭이 어깨 위에 놓여 있어서 망정이지 바람의 위력에 몸이 날아갈 것만 같았습니다. 메세타 지역의 황량함이 이곳 사람들의 성품을 굳세게 만들었고, 농사짓는 사람들의 근면함을 더하게 했으리라 생각됩니다. 많은 순례자들은 이 메세타 지역의 외로움과 단조로움을 피하기 위해 기차나 버스를 타고 점프하기도 합니다. 그렇지만 광활한 메세타 지역을 통과하면서 고독하게 명상하고 침묵 수행하는 것도 순례자에게는 정신 수양의 한 방법이 되리라고 믿습니다.

우리 인간은 자신에게 주어진 상황에 만족하지 못하고 항상 보다 큰 것, 보다 좋은 것, 보다 유리한 조건을 찾으려 끊임없이 갈등하고 투쟁합니다. 그것은 본능일까요? 아니면 인간의 내면에 존재하는 악한 성품 때문일까요? 나는 근본적으로 사람이 선할 수도 있지만, 상황에 따라서는 극단적으로 악해질 수도 있다고 생각합니다. 그 선과 악은 인간의 내면 심성에 뿌리 깊이 존재하여 본인의 필요와 이익에 따라서 선한 심성과 악한 심성이 교차되어 행동으로 나타납니다. 아무리 좋은 교육을 받았고 아무리 많은 훈련을 받았다 하더라도 인간의 내면 깊숙이 존재하는 이 선과 악의 심성은 정도의 차이는 있을지

모르지만 크게 바뀌지 않는 것 같습니다. 그러하기에 한 인간이 잠시 착한 일을 한다고 해서 선한 사람이라고 말할 수 없고, 잠시 악한 일을 한다고 해서 악인이라고 규정해서도 안 됩니다. 죄는 미워하되 사람은 미워하지 말라는 말도 있지 아니한가요!

사람들은 나이가 들면서 자기 자신이 생각하고 행동하는 방식이 옳다고 고집하고 이를 타인에게도 강요하여 갈등을 빚는 경우가 자주 있습니다.

19세기 덴마크의 대표적인 실존주의 철학자 「키에르 케고르(Soren Aabye Kierkegaard)」는 인간에게는 인간이기에 뛰어넘을 수 없는 4가지 벽, 즉 한계상황(Boundary situation)이 있다고 했습니다. 모든 사람은 갈등하고 방황한다는 것, 모든 사람은 투쟁한다는 것, 모든 사람은 죄를 짓는다는 것, 모든 사람은 죽는다는 것. 그러므로 모든 사람은 갈등하고 방황하며 투쟁하고, 죄를 짓고 싸우다가 죽는다는 철학자의 예리한 지적을 가슴 깊이 인식해야 합니다. 이 한계상황을 뛰어넘을 수 있는 길은 하나님 앞에 먼저 자신을 내려놓는 것입니다. 그리고 자신을 향한 하나님의 뜻이 무엇인지를 깨

달아 이 세상의 진리를 밝히며 하나님의 창조 목적을 이루어가는 도구가 되어야 합니다.

「바울(Paul)」 사도도 "그러므로 내가 한 법을 깨달았노니 곧 선을 행하기 원하는 나에게 악이 함께 있는 것이로다. 내 속사람으로는 하나님의 법을 즐거워하되 내 지체 속에서 한 다른 법이 내 마음의 법과 싸워 내 지체 속에 있는 죄의 법으로 나를 사로잡는 것을 보는도다. 오호라 나는 곤고한 사람이로다. 이 사망의 몸에서 누가 나를 건져내랴."라고 고백하였습니다.

이 길을 걸으면서 느낀 점은 사람이 살아가는 데 그렇게 많은 돈과 물질이 필요 없겠구나 하는 사실입니다. 갈아입을 옷 한 벌과 신발 한 켤레와 물 한 병이면 충분히 행복할 수도 있는데, 우리는 쓸데없이 너무 큰 욕심을 부리면서 살고 있다는 생각이 들었습니다. 없는 것이 때로는 더욱 편리하고 살아가기가 쉽다는 생각을 하면서, 멈추면 보이는 것이 참 많다는 「정약용」 님의 「목민심서」를 마음속으로 상기합니다.

"밉게 보면 잡초 아닌 풀이 없고, 곱게 보면 꽃 아닌 사람이 없되, 그대를 꽃으로 볼 일이로다.

털려고 보면 먼지 없는 이 없고, 덮으려고 들면 못 덮을 허물이 없되, 누구의 눈에 들기는 힘들어도 그 눈 밖에 나기는 한 순간이더라.

귀가 얇은 자는 그 입 또한 가랑잎처럼 가볍고, 귀가 두꺼운 자는 입 또한 바위처럼 무거운 법. 생각이 깊은 자여! 그대는 남의 말을 내 말처럼 하리라.

겸손은 사람을 머물게 하고, 칭찬은 사람을 가볍게 하고, 넓음은 사람을 따르게 하고, 깊음은 사람을 감동케 하나니, 마음이 아름다운 자여! 그대 향기에 세상이 아름다워라.

나이가 들면서 눈이 침침한 것은 필요 없는 작은 것은 보지 말고 필요한 큰 것만 보라는 것이며, 귀가 잘 안 들리는 것은 필요 없는 작은 말은 듣지 말고 필요한 큰 것만 들으라는 것이고, 이가 시린 것은 연한 음식만 먹고 소화불량 없게 하려 함이고, 걸음걸이가 부자연스러운 것은 매사에 조심하고 멀리 가지 말라는 것이지요.

머리가 하�គ게 되는 것은 멀리 있어도 나이 든 사람이라는 것을 알게 하기 위한 조물주의 배려랍니다.

정신이 깜박이는 것은 살아온 세월을 다 기억하지 말라는 것이니, 지나온 세월을 다 기억하면 아마도 머리가 핑 돌아버릴 거니까, 좋은 기억, 아름다운 추억만 기억하라는 것이랍니다.

바위처럼 다가오는 시간을 선물처럼 받아들이고, 가끔 힘들면 한숨 쉬고 하늘을 보세요. 멈추면 보이는 것이 참 많습니다."

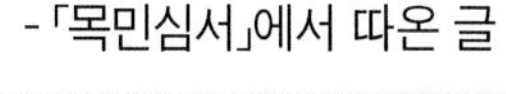

-「목민심서」에서 따온 글

카미노의 한국인들

10/10 제17일 오르니요스 델 카미노(Hornillos del Camino) ~카스트로헤리스(Castrojeriz) 21km 6h

안개가 자욱한 새벽 공기를 가르며 오르니요스 델 카미노를 벗어났습니다. 한 시간 반 가까이 언덕길을 올라 아로요 산볼(Arroyo San Bol)에 도착했습니다. 수도원과 사람의 주거 흔적은 있으나 아무도 살지 않는 지역입니다. 아주 조그마한 알베르게와 알베르게 선간판만 덩그렇게 걸려있는데, 조그만 선간판 위에 여러 가지 재미있는 낙서가 쓰여 있습니다. 낙서에 관한 한 스페인도 우리나라와 같이 문화 민족의 후예들인 것 같습니다. 도롯가 벽면이든, 건물 벽이든, 선간판이든, 심지어는 소중한 문화재든 어디 조그만 빈틈만 있어도 자신이 다녀간 흔적을 글로 남겨 후세에 전하려 하니 말입니다. 로마의 지하도시 까따꼼베 벽면에서조차 한글 낙서를 볼 수 있었는데, 이 길을 가는 동안에도 표지석이나 선간판 곳곳에서 자랑스러운 한글을 자주 볼 수 있어 반갑기도 하였지만, 부끄러울 때도 있었습니다.

아로요 산볼을 지나 추수를 끝낸 밀밭 길을 두 시간 가까이 걸으니 중세풍의 마을 온타나스(Hontanas)가 멀리서 손짓하듯 부릅니다. 사막에서 오아시스를 만난 듯 반가웠습니다. 걷는 동안 아침부터 식사도 걸렀고, 갈증도 심하여 쉴만한 곳을 찾던 중에 만난 마을이기에 식당부터 찾았습니다.

휴게소 바에 가까이 가니 론세스바야스에서 함께 지냈던 캐나다인 「아트 봄크(Art Bomke)」와 「카로이(Caroi)」부부가 야외 카페에서 휴식 중에 우리를 보고는 벌떡 일어나 반갑게 손을 흔듭니다. 생장 피테포르에서 피레네 산맥을 넘어오는 길에 만나서 카미노에 관해 많은 이야기를 나누었고, 팜플로나에서도 저녁 식사를 하며 산 페르민 가을 축제 동안 시간을 함께했던 분들입니다. 짧은 인연이었지만 서로 무척 반가워했습니다. UBC 대학에서 은퇴한 지 3년 되었고 지금은 명예교수로 근무하며 밴쿠버 다운타운에 살고 있다고 합니다. 유머감각이 풍부하고 교양이 넘치는 두 부부의 다정한 모습이 우리에게는 여러 가지 면에서 귀감이 되었습니다.

그동안 「아트 봄크」는 걷는 도중에 무릎이 아파서 로그로뇨로 돌아가 병원에 들러 치료받은 후 이틀간 쉬고 버스로 점프하여 왔다고 합니다. 68세의 많은 나이에도 불구하고 포기하지 않고 산티아고까지 종주하겠다는 의지가 대단하였습니다. 대학에서 경영학을 강의한다고 하는데 남한과 북한 사정에 대하여 잘 알고 있었습니다. 북한의 독재 체제와 주민들의 생활, 그리고 핵무기 개발을 우려하며, 특히 인권 문제에 대하여 분노하고 있었습니다. 나 역시 북한의 핵 개발과 호전적 대외 정책, 그리고 제왕적 독재 체제와 북한 주민의 열악한 인권 문제에 대하여 그와 생각을 같이하기에 오랜 시간 통일 이후의 한반도 문제와 자본주의의 미래 그리고 한국과 캐나다의 미래 경제에 대하여 폭넓은 의견을 나누었습니다.

온타나스를 출발하여 카스트로헤리스로 가는 길은 두 시간 가까이 내리막길로 이어집니다. 길을 가는 도중에 천천히 걷고 있는 독일인 여성을 만났습니다. 혼자서 천천히 걸어가기에 왜 이 길을 이리도 천천히 걷느냐고 물으니, "모든 현실이 너무 빨리 돌아가고 변해서, 천천히 걸으면서 자연을 돌아보며 자신을 발견하고 싶어서 천천히 걷는다"고 합니다. 빠르지도 않고 늦지도 않게 걸어오던 여성인데, 나중에 카

스트로해리스 알베르게에서 다시 만나게 되니 반가웠습니다.

카미노 위에서 만나는 사람들은 서로 만났다 헤어지고 다시 만나기를 반복하면서 길을 걷습니다. 그러하기에 그들은 이방인이면서도 서로 친근감을 표시하며 서로를 배려하고 존중합니다. 모두가 해맑게 미소 지으며 서로를 돕고 필요한 것을 함께 나눕니다. 전 세계 각국의 사람들이 언어, 문화, 생활 관습은 다를지라도 "올라! 부엔 카미노!"라는 공통어로 서로 마음의 문을 열고 가슴속 깊은 곳에서 우러나오는 따뜻한 우정을 주고받습니다. "부엔 카미노"는 입으로만 하는 인사가 아니라 마음으로부터 울려오는 공감의 소리입니다. 이것은 아마도 언어의 힘 이전에 인간 모두가 가지고 있는 선한 의지와 사랑의 표현이라고 생각됩니다. 이번 카미노 여행을 통해서 느낀 또 다른 점은 카미노에 참가한 한국 사람들이 무척 많다는 점입니다. 내가 이 길을 걷는 동안 만났던 수많은 사람들을 순위별로 매긴다면 으뜸은 물론 스페인 사람이고 다음이 미국인, 독일인, 프랑스인, 영국인, 캐나다인, 호주인, 그다음 순위가 한국인이 아닐까 생각됩니다.

이곳에 온 모든 외국인들은 한국인 순례자가 이렇게 많이 카미노 길을 걷는 점을 상당히 의아하게 생각합니다. 이들에게서 듣는 한결같은 말은 "한국인들이 상당히 스마트하다"는 이야기입니다. 사실 여부를 떠나 귀에 달콤한 말이라 듣기에도 좋습니다. 그다음 질문은 "왜 이렇게 많은 한국 사람들이 카미노 길을 걷고 있는가?"하는 의아함입니다. 그것이 종교적인 이유 때문인지 개인적인 신념 때문인지를 자주 묻곤 합니다. 나도 궁금하여 이곳에 온 한국 사람들과 이야기를 나눠 보니 카미노 길을 걷고 있는 이유는 종교적인 이유가 가장 많고,

「파울로 코엘료(Paulo Coelho)」가 쓴 「순례자」라는 책을 읽고 카미노 길에 대해 매력을 느껴 온 사람들도 꽤 있었습니다.

이곳에 온 한국인은 대학을 휴학하고 온 배낭여행족이거나 다니던 직장을 그만두고 온 여성들이 대부분입니다. 여행 기간이 40일 내외로 소요되기 때문에 직장인들은 감히 계획을 세우기가 어려울 것입니다. 남학생들은 군대를 제대하고 복학을 기다리며 아르바이트로 돈을 벌어서 왔거나 군대 입대를 기다리면서 여행을 온 경우가 많은 반면, 여학생들은 졸업과 취업을 앞두고 휴학해서 온 경우가 많았습니다. 다니던 직장을 자진 퇴직하고 이곳에 온 여성들도 자주 눈에 띄었습니다. 간혹 자전거 동호회 회원들이 7~8명씩 단체로 무리 지어 행진하는 부러운 모습을 목격하는 경우도 있습니다. 그들의 서로 배려하는 동료애와 소통 방식이 특이하여 흥미 있게 바라보기도 하였습니다.

이채로운 점은 많은 젊은이들이 혼자서 여행 계획을 수립하고 돌아다니면서, 때로는 만나고 때로는 헤어지기를 반복하면서 여행한다는

것입니다. 독립심을 키우고 자신만의 삶을 개척해 나가는 점은 칭찬할 만하지만, 지인들과 어울려 사회성을 키우고 우정과 감성을 공유한다면 더욱 좋겠다는 생각을 지울 수 없습니다. 이들의 젊은 시절 경험과 지식이 장래 한국을 이끌어갈 힘이 될 것이라고 생각하니 마음이 든든하기도 합니다. 더욱이 아시아 여타 국가에서는 일본 학생이 아주 드물게 보일 뿐이고 한국인 이외에는 없다는 사실이 인상 깊었습니다. 한국인의 진취적인 기상과 세계화 시대에 앞서가는 프런티어십이 장차 한국을 이끌어갈 견인차 역할을 하는 데 큰 힘이 될 것이라는 생각으로 마음 뿌듯하기도 합니다.

저녁에 독일인 「게르스텐버거(Werner Gerstenberger)」 부부를 다시 만났습니다. 3~4일 전 카미노 길 위에서 만났던 인상 좋은 친구입니다. 휴게소 바 앞에 캠핑카를 세워놓고 너털웃음을 짓고 있기에 서로 인사를 나누었습니다. 자기 부인이 카미노 길을 걷고 있는 중인데 부인을 기다리며 서 있노라고 했습니다. 왜 부인과 동행하지 않느냐고 물으니 자기는 걷는 것을 즐기지 않으며, 캠핑카를 운전하여 다음 목적지에 차를 세우고 부인을 기다리는 것이 자신의 임무라고 합니다. 30년이 넘은 고물 벤츠지만 그래도 이 캠핑차를 끌고 전 가족이 유럽 여행을 여러 번 다녀왔노라며 자랑스럽게 너스레를 떨던 친구입니다. 그 친구를 다시 만났습니다. 역시 부인을 기다리는 중이라고 합니다. 까만 강아지를 가족처럼 돌보며 기다리고 있기에 어서 가서 부인을 맞이하라고 농담을 던졌는데, 그 부인을 먼저 발견한 강아지가 꼬리를 흔들며 뛰어갑니다.

아내와 슈퍼마켓에 들러 저녁 식재료를 사다가 모처럼 쌀밥을 해 먹었습니다. 반찬이라야 닭고기와 삶은 감자, 그리고 고추와 양파를 넣고 피칸테 소스로 버무린 샐러드뿐이지만, 그래도 쌀밥의 보드랍게 씹히는 촉감은 고향의 정취를 느끼기에 충분했습니다. 거기에 포도주까지 곁들이니 이만하면 동·서양이 조우하는 이상적인 식단입니다. 한국사람에게는 밥이 보약이라는 말이 실감 납니다.

식사 후 동네 구경할 겸 산책하러 나갔더니, 「게르스텐버거」 부부가 야외 카페에서 와인을 즐기고 있었습니다. 인사하며 부인을 향해 "당신은 참 복 있는 여인이다. 당신 남편이 매시간 길 위에 서서 당신만을 기다리고 있는 것을 자주 보았다"하니 부인은 기분이 좋은지 깔깔 웃었습니다. 「게르스텐버거」가 앉기를 권하며 와인 잔을 건네주었습니다. 부인은 독일에서 불어 선생을 하다가 금년 6월 정년퇴직했고, 퇴직 기념으로 카미노 여행을 온 것이라고 합니다. 와인을 얻어 마신 김에 나도 와인을 한 병 사서 밤늦게까지 담소하며 유쾌한 시간을 보냈습니다. 아내를 소개하며 피아노 선생이라고 하니 무척 좋아합니다. 「게르스텐버거」의 부인이 베토벤 곡을 무척 좋아한다고 하기에 아내와 함께 베토벤 음악, 쇼팽 음악, 헨델 음악에 대해 있는 지식 없는 지식 다 동원하여 밤늦도록 이야기를 나누었습니다.

매년 10월에 독일 뮌헨에서는 세계적인 맥주 축제 '악토페스트'가 열립니다. 이때 소비되는 맥주량이 어마어마하며 먹거리와 즐길 거리가 많다고 합니다. 올해 10월은 이곳 카미노에 있지만, 다음 해에는 독일에 꼭 와서 세계 3대 축제 가운데 하나인 '악토페스트'를 함께 즐기자고 제의하는데 말이라도 고마웠습니다. 내일 아침 7시 30분에 그의

캠핑카 문을 세 번 두드리면 일어나서 카미노 길을 함께 가기로 약속하고 숙소로 돌아왔습니다.

새벽 3시쯤 깨어 일어났습니다. 여기저기서 시끄러운 코골이 소리가 철길 위를 지나가는 증기기관차 같습니다. 나는 대개 밤 11시쯤 잠이 들어 아침 5시 전후에 일어납니다. 아내 얘기에 의하면 눕고 5분 후면 코를 골기 시작한다고 합니다. 그래서 남들이 코 고는 소리를 별로 듣지 못했는데, 이 새벽 시간에 여기저기서 코 고는 소리가 코드가 일치하지 않는 협주곡처럼 시끄럽습니다. 나의 코골이 소리도 이와 별반 다르지 않을 것이라고 생각하니 그동안 함께 지내온 사람들에게 미안한 생각이 들었습니다. 그러나 그것은 내가 의도하거나 의식적으로 주의해서 되는 일이 아니기 때문에 자연의 뜻에 맡기는 수밖에는 없다고 생각됩니다. '사람이 걱정해서 될 일이면 걱정할 필요가 없고 걱정해서 안 될 일이면 걱정해봐야 소용이 없다'는 라마 승려의 말이 떠오릅니다. 앞으로 잠잘 때는 주위 사람들을 위해서 의식적으로 조심하는 예의를 갖추어야 하겠습니다.

꼬마 숙녀의 플라멩코

10/11 제18일 카스트로헤리스(Castrojeriz) ~이테로 델 카스티요 (Itero del Castrillo) 6km 2h

어제저녁에 과음을 하고 늦게 잠들었다가 새벽 일찍 깨어서인지 아침부터 몸이 천근만근 무겁습니다. 매일 새벽부터 서둘러 준비하고 길을 떠났지만, 오늘만큼은 달팽이처럼 천천히 움직이고 천천히 걸으면서 게으름을 즐겨야겠다고 생각했습니다. 카미노 길이 깨달음의 길이기에 지금까지는 앞만 보고 열심히 걸어왔지만, 오늘만큼은 느리게 걷고 때로는 멈추어 서서 마음의 창문을 활짝 열고 자신을 꼼꼼히 성찰하는 시간을 가져야 하겠습니다.

카스트로헤리스는 마을 규모는 작지만 로마 시대에 세운 성벽과 성터가 스페인의 중요한 유적으로 남아 있습니다. 그리고 성벽 안에는 13세기에 지어진 산 후안 성당(Iglesia de San Juan)과 산토도밍고 교구 성당(Iglesia Parroquial de Santo Domingo) 및 수도원, 병원, 저택 등 중세의 유적으로 가득 차 있습니다. 이천 년의 역사가 지나는 동안 이 땅에 왔다가 사라져 간 수많은 사람들은 다 흙으로 돌아갔고, 우리에게는 역사의 교훈과 그들이 살다 간 흔적만 남아있는 셈입니다. 개개인이 느꼈을 행복과 불행, 삶과 고뇌의 흔적은 그 어디에서도 찾을 수 없습니다.

돌이켜 생각해보니 현대를 살아가는 우리는 어쩌면 너무 많이 교육받고, 너무 많이 훈련되고, 필요 이상으로 많은 것을 소유하고 소비하며 살고 있지 않나 생각됩니다. 욕심이 커지면 화를 가져오고, 화가 커지면 불행을 잉태합니다. 나는 그동안 욕심을 키우는 훈련만 했지 욕심을 버리는 훈련은 별로 해본 기억이 없습니다. 이제부터라도 욕심을 버리고 행복을 키우는 훈련을 해야겠다고 생각합니다.

카스트로헤리스를 벗어나면서 다시 거대한 벌판이 나타납니다. 좌우를 아무리 살펴보아도 끝이 없는 지평선과 평평한 평야만 보일 뿐 눈에 걸리는 게 아무것도 없습니다. 사방이 지평선만 보이는 평야에서는 하늘이 유난히도 넓어 보입니다. 걸어도 걸어도 제자리 같은 지루한 길이지만, 그래도 광활한 평야에 그림처럼 드리워진 길을 따라 걷다 보니 이테로 델 카스티요에 도착했습니다. 이테로 델 카스티요는 팔렌시아(Palencia)가 시작되는 시점이며 중세 레온(Leon) 왕국이 시작되는 마을입니다. 시골 오지에 있는 작은 마을이어서 그런지 밖으로 나가도 둘러볼 유적이나 건축물이 없고 어느 마을에나 하나쯤은 있는 바나 레스토랑도 없습니다. 그러니 슈퍼마켓도 물론 없습니다. 우리가 선택한, 아니 하나밖에 없기에 선택의 여지없이 들어간 알베르게는 크지는 않았지만, 손님이 우리 부부와 중년의 스페인 사람 한 명뿐이었습니다.

넓고 깨끗한 알베르게에서 밤을 맞이하게 되었습니다. 알베르게 여

주인과 남자 주인의 눈빛이 예사롭지 않게 검고 빛나 보이는 것이 이방인 같은 느낌을 주었습니다. 주인에게 요청하여 저녁 식사로 순례자 메뉴를 주문했더니 시골치고는 제법 근사한 요리가 나왔습니다. 싱싱한 스페인식 샐러드와 쇠고기 요리, 그리고 와인 한 병과 후식으로 요플레 정도면 순례객의 시골 저녁 메뉴로는 훌륭하다고 생각됩니다. 이곳 사람들은 식사 때마다 포도주를 필요 불가피한 음료 중의 하나라고 생각하는 모양입니다. 끼니마다 레드 와인을 내오는데 지역마다 와인의 종류와 맛이 조금씩 다릅니다. 오늘 저녁은 요리보다는 와인이 더욱 좋았습니다. 동석했던 스페인 친구가 권하는 알코올 도수가 매우 높은 카페 데 비노를 함께 마시며 손짓 몸짓으로 의사소통하는데, 서로가 재미있어하니 나름대로 커뮤니케이션에는 성공한 셈입니다. 식사 내내 알베르게 주인의 6살쯤 되어 보이는 꼬마가 우리 곁에서 서성였습니다. 우리의 손짓 몸짓과 어색한 대화를 신기해하며 유심히 바라보고 있었습니다. 아마 몸짓과 손짓으로 표현되는 본능적인 대화는 이 꼬마도 이해하는가 봅니다.

스페인의 역사와 문화 속에는 이방인들의 진한 삶의 향기와 고단한 땀방울이 농축되어 있습니다. 10년 전 스페인 남부 지역을 여행하는 도중에 코르도바에서 플라멩코 공연을 본 적이 있습니다. 플라멩코는 음악과 춤이 가미된 형태로 모로코, 이집트, 파키스탄, 그리스와 아시아의 다양한 음악적 요소가 가미된 집시들의 방랑 문화·음악입니다. 유랑민들이 일상의 시름과 고통을 벗어나기 위해 즉흥적으로 즐겼던 리듬이 손발로 만들어내는 화려한 기교와 더불어 그들만의

특별한 음악 형식으로 발전하였고, 스페인 남부 안달루시아 지방의 음악과 춤으로 정착하게 되었다고 합니다.

플라멩코 가수가 높낮이를 바꾸어 가며 부르는, 변화무쌍한 음계와 리듬을 가진 창법은 매우 특이했습니다. 거기에다 끊어질 듯 이어지며 목이 메도록 부르는 구슬픈 노래, 그에 맞추어 반주하는 기타리스트의 빠르고도 현란한 연주 솜씨는 잊혀지지 않았습니다. 플라멩코 음악은 악보가 없다고 들었습니다. 그들 음악의 복잡한 음계를 현대 악보로 표현하기가 힘들기 때문이라고 합니다. 그래서 기타리스트들은 암보로 연주한다고 하는데, 기타의 6개 현 위에서 묘기를 부리듯이 쉴 새 없이 움직이는 다섯 손가락은 신의 마술 손가락 같았습니다. 그리고 무대 위에서 태양의 불꽃처럼 춤추는 댄서의 멈출 듯 이어질 듯 폭발적으로 움직이는 화려한 몸짓과 발 구름은 오랜 시간이 지났음에도 불구하고 뇌리에서 사라지지 않았습니다.

식사 후 주인 부부의 매혹적인 눈빛을 바라보며 우리 주위를 맴도는 귀여운 딸에게 노래 한 곡 들려주도록 요청해도 괜찮은지 양해를 구하고, 꼬마 숙녀에게 노래를 들려달라고 부탁하며 박수를 보냈습니다. 예전에 들었던 플라멩코 특유의 엇박자 비슷한 빠른 리듬이 기억나기에 그 리듬과 비슷하게 박수를 쳐주었습니다. 그랬더니 그 여섯 살 꼬마 숙녀는 춤을 보여주겠다고 합니다. 꼬마 숙녀가 춤추는 율동을 보면서 우리는 깜짝 놀랐습니다. 마치 잘 훈련된 플라멩코 댄서처럼 어린 나이에도 몸놀림과 발동작이 귀엽고 현란하기까지 하였습니다. 아마도 집시 여인의 뜨거운 피와 정열이 그 아이의 몸속에도 흐르나 봅니다. 아이에게는 플라멩코를 가르치는 곳도 없거니와, 배우지도 않았을 플라멩코의 난해한 춤을 그 어린 나이에 어떻게 거의 완벽하게 출 수 있을까 한참을 생각하였습니다. 춤이 끝난 후, 우리 부부와 스페인 친구는 그 아이의 깜찍하고 아름다운 춤 동작에 아낌없는 칭찬과 박수를 보내주었습니다.

인간은 교육과 훈련에 의하여 다른 동물과 구별되는 인간다운 삶을 살지만, 천부적인 재능은 훈련되는 것이 아니라 타고나야 한다는 사실을 다시 한 번 확인할 수 있었습니다. 다이아몬드가 원석으로 있을 때는 그저 돌멩이 가운데 섞여 있는 하나의 돌덩어리일 뿐입니다. 이것을 연마하고 가공하고 정밀한 세공을 거쳐야 비로소 값지고 귀한 보석이 됩니다. 사람의 재능도 마찬가지입니다. 아무리 선천적으로 뛰어난 소질을 타고났다고 하더라도 교육과 훈련을 통해서 연마되고 정제된 후에야 비로소 빛을 발휘하게 됩니다.

나의 견해로, 사람은 누구나 무엇이든지 한 가지 이상의 재능을 가지고 태어난다고 생각합니다. 그 재능을 조기에 발견하여 빛을 발할 수 있도록 기회를 제공하고 돕는 것이 가정과 학교와 이 세상에 먼저 태어나 살아온 사람들이 해야 할 책무라고 생각됩니다.

욕심이 불러온 화

10/12	제19일	이테로 델 카스티요(Itero del Castrillo) ~바알카사르 데 시르가 (Villalcazar de Sirga)	33km	11h

부르고스 주를 벗어나 팔렌시아와 중세 레온 왕국이 시작되는 시발점에 와있습니다. 팔렌시아 카미노 길에서는 오랜 시간에 걸쳐 생성된 역사적 유물과 다양한 예술 양식을 만나게 됩니다. 이곳에는 로마인들이 남긴 세계에서 가장 아름다운 모자이크와 로마네스크 양식의 건축물들을 많이 볼 수 있습니다.

오늘은 뜻하지 않게 무리하여 많이 걸었습니다. 욕심이 화를 부른 것 같습니다. 이테로 델 카스티요에서 프로미스타(Promista)까지의 거리는 19.5km입니다. 아내와 약속한 대로 20km 내외면 하루 걷기에는 적당한 거리입니다. 여기서 멈추어야만 했는데 조금 더 조금 더 하며 욕심을 부린 것이 화근이 되었습니다.

프로미스타는 여러 시대에 걸쳐 건축된 아름다운 건축물들이 많이 있고, 카스티야 운하(El Canel de Castilla)와 돌에 새겨져 있는 비밀스러운 메시지, 그리고 카스티야 밀밭에서 태어난 사람들의 수호자가 된 성인 이야기 등 설화가 가득한 지역입니다. 우리는 운하 하면 수에즈

운하나 파나마 운하만을 연상하게 됩니다. 그러나 스페인의 프로미스타에도 200km에 달하는 근대적 업적물인 카스티야 운하가 있습니다. 18세기 중반에 시작하여 19세기 초반에 완공된 이 운하는 카리온 강과 피수에르가 강의 물을 티에라 데 캄포스 평원에 골고루 분배하여 티에라 데 캄포스 평원을 풍요롭게 합니다. 오늘날 카스티야 운하는 카스티야 내륙 지방과 칸타브리아 해안 사이의 물류를 이동시키며, 배를 타고 운하를 이동하는 관광자원으로도 활용되고 있습니다. 안내하는 책을 보니 이곳에 머무르기에는 좀 아쉽고, 다음 마을인 포블라시온 데 캄포스(Poblacion de Campos)까지는 4km 남았습니다. 도착 시각도 일렀고 4km 정도라면 걷는 데 큰 무리가 없겠다 싶어 다음 마을에 가서 머무를 생각이었습니다.

프로미스타를 벗어나면서 까마득한 대평원이 시원하게 죽 펼쳐집니다. 도로 양옆의 경치가 아름답기도 하려니와 가슴이 탁 트이는 듯

싶었습니다. 그러나 걷기에는 편안하지만 간간이 미루나무만 보일 뿐 한낮의 햇빛을 피할 수 없는 대 메세타 지역입니다. 저 멀리 앞에 희미하게 보이던 산야도 열심히 발길을 옮기다 보면 옆을 지나 등 뒤로 사라집니다. 그리고 풍광은 비슷하지만 또 다른 새로운 광경이 펼쳐집니다.

부지런히 걸어서 오후 4시쯤 포블라시온 데 캄포스에 도착해보니 알베르게는 굳게 닫혀있었고, 주변에는 호텔이나 하비타시온(Habitation)은 물론 어떤 숙박시설도 없었습니다. 마을은 쥐 죽은 듯 조용하고 그 어디에도 인기척을 느낄 수가 없었습니다. 지도에서 다음 마을을 찾아보니 비야르멘테로 데 캄포스(Villarmentero de Campos)까지는 5.5km 남았습니다. 이쯤이야 더 걸을 수 있겠다 생각하고 발걸음을 옮기기 시작했습니다. 발가락이 서서히 조여오고 발목과 다리에서 통

증이 느껴지기 시작했습니다. 먹구름으로 하늘이 어두워지고 비 기운이 대기를 적시기에, 발걸음을 서둘러 재촉하여 비야르멘테로 데 캄포스에 도착하였습니다.

그러나 그곳 역시 작은 마을이어서 호텔이나 숙소가 없었습니다. 다른 선택의 여지 없이 그다음 마을인 비알카사르 데 시르가까지 4km를 더 가야만 합니다. 비가 오락가락 내리며 날은 점점 어두워지는데 불안한 생각마저 들기 시작했습니다. 다음 마을에도 숙소가 없다면 그로부터 다시 6km를 더 걸어가야 마을이 나옵니다. 20kg 가까운 배낭은 어깨와 등을 조여오고, 발걸음은 점점 무거워지면서 발가락과 발바닥의 고통이 점점 커져만 갔습니다.

무리하게 짊어졌던 배낭의 무게가 발가락을 짓눌러올 때면 물건을 꺼내 버려야지 하면서도, 막상 배낭을 열면 무엇 하나 버리기가 아까웠습니다. 훗날 필요하리라는 막연한 기대가 욕심이 되어 짐의 무게를 조금씩 키워왔던 것입니다.

생각해보면 배낭의 짐은 장기 여행에 다 필요한 것입니다. 반바지 1개, 긴바지 2개, 반팔 티셔츠 1개, 긴팔 티셔츠 2개, 양말 3켤레, 속옷 2벌, 우비 1개, 겉옷 1개, 카미노 안내 책자 1권, 지도 1장, 여권 및 순례용 여권 각 1개, 다운 침낭 1개, 응급약 및 의료용품 1세트, 스포츠 타올 1개, 세면도구 세트, 필기 노트 1권, 볼펜 2자루, 나이프 및 포크 1세트, 소형 카메라 1개, 헤드랜턴 1개, 그리고 비상식량으로 바나나 2개, 사과 2개, 보카디요 빵 1개, 초콜릿 바 2개, 물병 1L뿐입니다.

중간에 휴게소가 별로 없는 카미노 길을 걸으려면 최소한 이 정도의 물품은 준비되어 있어야 합니다. 때로 숲 속 긴 길을 장시간 걷는 동안 물과 식량이 떨어질 때도 있어, 비상식량은 꼭 필요합니다. 비가 오는 날씨에 대비하여 여분의 옷도 필요합니다. 그런데 일일이 나열하고 보니 참 많습니다.

서울을 떠나올 때 먼저 카미노를 걸었던 사람들의 충고는 '짐을 자기 몸무게의 1/10 이내로 줄이라'는 것이었습니다. 카미노 길을 걸을수록 자잘한 짐들이 조금씩 늘어나고 배낭의 무게는 점점 무거워져만 간다는 것입니다. 5kg까지 줄여도 가능하다는 선배 순례객의 말을 상기하면서, 삶에서 정녕 나에게 필요한 것은 의외로 단순하게 정리할 수도 있겠다는 생각이 들었습니다. 필요하지 않은 것은 소유하지 않는 것이 상책이고 쌓아두지도 말아야 합니다. 갈아입을 옷 한 벌과 세숫비누 1개, 면수건 1장, 치약과 칫솔 1개, 비상 약품 1세트, 비상식량 약간이면 충분한데, 우리는 너무나 많은 것을 소유하고 누리면서 그 소유와 누림의 무게에 짓눌려 자유롭지 못한 삶을 살고 있지는 않

은가 자성해 봅니다.

다음 동네에 가니 역시 숙소의 문이 굳게 닫혀 있었습니다. 저녁 어스름해서인지 동네의 바나 가게마저 문이 닫혀 있었습니다. 갑자기 긴장감과 불안감이 물밀 듯이 밀려왔습니다. 더 이상은 발걸음을 움직이기가 힘들 정도로 고통스러워 어디 민가를 두드려서라도 불편한 사정을 호소하고 방을 구해야 하겠다는 생각마저 들었습니다. 토마스 아퀴나스(Thomas Aquinas)가 '고통은 은혜요 축복이다'라고 말했지만 지금 이 순간만은 고통은 고통일 뿐이지 도무지 감사나 축복으로 와 닿지가 않습니다. 어두워지기 시작하는 저녁 7시까지 물어물어 동네가 끝나는 어귀 모퉁이에서야 겨우 레스토랑을 겸한 호스텔을 만날 수 있었습니다. 온몸에 피로가 밀려오고 다리가 뻣뻣하게 저려왔습니다.

거의 기다시피 호스텔에 들어가니, 어젯밤에 만나서 식사를 함께했고 길을 동행했던 스페인 친구가 먼저 와 있다가 나를 보고는 반갑게 맞이해주었습니다. 모든 순례자들이 친구가 되지만, 이 친구와는 영어가 통하지 않아 부족한 스페인어와 몸짓 손짓까지 동원하여 의사소통을 했었습니다. 나이도 나와 동갑이고 살아온 연륜이 비슷해서인지 서로가 공감하는 부분이 많았기에 진솔하게 이야기를 나누었던 친구입니다.

호스텔에 들어와서 양말을 벗고 보니 발가락과 발바닥에 온통 빨간 물집이 잡혀있고 한 발짝 떼는 것조차 불편했습니다. 발을 절뚝거리는 나의 모습을 보더니 걱정을 많이 하면서 다리에 붙이는 비상 약품을 나누어 주었습니다. 그 마음이 참으로 고마웠습니다. 멀리 가는 길에 자신에게도 요긴하게 쓰일 비상 약품인데, 저녁 식사 시간과 다음 날 서너 시간 남짓 길 위에서 만나 대화를 나눈 인연이 있어서인지 그 친구의 따뜻한 배려가 살갑게 다가왔습니다.

저녁 식사 시간이 되어 스페인 친구와 함께 레스토랑으로 내려가니 동네 주민으로 보이는 스페인 여성 두 사람만이 식사하고 있었습니다. 그녀들의 접시를 슬며시 넘겨다보니 꽤 괜찮아 보이기에 그녀들과 같은 메뉴로 주문하였습니다. 젊은 여자가 레스토랑과 호스텔을 겸하여 운영하는데, 너무나 싹싹하고 부지런하였습니다. 슬며시 말을 건넸더니 세뇨리타(처녀)라고 합니다. 스페인 사람들은 명랑·쾌활하고 단순·솔직하여 정감이 갑니다.

식사 시간 내내 발가락이 아프고 신경이 쓰였습니다. 오늘은 이렇게 여기까지 왔지만 발 때문에 내일의 길이 걱정됩니다. 그러나 내일의 일은 내일 걱정하고 오늘은 생각과 걱정을 이만 내려놓고 쉬어야겠습니다. 문득 예수님의 가르침이 생각납니다. "내일을 위하여 염려하지 말라 내일 일은 내일 염려할 것이요 한날의 괴로움은 그날로 족하리라"(마 6:34)

오늘 카미노 길을 걸으면서 나에게 소중한 가치가 무엇인지를 다시 한 번 생각해 보았습니다. 우리는 자본이 중심이 되어 돌아가는 사회에서 소유하고 누리며 살지만, 소유와 누림의 무게에 짓눌려 자유롭지 못한 삶을 살고 있지는 않았는지 자성해봅니다. 나는 이 길을 걸으면서 단순하게 산다는 것이 얼마나 행복한가 하는 사실을 자주 체험했습니다. 많이 소유해서 부자가 아니라 많이 나눔으로써 부자가 될 수 있고, 많이 알아서 교양인이 아니라 선량한 양심을 자주 실천

해야 양식 있는 교양인이 된다는 사실을 경험을 통해 알았습니다. 오늘의 교훈을 나의 구체적인 삶에 적용해야 하겠다고 생각하며 일과를 정리합니다. 오늘 밤은 몸도 마음도 기진맥진입니다. 비너스 여신이 꿈에라도 나타났으면 하는 바람으로 일과를 정리하고 잠자리에 듭니다.

「Gerstenberger」와 검소한 신부

10/13　제20일　바알카사르 데 시르가(Villalcazar de Sirga) ~카리온 데 로스 콘데스 (Carrion de los Condes)　6km　1h

아침에 일어나보니 어제 무리해서 장거리를 걸은 탓인지 발바닥과 새끼발가락이 온통 빨간 피멍이 들어 물집투성이입니다. 어제저녁에 단단히 응급조치를 하고 약을 발랐는데도 좋아지지 않았습니다. 이 상태로 더 이상 걷는 것은 도저히 무리입니다. 발가락 치료를 하기 위해 병원을 찾았으나, 워낙 작은 동네라서 병원은커녕 약국조차도 없습니다. 문득 항상 부인을 영접하며(?) 카미노 길을 따라 캠핑카를 몰고 가는 독일 친구 「게르스텐버거」가 떠올랐습니다. 그 친구에게 e-mail을 보내 다리의 통증으로 더 이상 걸을 수 없으니 이 마을을 통과할 때 나를 병원까지 태워주도록 부탁했습니다.

10시쯤 되어 절름거리는 다리를 이끌고 마을 중앙에 있는 성당으로 나갔습니다. 뜻밖에도 「게르스텐버거」의 캠핑카가 도로 옆에 세워져 있는 것이 보였습니다. 너무도 반가워 뒤뚱거리며 차에 가서 보니, 차 안에 주인은 없고 귀여운 검둥이만이 주인 자리를 지키고 앉아있었습니다. 근처 카페에서 브런치를 먹는가 보다 생각하며 카페 주위를 둘러보니, 「게르스텐버거」 부부가 멀리서 나를 보고는 환한 웃음을 던지며 반깁니다. 절뚝거리는 나의 모습을 보더니 짐작이 가는 듯 자기 차에 동승하고 가자고 합니다.

「게르스텐버거」는 나보다 한 살 위인데 행동하는 것이 마치 장난기 많은 어린아이처럼 천진난만합니다. 하이델베르크 대학에서 만난 부인은 학교에서 불어 선생으로 재직하다가 8월에 퇴직했고, 자기는 3년 전에 퇴직하여 현재는 알리안츠 생명보험회사에서 고문으로 일하고 있다고 합니다. 그의 부인에게 "매일 카미노 출근길을 배웅하고 다음 동네에서 부인을 기다리며 맞이해주는 사람을 남편으로 둔 여인은 세상에서 가장 행복한 사람이다"라고 농담을 건넸더니, 「게르스텐버거」도 맞장구를 치면서 "그런데 그런 사실을 자기 부인만 모르고 있다"며 너스레를 떱니다.

「게르스텐버거」가 자기 부부와 정답게 이야기를 나누고 있던 독일인을 소개해주었습니다. 그의 대학 친구이고 현재는 성당의 신부인데 카미노 길을 자전거를 타고 여행 중이라고 합니다. 그런데 이 신부의 자전거가 아주 명물이었습니다. 자전거를 산 지 25년 되었다고 합니다. 오래된 자전거이기에 오늘날 대부분의 자전거에 부착되어 있는 기어 변속기는 물론 없고, 자전거 페달의 크랭크 부분이 파손되어 수리를 해야 하는 상태인데도 그런 자전거를 타고 뮌헨에서부터 왔다고 합니다. 그리고는 산티아고 데 콤포스텔라까지 갔다가 다시 뮌헨으로 돌아갈 예정이라고 하는데, 무엇이 그리도 재미있는지 「게르스텐버거」 부부와 깔깔거리며 박장대소합니다.

독일인들이 검소하다는 이야기는 들었지만 이렇게까지 검소한 줄은 미처 몰랐습니다. 혹시 우리나라에서도 25년 된 자전거를 타고 여행 다니는 사람이 있을까요? 그런 자전거를 타고 4,000km를 여행하는 사람이 있다면 우리는 아마도 그를 정신이상자 취급할 것입니다. 아니 그렇게도 오래된 자전거가 존재하는지조차도 모르겠지만, 설사 있다 해도 박물관에서나 볼 수 있을 것이며, 그런 자전거를 타고 거리로 나오는 것조차도 꺼릴 것입니다. 「게르스텐버거」만 해도 그렇습니다. 30년 된 캠핑카를 몰고 아무렇지도 않은 듯 태연하게 여행하는 모습을 보며, 독일인들의 근면성과 절약 정신을 배워야겠다고 생각했습니다.

「게르스텐버거」 덕분에 그의 고물차를 타고 6km를 이동하여 병원에 도착했습니다. 병원은 동네 사람들로 이미 가득 차 있었습니다. 한참을 기다려야 내 진료 순서가 되었습니다. 병원에서는 항생 소독제로 소독하고 붕대를 감아주며 하루 서너 차례 소독하고 약을 바르면서 이삼일 쉬라고 합니다. 어쩔 수 없이 이곳에서 적어도 이틀은 쉬어야 할 것 같습니다.

나는 미식가는 아니지만, 낯선 고장에 가면 그 지역 특산 음식 맛보기를 즐깁니다. 스페인에도 지역마다 그 지역을 대표하는 유명한 특산 음식이 많이 있습니다. 낯선 고장에 가면 그 지역의 별미를 시식하는 것도

여행이 주는 즐거움의 하나입니다. 다리가 불편해서 멀리 다닐 처지가 아니기에 내가 머무르는 곳 근처에서 제일 유명한 레스토랑에 가서 지역 별미를 시식하고 싶었습니다. 이 고장은 숯불구이로 유명한 곳이라고 하기에 동네에서 친구들과 수다를 떨고 있는 청년 중 한 명에게 양고기 숯불구이를 잘하는 레스토랑을 소개해달라고 요청하였습니다. 그 청년도 친구들과 놀며 잡담하느라 그리 한가하지는 않았을 텐데 300m 가까이 떨어져 있는 레스토랑 앞까지 친절하게 안내해 주었습니다.

레스토랑 주인에게 양고기 숯불구이를 주문했더니, "오늘은 다 판매되고 없으니 내일 오라"면서 "쇠고기는 가능하다"고 합니다. 마침 다른 손님을 위하여 쇠고기를 숯불 위에 굽고 있는데, 사장하기도 할 뿐더러 숯불 위에서 익어가고 있는 쇠고기의 향기가 미각을 감미롭게 자극하기에 쇠고기 숯불구이 스테이크를 주문하였습니다. 나바라 지역의 와인과 함께 나온 쇠고기 스테이크는 두툼하고 먹음직스럽게 잘 구워졌지만, 쇠고기보다도 싱싱하고 푸짐한 전채요리 샐러드가 더 일품이었습니다. 소문대로 숯불구이의 맛은 혀에 감겨 달라붙는 듯했고, 와인의 달콤한 향기 또한 피곤한 몸과 지친 마음에 보약처럼 스며들었습니다. 다리가 아프기에 망정이지 혀가 아팠으면 어찌했을까 싶었습니다. "하나님! 혀가 아프지 아니하고 발가락이 아픈 것만으로도 감사합니다."라는 탄성이 저절로 나왔습니다.

특성화 교육

10/14 제21일

카리온 데 로스 콘데스
(Carrìon de los Condes)

욕심을 부리고 다리를 혹사한 대가를 단단히 치르고 있는 것 같습니다. 짓무른 새끼발가락이 펀치가 않습니다. 이 상태로 출발하는 것은 무리일 것 같습니다. 다음 동네까지는 17.5km이고, 그곳 숙소 사정이 여의치 않다면 4km를 더 걸어야 합니다. 더구나 일기예보에 의하면 오후에는 폭우가 쏟아진다고 합니다.

성당이나 공립 알베르게는 사립 알베르게와 달리 순례자들의 숙박은 1박만을 허용하며, 특별한 사정이 없는 한 아침 8시까지는 숙소를 떠나야 합니다. 알베르게는 규정상 순례자 여권을 소지한 사람만이 들어갈 수 있고, 순례자 여권을 소지하지 않았거나 차량을 탑승하고 온 사람은 투숙이 허용되지 않습니다. 반면에 순례자 여권이 있는 사람이 숙박을 원하는 경우에 알베르게는 빈 침대가 있는 한 순례자의 요구를 거부해서는 안 되는 것이 불문율입니다.

내가 묵었던 알베르게는 산타클라라 왕립수도원(Real Monasterio de Santa Clara) 건물을 순례자 숙소로 개조하여 수녀원에서 운영하는 곳입니다. 성당 수녀님에게 다리가 불편한 사정을 설명하고 하루 더 묵기를 청하였습니다. 사정을 들은 수녀님이 쾌히 승낙하여 산타클라라 왕립수도원에서 하루 더 체류하며 다리와 발가락을 안정시키기로 하였습니다. 오늘은 장거리를 걸을 일이 없어 맨발로 나오니 등산화를 신고 있을 때보다 훨씬 편안합니다. 느긋한 마음으로 카페에 들러 아침 식사를 했습니다.

스페인 사람들의 아침 식사는 아주 간단합니다. 카페 콘 레체[10] 한 잔과 추로스나 빵 한 조각으로 간단히 해결합니다. 이른 아침부터 많은 사람들이 카페에 들러 하루 일과를 카페 콘 레체와 함께 시작하는데, 아침부터 부산하게 떠들어댑니다. 우리 한국 사람들은 식사 중 말을 하거나 떠드는 것을 예의에 어긋난 것으로 인식하여 가능한 한 삼가며, 말을 하더라도 조용히 낮은 목소리로 속삭입니다. 그러나 스페인의 경우는 다릅니다. 밤사이에 마치 큰일이 일어났었던 것처럼 서서 큰 소리로 떠들고 이야기합니다.

식사 후 동네를 한 바퀴 산책하다가 피망을 불 위에 굽고 있는 주민을 만났습니다. 무슨 일로 그 많은 피망을 불 위에 굽고 있는지 궁금하여 물었습니다. 우리가 가을에 김장을 해서 겨울 저장용 식품으로 준비하듯이 월동용 식품을 만드는 중이라고 합니다. 그들에게도 먹거리가 없는 겨울철을 나기 위한 삶의 지혜로 우리가 가을에 김장을 하듯이 이러한 전통식품을 만들었구나 생각되었습니다. 대화는 잘 통하지 않았지만 그들의 꾸밈없는 미소와 친절이 순박하고 친근한 느낌이 들었습니다.

---

10 카페 콘 레체(Cafe con leche): 진한 커피에 우유를 듬뿍 넣은 커피로 스페인 사람들이 즐겨 마신다.

배낭여행의 장점은 다양한 계층의 사람들과 접하고 대화를 나누며, 그들이 살아온 삶의 진솔한 단면을 볼 수 있다는 점입니다. 여러 사람들이 살며 겪어온 애환과 고민을 들을 수 있고, 나와 다른 사람들의 생각과 의견을 경청하며, 서로의 경험을 공유하며 배울 수 있는 점이 있어서 좋습니다.

이 길을 찾는 많은 사람들은 순례자들의 이야기를 약 10% 정도 가감해서 듣는다면 무리가 없을 듯싶으며, 그들로부터 여행에 필요한 정보나 삶의 지혜를 듣는 것은 여행은 물론 살아가는 데에도 크게 도움이 되리라 생각됩니다.

이곳 수도원 알베르게에는 아시안 룸(Asian Room), 아프리칸 룸(African Room), 아메리칸 룸(American Room), 유러피안 룸(European Room)이 있는데, 아메리칸 룸이 가장 큽니다. 그런데 오늘은 한국인이 많아서인지 수도원 측에서 아메리칸 룸에 한국인만 배정되도록 배려해 주어서, 서로 모르는 사람들끼리의 한국말 수다를 들으면서 한국인의 힘과 역동성을 볼 수 있었습니다.

같은 아메리칸 룸을 쓴 한국인 중에 인도에서 사업을 한다는 젊은 부부와 열두 살쯤 되어 보이는 소년을 동반한 가족이 있었습니다. 나는 20여 년 전부터 인도 여행을 하려고 여러 번 계획했지만 실천하지 못했습니다. 인도는 광활한 땅, 열악한 사회 환경과 공해, 그리고 다양한 계층 간에 넘을 수 없는 벽이 무척 심한 나라라고 들었습니다. 게다가 빈부 격차가 매우 큰 나라입니다. 인도 여행을 다녀온 사람들의 얘기에 의하면 인도야말로 여행의 진수를 느낄 수 있고 많은 것을 생각하게 해주는 특별한 나라라며 인도 여행을 적극적으로 추천해 주었습니다. 그러나 눈으로 보지 않아도 머릿속에 그들의 생활상이 그려지며, 영화나 잡지를 통해서 본 심란한 그곳까지 일부러 찾아가서 힘들게 살아가는 사람들의 현장을 본다면 오히려 마음만 아플 것 같아 아직까지 방문 기피국으로 남아있습니다.

그런데 열두 살쯤 되어 보이는 소년은 학교에 다니지 않는다고 합니다. 이유인즉 한국의 공교육 시스템에 의지하기보다는 국제 사회를 폭넓게 경험시키며 가정에서 교육하는 편이 좋겠다고 판단되어, 부모가 해외여행에도 같이 데리고 다니며 가르친다는 것입니다. 의아하기도 하지만 대단한 용기라고 생각되어 그 소년을 자세히 관찰해 보았습니다.

그 소년은 생각하는 수준이 매우 성숙했고 일반 상식과 사회 적응력이 상당한 수준이었으며 영어 회화나 커뮤니케이션 능력 또한 또래 학생에 비해 뛰어났습니다. 어쩌면 부모의 판단과 선택이 현명한지도

모르겠습니다. 극심한 경쟁 사회에서 어린 나이에 일찍 경쟁의 서열 속에 뛰어들어 마음 졸이며 학교로 학원으로 뛰어야 하는 우리의 현실에 비추어 볼 때, 이렇게 특별한 교육 철학과 신념을 가지고 일찍부터 세계를 폭넓게 경험시켜 식견을 넓히며 특성화 교육을 시키는 것도 좋은 교육 방법의 하나라고 생각됩니다.

2015년 3월 발표된 조사에 의하면 우리나라 중·고교 학생들의 수학과 과학 능력은 세계 최고 수준입니다. 그렇지만 중·고교 학생들 가운데 15%만 이 학교 교육에 만족한다고 하며, 85%는 학교 교육에 흥미를 느끼지 못한다고 합니다. 불행한 일입니다. 더욱이 전 세계에서 학업에 대한 스트레스가 가장 높은 나라[11]라는 조사 결과가 발표되었습니다. 그나마 학업 스트레스를 많이 받는 상위국이 모두 선진국이어서 조금은 위로 아닌 위로가 됩니다.

11 학업 스트레스가 높은 국가 순위: 1위 한국, 2위 핀란드, 3위 영국, 4위 미국.

미국 오바마(Barack Obama) 대통령은 대한민국의 교육 시스템을 벤치마킹하고 배워야 한다고 역설했습니다. 교육은 우리의 다음 시대를 이어갈 사람을 올바로 키우는 일입니다. 우리의 교육 시스템이 미국의 그것보다 우수한지는 검증해 볼 필요가 있지만, 사회 각 분야에서 성공한 사람들은 공통적으로 학창 시절에 학습에 흥미를 가졌고 친구들과도 재미있게 잘 놀았다는 특징을 가지고 있습니다. 청소년들이 학업과 놀이 문화에 관심을 가질 수 있도록 교육체제가 개편되고, 개인의 소질과 재능을 잘 발휘할 수 있는 특성화 교육에 학교와 사회가 보다 큰 관심을 가져야 한다고 생각됩니다.

오늘날과 같이 다양성이 존중되고 덕목이 되는 사회에서 자녀를 행복한 사람으로 키울 것인가 혹은 성공한 사람으로 키울 것인가는 판단과 선택의 문제입니다. 그러나 인문학의 본질적인 목적이 우리가 왜 그리고 어떻게 살 것인가에 대한 고민에서부터 출발하는 것이라면, 우리는 우리의 자녀가 성공한 사람으로서보다는 자신의 적성에 맞으며 하고 싶은 일을 하는 행복한 사람으로서 이 사회에 기여하게 하는 것이 훨씬 소중하고 가치 있는 일이라고 생각됩니다. 내가 아는 사람 중에 초등학교부터 고등학교까지 공교육 과정을 전혀 거치지 않고 서당만 다니며 한학을 공부한 사람이 있습니다. 군대 제대 후에 뒤늦게 검정고시를 거쳐 대학과 대학원을 졸업하고, 현재는 서울에 있는 유명 대학교 철학과 교수로 재직하고 있는 특이한 사람입니다. 아니, 특이한 사람이 아니라 자신의 소신과 재능에 적합한 특성화 교육의 모범 사례입니다.

우리나라 공교육의 순기능이 큰 점은 인정합니다. 그러나 목적과

동기만 뚜렷하다면 공교육 과정을 꼭 고집할 필요는 없다고 생각합니다. 점차 다양화·세분화·전문화되어 가는 시대에 개인의 적성에 맞는 분야를 일찍 계발하고, 그 분야에 소신 있게 매진하는 것도 세계화 시대의 특성화 교육에 알맞은 좋은 방법이며 행복한 삶을 살아가도록 인재를 양성하는 방법이라고 생각됩니다. 오늘날 세계 여러 나라 사람들은 한국인의 다양성과 개방성, 국제적 감각, 그리고 우수한 능력을 인정하고 있습니다. 오늘은 주변에 우리나라 사람들이 많은 탓에 외국에 와서도 외국이라는 느낌 없이 하루를 마감했습니다. 오늘 하루 걷지 못한 것은 유감이지만, 많은 한국 사람들과 함께 할 수 있었기에 기분 좋은 하루였습니다.

태산이 높다 하되…

10/15	제22일	카리온 데 로스 콘데스 (Carrion de los Condes) ~칼사디야 데 라 쿠에자 (Calzadilla de la Cueza)	17.5km	6h

카리온 데 로스 콘데스는 산티아고로 가는 카미노 길의 중간쯤에 위치하고 있는 도시입니다. 카미노를 지나는 길옆에 있는 산타마리아 델 카미노 성당(Iglesia de Santa Maria del Camino)은 12세기에 세워진 로마네스크 양식의 건물인데, 자세히 관찰해보면 정면에 동방박사가 경배하는 모습이 조각되어 있어 대개 인물상이 조각되어 있는 다른 건물에 비해 조금은 이채롭게 보입니다. 전설에 따르면 카리온에서 이슬람교도들에게 처녀 백 명을 바쳐야 했는데, 그중에 네 처녀가 성모 마리아에게 작별 인사를 해 달라고 요청하자 그들을 동정한 성모가 황소 네 마리를 나타나게 해서 이슬람교도들을 쫓아내고 처녀들이 풀려났다고 합니다.

산티아고 성당(Iglesia de Santiago)도 12세기 로마네스크 양식의 건축물인데, 당시에 지어진 건물이라고 믿기 어려울 정도로 외관이 특이하며 무척 아름답습니다. 산 안드레이 성당(Iglesia de San Andres)은 밝은

색의 외관과 늘씬한 탑으로 카리온 데 로스 콘데스에서 가장 예쁜 성당입니다. 외관이 화려하고 눈에 띄게 아름답습니다. 특이한 것은 12세기에 수도원으로 세워진 로마네스크 양식의 산 소알로 왕립 수도원(Real Monasterio de San Zollo)이 현재는 고급 호텔로 개축되어 관광객들을 받고 있는데, 고색창연한 건물 정면이 특이하여 하루쯤 지내며 옛 역사의 정취를 몸으로 느껴보고 싶었습니다.

스페인에는 성당이나 오래된 성 등 역사적인 건축물을 이렇게 호텔로 개조되어 사용하는 모습이 자주 목격됩니다. 비용이 다소 부담스럽기는 하지만 스페인의 오랜 역사와 전통이 서린 곳에서 하루쯤 머물며 영화로웠던 시대가 들려주는 역사의 뒷얘기에 귀를 기울이고 그 시대 사람들의 생각에 접근해보고 싶은 마음이 들기도 합니다.

어제까지 날씨가 맑았는데 오늘은 아침부터 추적추적 비가 쏟아집

니다. 이틀간 쉬며 발과 발가락을 진정시킨 덕에 이제 불편하기는 하지만 걸을 만큼 안정되었는데 빗길을 걸어야 합니다. 빗속의 카미노 길은 결코 유쾌하지 않습니다. 특히 카리온 데 로스 콘데스에서 칼사디야 데 라 쿠에자까지 이어지는 17.5km를 가는 길에는 비를 피할 만한 바나 은신처도 없었고, 들판 전후좌우 어디를 둘러보아도 길가에 나무만 몇 그루 서 있을 뿐 끝이 보이지 않는 평야만 이어져 있습니다. 또 바닥이 진흙 길이어서 걷기가 상당히 힘이 들었습니다.

아무리 걸어도 끝이 보이지 않는 단조로운 평야 길을 걸으며 나는 「양사언」의 시 「태산泰山」을 끊임없이 읊조렸습니다.

태산泰山

태산이 높다 하되
하늘 아래 뫼이로다
오르고 또 오르면
못 오를 리 없건마는
사람이 제 아니 오르고
뫼만 높다 하더라

아무리 높은 산이라 하더라도 올라갈 의지만 있고, 꾸준히 실천만 하면 이루어지지 않는 일이 없다는 교훈으로 받아들여집니다. 이틀 만에 겨우 진정된 발가락과 발바닥은 한 걸음씩 움직일 때마다 신경이 곤두섭니다. 아무리 「태산泰山」을 읊조리며 걸어도 몸은 제자리에 서 있는 것 같습니다. 하기야 20km에 이르는 넓은 들이 대평원으로 이어져 있으니, 이제 몇백 보 몇천 보 발걸음을 움직였다고 해서 이동하고 있음이 피상적으로 느껴지지는 않을 것입니다. 그러나 '천 리 길도 한 걸음부터'라고, 카미노 길을 걷기 시작한 지 21일이 지난 오늘까지 400여 km를 걸어왔습니다. 카미노 길 820km의 절반을 걸어온 셈입니다. 카미노 길을 태산에 비유한다면 이제 태산의 정상에 다다른 셈입니다. 그렇게 멀어 보이던 카미노 길도 작은 한 걸음 한 걸음이 모여 중반에 이른 것입니다. 그렇게 생각하니, 결단하고 시작하는 첫 걸음이 일의 성패를 좌우하는 중요한 핵심이라고 생각됩니다.

이 넓은 평원에서 일천 년 이전부터 땅을 경작하며 살아온 사람들은 느긋하고 진취적인 성품을 가질 수밖에 없었을 것이라는 생각이 듭니다. 우리나라 조상들은 기껏해야 기백 평 되는 척박한 농토에 목숨을 걸고 그곳에서 나오는 소출로 생명줄을 이어갔습니다. 그러하기에 좁은 땅에 목숨을 붙이고 사는 사람들이 그 땅 이상의 넓은 세계를 꿈꾸거나 다

른 세계를 바라본다는 것은 상상하기도 어려웠을 것입니다.

나는 가끔씩 북한산이나 관악산에 올라갑니다. 똑같은 세상인데도 산 정상에서 바라보는 서울은 내가 몸담고 그것이 전부라고 믿으며 치열하게 살아온 세상과는 달리 보입니다. 탁 트인 넓은 시야와 광활한 세상을 바라보며 지나간 일들을 되돌아볼 때마다 나는 왜 그다지도 작은 일들에 매달리고 연연하여 왔던가 하고 자성할 때가 종종 있습니다. 보다 객관적이고 거시적인 시각에서 세상을 바라본다면, 우리는 훨씬 여유롭게 주변의 이웃들과 소통하고 아름다운 관계의 폭을 넓히며 살아갈 수도 있을 터인데 하는 생각이 듭니다.

스페인의 드넓은 평야를 바라보니, 3년 전 미국 중부의 넓은 평야와 캐나다 서스캐처원주의 끝이 보이지 않는 광활한 밀밭과 초원 속을 거닐며 받았던 느낌과 똑같은 생각이 떠오릅니다. 그렇게 넓고 비옥한 땅에서 수확되는 밀, 옥수수, 감자와 각종 채소류들은 아메리카는 물론 아프리카나 여타 지역 빈민들을 먹여 살리기에 충분할 만큼 많은 양인데, 아직도 세계 여러 빈곤국들의 식량 문제는 해결되지 않고 있습니다. 그 땅은 풍요로 넘쳐나는데, 이기적인 인간의 심성은 손을 벌려 이웃과 나누는 데 인색하기 때문입니다.

스페인 사람들의 진취적인 기상은 15세기부터 미국, 멕시코, 중남미와 세계 여러 지역을 지배하며 삼백여 년간 세계를 호령하였습니다. 그러나 그들 지배의 역사는 침략과 약탈의 역사로만 기록되었을 뿐입니다. 1492년 「콜럼버스(Christopher Columbus)」가 신대륙을 발견한 이후 남·북아메리카에서 약탈해 온 수많은 금과 보물들은 스페인의 성당과 건물을 크고 높고 화려하게만 세우고, 국부를 충족시키며 전쟁을 치르는 데에만 소비되었지 인류의 공영에 기여하거나 삶의 가치와 질을 높이는 데 사용되지는 않았습니다. 아니, 신대륙 발견이라는 용어는 적절치 않습니다. 왜냐하면 그 땅은 수천 년 전부터 그 지역 원주민들이 자신들의 문명을 지키고 조상들이 물려준 땅을 경작하며 살아온 보금자리였기 때문에 침탈이라고 말해야 적절한 표현이라고 생각됩니다. 그런 죄스러운 약탈의 역사 때문인지 스페인은 외국 사람, 특히 멕시코와 남미 등 스페인어를 모국어로 사용하는 사람들에게 대해서는 관대하다고 합니다.

그렇게 멀리까지 아무것도 보이지 않고 평평하던 대평원의 오르막길 골짜기 깊은 곳에서 칼사디야 데 라 쿠에자 마을이 갑자기 분지 아래에서 솟아난 듯이 눈에 들어옵니다. 대부분의 마을은 평야의 가장 높은 지대에 성당을 세우고 성당을 중심으로 마을을 이루고 살아가는데, 이곳은 이와 반대로 붉은 황토색의 계곡 속 은폐된 깊숙한

곳에 숨은 듯 자리하고 있어 다른 마을과는 묘한 비교가 됩니다. 고대부터 외부의 침략에 대비하여 눈에 띄지 않는 계곡에 절묘하게 마을을 이루고 살아온 이들의 지혜로움에 탄복하지 않을 수 없습니다.

마을 이름은 로마 시대부터 있었던 길 '비아 아퀴타나'가 이곳을 지나갔기 때문에 생겼다고 하는데, 농업에 종사하는 사람들이 사는 조용하고 소박한 마을입니다. 지도를 보니 5km를 더 가면 다음 마을인 레디고스(Ledigos)입니다. 오늘 좀 더 먼 길을 걸을 수는 있겠지만, 다음에 이어질 날들을 편안하게 가기 위해서는 이쯤에서 오늘의 일정을 마무리해야겠습니다.

카미노의 기능성 장비

10/16 제23일 칼사디야 데 라 쿠에자 (Calzadilla de la Cueza) ~ 사하군(Sahagun) 23.5km 7.5h

아침부터 부슬부슬 비가 내립니다. 비바람이 들이치는 가운데 카미노 길을 하루 종일 걷는 것은 차라리 괴롭다고 해야 적절한 표현일 것 같습니다. 오늘도 지난 며칠 동안 걸어온 것과 비슷한, 가을걷이를 끝낸 텅 빈 밀밭 길이 계속 이어집니다. 가끔씩 눈에 보이는 길가 건물의 상당수는 무너져 폐허가 된 지 오래된 듯합니다. 폐허가 된 건물 더미나 담장은 흙벽돌을 사용했는데, 흙벽돌 속에 밀짚을 넣은 흔적이 남아 있어서 시골집에서 황토에 짚을 섞어 벽을 만들고 기거했던 우리 조상들의 옛날 주택을 떠올리게 합니다. 양의 동서를 막론하고 흙벽돌을 만들었던 사람들의 지혜는 비슷한가 봅니다. 카미노 길을 가다 보면 이렇게 흙벽돌과 돌로 지어진 성당이나 건축물을 자주 볼 수 있는데 '무데하르 양식'의 영향이라고 합니다.

'무데하르(Mudejar)'는 아랍어 무닷잔(Mudajjan)이 스페인어로 바뀐 것으로, 아랍의 무어인들이 이베리아 반도에 진출해서 살다가 기독교 연합 세력에게 정복된 후에 자신들의 신앙과 관습을 유지하면서 그 땅에 잔류 허가를 받아 살아온 이슬람교도들을 말합니다.

레디고스를 지나면서 부드러운 능선 길을 오르내리는 10km 지점에 산 니콜라스 델 레알 카미노(San Nicolas del Real Camino)가 나옵니다. 이 마을은 1183년에 만들어졌다고 하는데, 중세에 나병에 걸린 순례자들을 돌보기 위한 병원이 있었다고 합니다. 카미노 길을 가다 보면 병원으로 쓰였던 건물들이나 순례자들을 진료했던 역사의 흔적을 자주 발견하게 됩니다. 아마도 중세에는 질병에 걸린 카미노 환자들이 참으로 많았나 봅니다. 하기야 위생 상태가 불량하고 의료시설이 열악했으며 영양 상태가 좋지 않았으니 질병이 창궐했으리라 충분히 짐작이 갑니다.

중세 시대 유럽에서는 전염병이 자주 돌았습니다. 특히 1347년부터 1351년 사이의 약 3년 동안 페스트가 돌았을 때는 의술이 발달하지 않은 당시의 불가항력적인 재앙으로 유럽 인구의 절반인 2천만 명에 가까운 사람들이 사망했다고 합니다. 당시에는 그것이 무슨 괴질인지도 몰랐다가 나중에서야 페스트인 것으로 밝혀졌지만, 중세 유럽의 괴멸에 가까운 재앙이었습니다.

아침부터 내리는 비는 오후가 되어서도 계속됩니다. 우비 속을 파고드는 비는 그대로 바지를 타고 흘러내려 신발 속으로 들어갑니다. 아무리 좋은 고어텍스 신발을 신었다 해도, 아무리 좋은 스패츠를 발에 채웠다 해도 이쯤이면 어쩔 도리가 없습니다. 사방을 둘러보아도 온통 평평한 평야일 뿐 비 피할 곳 하나 없는 사막 같은 들판을 걷노라면, 누가 시키지도 않는 이 길을 왜 이렇게 고생스럽게 걷는가 하는 의구심이 들 때가 많습니다. 때로는 버스나 택시를 이용하여 점프할

까 하는 유혹도 강하게 듭니다.

그러나 「야고보」 성인이나 중세 순례자들이 걸었던 당시의 험악했던 산악 지형과 열악했던 주변 환경을 생각하면, 지금 내가 걷고 있는 이 길은 훨씬 편리하고 안전하고 행복한 길이 아닌가요? 길을 가다가 보면 길옆에 무수히 많은 십자가가 보입니다. 그 옆에 이 길을 걷다가 죽은 사람을 기리며 가족들이 남긴 애절한 사연들을 보면서, 그들에 비하면 우리는 얼마나 행복하게 이 길을 걷고 있는가 하고 다시 한 번 겸손한 마음으로 감사하게 됩니다.

지금이야 각종 산행 장비와 등산용품들이 얼마나 좋은가요. 기능성 의류, 방수 고어텍스 구두, 부피가 작고 따뜻한 침낭, 가볍고 튼튼한 다용도 배낭, 작고 가벼운 물통, 새벽 혹은 야간 산행에 도움이 되는 헤드 랜턴, 가볍고 견고한 스틱, 정보화 사회가 가져다주는 각종 날씨 정보와 숙소 정보, 지리 정보, 거기에다가 휴대전화를 이용한 각종 예약과 커뮤니케이션까지….

중세 사람들의 순례 복장을 살펴보면, 머리는 산발했거나 끈으로

묶었습니다. 상의는 짐승의 가죽으로 만든 옷을 입었거나 면을 여러 겹 겹쳐 허리 아래까지 내려오는 망토 비슷한 옷을 걸쳤으며, 바지는 허벅지까지 내려오는 차림인 경우가 많았습니다. 신발은 발바닥에 가죽을 두르고 끈으로 발목까지 엮어 발에 부착시킨 정도였으나 너덜너덜해 보입니다. 우리는 작고 기능성 있는 물통을 한두 개 배낭 옆에 끼고 다니는데, 그들은 짐승을 잡아 만든 가죽 부대에 포도주나 물을 담아 음료수로 사용하였습니다.

우리가 등산할 때 사용하는 스틱은 체중의 1/3까지 분산시켜 주기 때문에 장거리 산행을 훨씬 수월하게 해 줍니다. 그들이 사용했던 지팡이의 용도는 순례길을 수월하게 하는 데 도움도 되었겠지만, 순례 도중에 만나는 각종 산짐승을 쫓거나 강도들을 만났을 때 자신을 지키기 위한 호신용으로도 사용되었다고 합니다.

가끔 순례길에 깊은 산중을 지날 때가 있습니다. 인적이 드문 산중에서 산짐승을 만나본 적이 있는가요? 2년 전 캐나다 밴쿠버에서 거주할 때의 일입니다. 코퀴틀램 뒷산에 번진 레이크(Buntzen Lake)가 있습니다. 깊은 숲 속에 위치하고 있고, 맑고 고요한 호수 그리고 주변의 수려한 경관으로 밴쿠버 사람들이 즐겨 찾아오는 곳입니다. 번진 레이크 서쪽 인적이 드문 등산로를 걷다 보면 가끔씩 길 위에서 곰의 똥을 발견하게 됩니다. 한번은 멀지 않은 거리에서 곰과 직접 마주친 경우도 있었습니다. 곰이 미련하고 느리다고요? 천만의 말씀입니다. 내가 본 곰은 나와 눈이 마주치자 두세 걸음에 4~5m 높이의 나무를 훌쩍 뛰어넘었습니다. 등골이 오싹했습니다.

밴쿠버 메이플 리지(Maple Ridge)에 가면 「Swaneset Bay Golf Resort&Country Club」이 있습니다. 그 골프장의 10번째 홀 근처에 세 마리의 곰 가족이 살고 있습니다. 날씨가 맑은 날은 나와서 햇볕도 쬐면서 골퍼들의 플레이를 물끄러미 바라보는데 마치 자기들의 구역인 줄 아나 봅니다. 하기야 사람들이 개발하기 이전에 이곳은 동물들의 생존 구역이었지요. 근처를 지날 때면 골퍼들이 신경을 곤두세우고, 긴 골프채를 꽉 쥐고 아주 조심스럽게 지나는데, 곰 가족들이 자기들의 생존 구역을 침범한 우리를 물끄러미 바라볼 때는 짜릿한 스릴도 느껴집니다. 특히 티샷을 할 때 골프공이 날아가 떨어지는 거리가 곰의 보금자리 근처 숲이 우거진 곳입니다. 공이 잘못 날아가 곰의 머리통이라도 맞추어 화를 돋울까 봐 여간 조심스러운 것이 아닙니다.

카미노 길에서 인적이 뜸한 깊은 산길을 걷다 보면, 가끔씩 길 위에 곰의 배설물인지 말의 배설물인지 구분하기 어려운 똥을 자주 보게 됩니다. 곰이나 말이나 모두 초식 동물이다 보니 전문가가 아니고서는 곰의 것인지 말의 것인지 그 형태만으로는 구분하기 어렵습니다. 그런 경우에 나는 스틱을 단단히 잡고 앞뒤를 두리번거리며 조심스럽게 발걸음을 움직였습니다. 스페인을 소개하는 책에 보면 숲 속에 여우나, 들개, 곰 등 야생동물이 살고 있다고 합니다. 인적이 뜸한 산중 깊은 곳에서 길을 걷다 보면 주변을 자꾸 두리번거릴 수밖에 없고, 바스락거리는 주변 소리에도 촉각을 곤두세우게 됩니다. 아직까지 카미노 길 위에서 들개나 곰 등 야생동물이 순례자를 공격했다는 이야기를 접한 바는 없습니다. 그러나 깊은 숲 속 길을 걸을 때는 야생동

물에 주의해야 합니다. 때로는 동물보다도 사람으로부터 피해를 보는 경우도 있을 수 있어 주의가 더 필요하다는 사실도 명심해야 합니다.

행복

10/17 제24일 사하군(Sahagun) ~엘 부르고 라네로(El Burgo Ranero) 19km 7h

사하군은 11세기에 알폰소 6세에 의해서 만들어졌다고 하는데, 파군도 성인인 베르나르디노 데 사하군에서 유래되었다고 합니다. 사하군은 돌 대신 벽돌을 사용하여 건축하는 '무데하르' 양식의 건물과 탑과 아치들로 가득 차 있습니다. 12세기에 지어진 산 티르소 성당(Iglesia de San Triso)은 '무데하르' 건축 양식으로 지어진 가장 훌륭한 건축물입니다. 순례자 성모 성당은 17세기에 벽돌과 아랍식 아치로 지어

졌는데, 성당 내부의 성모 마리아상이 순례자 복장을 하고 있어 매우 이색적인 분위기를 느끼게 합니다. 삼위일체 성당(Iglesia de Trinidad)은 13세기에 세워졌는데, 그 후 증축하고 내부를 개조하여 오늘날 순례자들을 위한 숙소로 사용되고 있습니다. 그 외에도 외관이 그림처럼 아름다운 산 후안 데 사하군 성당(Iglesia de San Juan De Sahagun), 산 베니토 아치(Arco de San Benito) 등 깊은 역사와 아름다움을 간직한 예술품으로 가득 차 있습니다.

사하군을 벗어나서 약 1km 구간은 급한 내리막길을 걸어 내려오다가 평원 길을 지나면 직선 오르막길로 연결됩니다. 인적이 뜸한 길을 오르다 보면 베르시아노스 델 레알 카미노(Bercianos del real Camino)가 나옵니다. 이 길도 중세에 순례자들을 괴롭히는 강도들이 자주 출몰해서 매우 위험한 길이었다고 합니다. 지나는 길옆에 흙벽돌로 지은 집과 담장 등이 눈에 자주 띕니다. 돌을 많이 사용하는 다른 마을의 건축 양식에 비해 특이하게 보이는데, 무데하르 건축 양식이 주택에까지 영향을 미친 것입니다.

바에 들러 시원한 맥주 한 잔으로 갈증을 다스리고 다시 차도와 평행한 길을 걷다 보니 오늘의 목적지인 엘 부르고 라네로(El Burgo Ranero)가 눈에 보이고, 길 바로 옆에 성당에서 운영하는 알베르게가 있습니다. 석양의 햇볕이 잘 드는 알베르게는 깨끗하기도 하려니와 호스피탈리노들이 참 교양 있고 친절하였습니다. 조금만 늦게 도착했어도 침대가 모두 만석이 되어 자리를 배정받지 못할 뻔하였습니다. 내 뒤에 따라온 미국인들은 다섯 명이 일행인데 침대가 3자리밖에 없어서 두 명은 다른 숙소를 찾아 다음 날까지 짧은 기간 동안 이산의 아픔을 경험해야 했습니다.

이 성당에서 자원봉사자로 일하는 이탈리아 여성 「Silvana」를 만났습니다. 「Silvana」는 50세 전후의 교사로 퇴직한 여성인데 이곳에서 일하는 것이 참 즐겁고 행복하다고 합니다. 이웃을 위하여 봉사하는 것이 보는 것처럼 쉬운 일은 아닙니다. 그렇지만 자신이 원하는 분야의 일을 자신의 자유 의지와 판단에 따라 하는 일이기에 정신건강에도 좋을뿐더러 활기차고 행복한 삶을 살아가는 데 도움이 되는 것 같습니다. 행복이란 영혼이 자유롭게 살아 숨 쉬고 자신이 의사결정권(意思決定勸)을 주도하며 몸과 마음이 자유로울 때 얻어지는 것입니다. 그러나 행복 자체가 추상명사이고 지극히 주관적인 개념이어서 무엇이 행복을 정의하느냐고 묻는다면 사람에 따라 또는 가치관과 경험의 차이에 따라 대답이 여러 가지로 달라질 것입니다.

행복을 얻을 수 있는 가장 확실하고 좋은 단일 행동을 하나만 꼽으라고 누가 나에게 묻는다면 나는 '여행'을 하라고 권하고 싶습니다. 여행하

는 기간 동안은 모든 구속으로부터 자유로워지는 일탈의 경험을 할 수 있고, 오랫동안 멈추어 서서 관조(觀照)하며, 느리게 게으름을 피울 수도 있습니다. 게다가 여행의 과정과 과정 사이에는 맛있는 음식이 있고, 호기심이라는 뚜껑을 열고 사유(思惟)의 자유로운 날개를 마음껏 펼치며 즐겁게 담소를 나눌 수 있는 다양한 장르의 대화가 있기 때문입니다.

이곳에서 산티(Santi) 학교 학생들을 일주일 만에 다시 만났습니다. 산티 학교는 우리나라 경북 문경에 있는 대안학교입니다. 학생들은 대안학교에서 중학교 2학년 과정을 이수하고 있다고 합니다. 인솔교사 두 명이 일곱 명의 학생들을 인솔하여 현장학습차 산티아고 순례길을 온 것입니다. 처음에는 한창 공부해야 할 학생들이 한 달 이상 소요되는 순례길에 오른 점을 상당히 의아스럽게 생각했습니다. 그러나 며칠 동안 어울리며 주의 깊게 관찰해보니 여느 학생들과 조금도 다를 바가 없었습니다. 학생들 모두 개성만 조금씩 다를 뿐, 그렇게 순수하고 착할 수가 없었습니다.

현장학습은 교실에서 이루어지는 이론 학습이 아니라 말 그대로 현

장에서 이루어지는 살아 있는 교육입니다. 교육은 백문이 불여일견(百聞不如一見)입니다. 학습만으로 보는 것과 현장을 직접 찾아가서 보는 것에는 천지 차이가 있습니다. 이런 말이 기억납니다. 지혜로운 사람은 보기만 해도 안다고 합니다. 현명한 사람은 들으면 안다고 합니다. 어리석은 사람은 당해봐야 안다고 합니다. 멍청한 사람은 망한 후에야 깨닫는다고 합니다. 현장학습과 지혜의 중요성을 강조하는 말입니다.

대안학교 하면 우선 머리에 떠오르는 점이 정규 학교에 적응하지 못하는 학생들을 위한 교육시설이라고 생각하기 쉽습니다. 따라서 측은하고 안타까운 생각이 들고, 이런 학생들을 둔 부모들의 심정이 오죽 답답하겠나 하고 생각하게 됩니다. 한창 학교 수업에 열중하고 방과 후에는 학원으로, 과외학습으로, 독서실로 바삐 움직이다가 12시가 넘어서야 피곤함에 지친 몸을 이끌고 집으로 돌아오는 것이 우리나라 학생들 생활의 한 단면입니다. 따라서 이런 패턴에 따라가지 못하는 학생들은 현실 적응에 실패하고 문제 학생으로 분류되어, 학교와 가정에서 소외되고 따돌림받는 것이 오늘의 학생들이 마주하는 가슴 아픈 현실입니다.

이렇게 문제 학생으로 분류되면 패배감과 굴욕감으로 더욱 학교나 학업의 세계와는 멀어지게 되고, 오락 게임에 빠지거나 선생과 부모의 기대와는 정반대의 길로 나아가게 됩니다. 여기에서부터 부모와 자녀 사이에 불신이 쌓이게 되고, 부모의 기대를 벗어난 자녀들은 학교 밖으로, 가정 밖으로 겉돌게 됩니다. 심지어 적응에 실패한 일부 학생들은 외톨이로 지내기도 합니다. 이렇게 학업을 중단하고 은둔형

외톨이로 지내는 청소년들이 우리나라에는 70,000명이나 된다고 합니다. 우리는 지금 불행한 학생을 학교와 사회가 양산하고 있으면서도 개선책을 찾아내지 못하는 어리석음을 되풀이하고 있습니다.

우리나라 학생들의 학업 성취도는 OECD 국가 중 1위라고 합니다. 학업 성취도가 다른 나라에 비해 우수하다는 기분 좋은 조사 결과 보고입니다. 이렇게 우수한 학생들은 열등한 다른 나라 학생들에 비해 당연히 행복하다는 대답을 해야 하는데 그 행복도는 조사 대상국 중 최하위입니다. 교육의 목표가 전인적 인격을 소유한 인격체로 키워 행복한 삶을 살아가게 하기 위함일 텐데, 우리의 학교 교육 목표와 현황을 다시 한 번 점검하고 재검토해야 할 필요가 다분히 있다고 느껴지는 대목입니다.

그러나 산티 학교 학생들은 달랐습니다. 그들의 얼굴에 패배감이나 굴욕감은 전혀 없고, 밝은 표정으로 각기 다른 꿈과 희망을 가지고 있었습니다. 하나님은 우리 인간을 지으실 때 서로 특별하게 창조하셨습니다. 사람은 공장에서 찍어내는 공산품처럼 동일한 제품이 될 수 없습니다. 하나하나 독특하게 빚어낸 서로 다른 존재들입니다. 서로 다른 특성과 다른 재능을 가지고 있습니다. 서로 다름을 인정해야 하고, 다른 개성과 특성을 존중해 주어야 합니다. 대안학교 출신 중에서 한국의 명문 SKY 대학에 진학한 학생들도 많이 있고, 미국의 명문이라는 IVY 리그에 진학한 학생들도 있습니다. 나와 오랜 친분이 있는 의사의 자녀도 대안학교를 거쳐 영국 윌리엄 왕자가 다녔던 명문 「세인트앤드루스 대학교」 의과대학에 진학하였습니다.

나는 젊은이들에게 묻습니다. "정녕 꿈이 있는가?"하고! 꿈은 모든 사람에게 무한한 가능성을 찾아 장거리 여행을 떠나게 하는 기회의 보물창고입니다. 아니, 꿈이 없어도 좋습니다. 꿈은 성장하는 동안에 생기는 것일 수도 있으며 살아가는 동안에 키울 수도 있는 것이니까요. 중요한 점은 현실에 안주하거나 타협하지 않고 가능성을 찾아 떠나야 한다는 것입니다. 꿈이 있는 사람들은 눈빛과 표정이 다르고 행동하는 것이 다릅니다.

나는 꿈을 품고 있는 학생들에게 종종 '일만 시간의 법칙'을 얘기해 줍니다. 특별한 재능, 천부적인 소질을 타고났다고 할지라도 자신의 꿈을 이루는 데 성공한 사람들은 그들의 꿈을 이루기 위해 최소한 일만 시간 이상을 투자하고 공을 들였다고 말입니다. 일만 시간은 상당히 긴 시간입니다. 그러나 자신이 좋아하고 잘하는 분야의 일에 투자하는 시간은 그 시간이 아무리 길더라도 길게 느껴지거나 지루하게 생각되지 않습니다. 좋아하지만 잘할 수 없는 것은 빨리 포기하고, 자신이 재미있어하고 재능 있는 분야를 찾는 것도 행복을 찾아가는 지혜입니다. 그래서 우리는 취미와 전공·적성을 중요시합니다.

나는 예술가들이 참 좋은 직업을 가지고 있는 행복한 사람들이라고 생각합니다. 자기 재능이 있는 분야의 일을 취미로 하고 있으면서 동시에 그 분야가 직업이기 때문입니다. 예술가 중에서도 성악을 하는 사람이 제일 행복하다고 생각됩니다. 일생 동안 좋아하는 노래를 할 수 있으며, 노래를 통해서 타인에게 기쁨을 줍니다. 자신이 좋아하는 노래가 취미가 되고, 직업으로 일하면서도 일이 끝난 후에는 박수를 받고, 인정받으면서 또 적절한 보상이 따르기 때문입니다. 따로 악기를 지니고 다닐 필요도 없습니다. 자신의 몸 전체가 악기이기 때문에 건강 관리를 잘하는 것만으로도 악기 관리는 충분합니다. 정년퇴직도 없으며 자신이 하고자 하는 의지가 있는 한 계속 일할 수 있고 귀중한 대접을 받습니다. 다만, 노래 부르는 일을 직업으로 가지려면 선천적으로 타고난 악기, 즉 목소리가 좋아야 하고 일평생 건강관리에 신중해야 합니다.

저녁 식사 후 산티 학교 학생들이 이곳 알베르게에서 호스피탈리노로 일하는 「Silvana」와 인터뷰하고 싶다며 통역을 해달라고 요청하기에 기꺼이 인터뷰에 동참해주었습니다. 인터뷰가 끝난 후, 「Silvana」와 스페인 친구들과 '행복이 무엇인가'라는 주제를 가지고 의견을 나누며 토론을 했습니다. 서로가 행복에 관하여 자기가 생각하는 견해를 열심히 주장하고 설명했습니다.

「차드 멩 탄(Chade-Meng Tan)」 스탠퍼드 대학교 '연민과 이타주의센터' 창립 후원자이자 '탄 타오(Tan Tao) 재단' 이사장은 "행복이란 건강한 정신에서 나오는 충만한 느낌이며 고통으로부터 마음이 자유로운 상태"라고 정의하고, "인간이 무엇인가를 억지로 할 때가 가장 불행하다"고 하였습니다. 심리학자들의 실험 결과에 의하면 행복은 마음에 있으며, 사람이 최고로 행복하다고 느끼는 순간은 누군가를 사랑할 때라고 합니다. 그다음으로는 타인으로부터 인정받을 때, 존중받을 때, 그리고 무엇인가 마음속에 관심이 있는 대상이 지속되는 상태라고 합니다.

확실한 사실은 사회적 관계의 놀라운 힘입니다. 행복은 누구와 어떤 공간에서 시간을 함께하느냐가 중요하다고 합니다. '근묵자흑(近墨者黑) 근주자적(近朱者赤)' 검은 사람 옆에 있으면 검어지고, 붉은 사람

옆에 있으면 붉어진다는 말입니다. 행복과 불행은 전염성이 매우 강해서 행복한 사람과 오랜 시간을 함께 지내면 행복해지고, 우울한 사람과 오랜 시간을 함께하면 우울해진다고 합니다. 불행해지고 싶은 가장 확실한 방법은 불행한 사람들과 오랜 시간을 함께하는 것입니다. 누구와 시간을 함께하느냐 하는 점이 중요하다는 의미입니다. 이웃과 관계의 중요성을 강조하지 않을 수 없습니다.

미국 하버드 대학교 정신의학과 교수인 「George E. Valliant」는 하버드 대학교의 연구 프로젝트인 인생 성장 보고서 「행복의 조건」에서, 우리 인간들의 삶을 행복하게 만드는 가장 중요한 요인은 외적 성공이 아닌 사랑이며, 이를 위해서는 긍정적 감정을 가지고 첫째로 주변 사람들과 좋은 인간관계를 맺고 유지할 것, 둘째로 평생 일할 수 있는 직업을 가질 것, 셋째로 이웃을 위해 봉사하는 삶이라고 했습니다.

그런데 스페인 친구는 첫째와 셋째 결과에는 동의하지만, 평생 땀흘리며 일할 수 있는 일터가 있는 것이 행복하다는 점에는 동의할 수 없다고 합니다. 아무리 나쁜 직업이라도 무직보다는 낫습니다(A bad job is better than no job). 하기야 먹고 놀기 좋아하는 이곳 친구들이라면 평생 일할 수 있는 일터가 있는 것이 행복하다는 점에는 수긍할 수 없을 것이라는 생각도 듭니다.

이곳 사람들은 오후 2시부터 5시까

지는 '시에스타'라 하여 모든 가게가 문을 닫고 낮잠을 자거나 쉽니다. 여름날 갈증이 나더라도 물 한 병이나 주스 한 잔 사 마실 가게마저 문이 닫혀있어 곤혹스러울 때가 많습니다. 여름날 기온이 높고 습도가 높은 지역에서 하루 종일 일을 하기 위해서는 잘 쉬는 것도 필요하리라는 점은 수긍합니다. 그러나 병원과 약국 그리고 슈퍼마켓조차도 셔터를 내리고 쉽니다. 레스토랑도 오후 3시부터 8시까지는 문을 닫거나 영업을 하지 않습니다. 8시 이후에야 저녁 식사가 시작되어 늦은 밤까지 웃고 떠들며 즐깁니다. 이렇게 놀기 좋아하는 사람들이라면 평생 일할 수 있는 일터가 있는 것이 행복하다는 점에 동의하기가 어려울 것입니다.

나는 시간을 억지로 쪼개 내서라도 여행하는 것을 즐깁니다. 여행 가운데에도 자연경관이 수려한 곳을 찾기보다는 역사적 유적지를 도보 여행하며 유적지의 이면에 숨어있는 역사의 실체적 진실을 알아보고, 역사가 후세대에 전해주고자 하는 침묵에 귀를 기울이며 상상의 나래를 마음껏 펼쳐 보는 것을 좋아합니다.

여행의 매력 중에 빼놓을 수 없는 또 다른 점은 시공(時空)의 제약 없이 수다를 떨며 지역의 특산 음식을 맛보는 즐거움에 빠져보는 것입니다. 땀 흘리며 걸을 수 있으니 기분이 좋고, 상상의 나래를 펼치며 사유(思惟)할 수 있으니 자유롭고, 맛 기행을 할 수 있으니 삶이 멋스러워 행복합니다. 여행은 나에게 한마디로 이 세상에서 간접 천국의 행복을 경험하게 해줍니다. 그런 의미에서 본다면 사십여 일간 카미노 길을 걸으면서 유적지를 답사하고, 매일 20여 km를 걷는 동안 자유롭게 사색하고, 방문하는 지역마다 독특한 음식을 즐기며 자유로운 여행을 하고 있는 나는 매일 행복에 근접해서 생활하고 있음에 틀림없습니다.

그렇지만 나는 하나님이 인간에게 주신 가장 큰 선물은 노동이라고 생각합니다. 일과 노동을 통해서 우리는 오락에서 얻는 것보다 더 큰 기쁨과 희열을 얻게 됩니다. 여덟 시간 오락을 즐긴 후에 얻어지는 쾌락의 만족도와 동일한 시간 동안 일을 한 후에 얻어지는 희열의 강도 중 어느 편이 큰지는 경험해보면 잘 알 수 있습니다. 오락을 즐긴 후에는 피로가 오지만, 남을 위해 봉사하며 일을 통해서 땀을 흘린 후에는 도달해야 할 목표가 새롭게 다가옵니다. 기대와 호기심을 가지고 다음 날을 기다리게 하며 정신과 육체에 신선한 에너지를 재충전해줍니다. 노동은 하나님이 인간에게 내리신 벌이 아니라 진정한 축복입니다.

스페인의 이슬람 잔재

10/18 제25일 엘 부르고 라네로(El Burgo Ranero) ~만시야 데 라스 물라스 (Mansilla de las Mulas) 19.5km 7h

스페인의 일출은 참으로 아름답습니다. 이른 아침 동쪽 하늘이 빨갛게 달아오르면서, 태양의 붉은 기운이 지평선을 가르며 솟아오릅니다. 태양의 찬란한 빛줄기가 동쪽 하늘로부터 온 사방으로 쫙 퍼지면 대기의 풍만한 에너지가 전신을 타고 스며들어와 심장이 폭발하는 듯 벅차오릅니다. 오늘은 날씨가 아주 맑아서인지 아침부터 기분이 상쾌합니다. 맑은 하늘 아래 햇빛이 찬란하게 비추면 화창한 가을 햇

살은 수확기를 앞둔 포도와 곡물들을 풍성하게 살찌워줍니다. 오늘 역시 사방을 둘러보아도 광활하게 펼쳐져 있는 포도밭과 텅 빈 밀밭 끝자락에 지평선만 보일 뿐이고 눈길이 닿는 곳마다 끝이 없는 들판이 펼쳐져 있습니다.

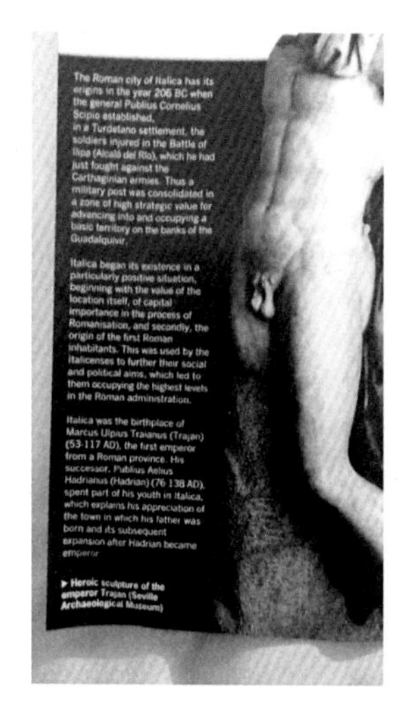

스페인 곳곳에는 로마 문명과 이슬람 문명이 남겨놓은 문화적 유산들이 참으로 많습니다. 혹자는 스페인은 로마가 기초를 닦아놓고 이슬람이 기둥을 세운 후에 기독교가 지붕을 얹어놓은 아름다운 건축물과 같다고 합니다. 여러 문명이 거쳐 지나갔지만 문명 간에 큰 충돌을 일으키지 않고 조화롭게 공존하며 오늘에 이른 것입니다.

로마는 BC 2세기에 지중해와 지중해 연안 지역 지배권을 두고 당시 지중해 연안의 최강 패권국이었던 카르타고와의 피할 수 없는 전쟁을 치르기 위해 이 땅에 진출하여, 제2차 포에니 전쟁[12]에서 승리한 이후 600년 동안 이베리아 반도를 지배하며 이 땅에 팍스 로마나로 상징되는 평화와 번영의 시대를 가져다주었습니다. 로마 통치 기

12 제2차 포에니 전쟁(BC 218~201): 로마 공화정과 카르타고가 지중해와 지중해 연안 지역 패권을 차지하기 위하여 서로 싸운 전쟁. 카르타고의 명장 한니발이 BC 218년 4월 90,000명의 보병과 12,000명의 기병 그리고 상당수의 코끼리 부대를 이끌고 피레네 산맥을 넘어 로마로 진격해 들어가면서 제2차 포에니 전쟁이 발발했다. 개전 초기 한니발은 뛰어난 전략과 용맹한 군의 사기로 로마 대부분의 지역을 장악했으며 로마는 집정관 16명이 전사하는 등 고전했으나, 스키피오 아프리카누스 장군과의 전쟁에서 패배하여 지중해의 패권이 로마에 넘어갔으며, 아프리카에서 로마의 스키피오 장군과 벌인 자마 전투에서도 패배하여 카르타고는 역사의 무대에서 사라졌다.

간 동안 로마는 이곳에 도로, 수도, 극장, 원형경기장, 공중목욕탕 등 문화시설과 건축, 법, 제도, 도량형 등을 가져와 이 땅이 문명국가로 가는 초석을 세워 놓았습니다.

세비야에서 카미노 길을 따라 10km쯤 가면 산티폰세(Santiponce)에 이탈리카(Italica)라는 로마 시대 유적지가 나옵니다. BC 206년 로마의 「스키피오(Publius Cornelius Scipio)」 장군이 전투에서 부상당한 로마 군인들을 치료하고 휴양시키기 위해 전략적 요충지인 고지대에 세운 정착지입니다. 그곳은 로마 시대의 원형극장, 주거지, 공중목욕탕, 현란하고 아름다운 문양의 모자이크 타일과 여러 가지 유물들이 발굴된 장소이고, 또 로마 시대 공화정의 고위급 인사들이 많이 배출된 곳이기도 합니다. AD 53년에는 로마 역사상 가장 큰 제국과 영토를 확보했던 황제 「트리아누스(Marcus Ulpius Traianus)」가 이곳에서 태어났고, 그의 후임 황제인 「하드리아누스(Publius Aelius Hadrianus)」도 이곳에서 어린 시절을 보냈다고 합니다. 이는 역으로 생각하면 고대 시대 로마와 스페인은 분리해서 생각할 수 없는 나라라는 이야기이기도 합니다.

북아프리카의 이슬람 세력은 AD 711년 이베리아 반도에 진출하였고, 스페인 북부 일부를 제외한 이베리아 반도 전체가 800여 년 동안

이슬람 왕조의 지배를 받았습니다. 그들은 코르도바를 중심으로 왕조의 세력을 키우고 스페인에서 아랍 문명을 꽃피웠으나, 1031년 극심한 내전을 겪으며 코르도바의 칼리프 왕조가 수십 개의 소왕국으로 분열되었습니다. 이들 소왕국 가운데 그라나다, 세비야, 톨레도, 사라고사 등이 강력한 소왕국으로 남아 통치를 이어갔습니다. 1091년 북아프리카의 이슬람계 알모라비드 왕조가 이베리아 반도를 침략하여 알-안달루스를 통일했으나 다시 여러 개의 소왕국으로 분열되었고, 1160년 북아프리카의 또 다른 이슬람 세력인 알모하드 왕조가 알-안달루스를 정복하고 세비야를 수도로 하여 학문과 예술 그리고 건축을 눈부시게 발전시켰습니다.

이슬람 세력이 스페인에서 왕조를 키우고 아랍 문명을 꽃피우는 동안 스페인 내부에서는 718년부터 '레콘키스타(국토 회복 운동)' 활동이 일어나기 시작했고, 1035년 스페인 북쪽의 카스티아 왕국과 가톨릭 국가인 레온 왕국이 국토 회복 운동을 주도해오다가, 1212년 안달루시아의 라스 나바스 데 톨로사에서 이슬람 세력인 알모아드 왕조를 격파시킴으로써 가톨릭과 이슬람 사이의 세력 다툼에서 가톨릭이 결정적인 우위를 점하게 됩니다. 1248년에는 카스티아와 레온 왕 「페르난

도 3세(Fernando III)」가 세비야를 함락시켜, 그라나다의 나스르왕조만 이 이베리아 반도에 남은 유일한 이슬람 세력이 되었습니다. 1469년 카스티야의 후계자 「이사벨(Isabel I)」이 아라곤의 왕위 계승자 「페르난도(Fernando II)」와 결혼함으로써 스페인에서 가장 강력한 두 왕국이 통일을 이루는 초석을 쌓게 됩니다. 1492년 1월 2일 「이사벨」과 「페르난도」 부부 왕의 가톨릭 연합군이 그라나다를 포위하고 압박하여, 이슬람 세력의 마지막 통치자 「보아브딜(Boabdil)」로부터 알함브라 궁전의 열쇠를 넘겨받음으로써 '레콘키스타'를 완성하게 됩니다.

나스르왕조 최후의 통치자 「보아브딜」은 나스르 왕가 가족의 생명을 보장받고 아름다운 알함브라 궁전을 파괴하지 않고 보존해준다는 조건으로 알함브라 궁전의 열쇠를 「이사벨」 여왕에게 넘겨주었습니다. 그리고는 그라나다 남부의 알푸하라스 계곡과 금화 삼만 냥을 받았다고 합니다. 그후 「보아브딜」 일가는 알푸하라스 계곡에 정착하고 살았으나 결국에는 북아프리카로 밀려가서 불행하게 살다가 생을 마쳤다고 합니다.

1085년 톨레도의 함락 이후 그곳에서 잔류 허가를 받아 살아온 이슬람교도 '무데하르'의 수는 점차 증가하였고, 1248년 세비야가 함락됨으로써 이슬람세력들은 스페인 통치하의 '무데하르'로 남거나 그라나다로 이주해야만 했습니다. 그라나다에 남은 이슬람교도들은 알함브라 궁전을 중심으로 나스르왕조를 지키며 250년간 번영을 이루고 그라나다를 통치하다가, 그라나다가 함락된 이후 가톨릭으로 개종하거나 북아프리카로 돌아가야만 했습니다.

역사가 전하는 바에 의하면 이 지역에 남아있던 이슬람교도들도 초기에는 신앙의 자유와 재산에 대한 권리를 보장받았지만, 그들의 권리는 그리 오래 지속되지 못하였다고 합니다. 정치적 의사결정과 거래 이면에는 인간의 생존권과 존엄과 자유가 보장되어야 함은 시대를 막론하고 지켜져야 할 덕목이지만, 역사적 현실은 항상 승자의 편에 유리하게 전개될 수밖에 없음은 주지의 사실입니다.

6~7세기에 아라비아 반도를 넘어 이곳 이베리아 땅에 정착했던 무어인들은 북아프리카에 비해 날씨가 좋고 환경이 사람 살기에 적합한 이곳에 와서 '젖과 꿀이 흐르는 축복의 땅'이라고 생각하고 이 신천지에 이상향에 가까운 새로운 나라를 건설하고자 했던 것입니다. 그라나다, 세비야, 코르도바, 톨레도에 가보면 아랍 문명의 잔재가 이곳 저곳에 화려하게 남아있고, 유네스코가 지정한 인류문화유산으로 등재되어 오늘날까지 찬란하게 빛을 발하고 있습니다.

그라나다의 알함브라 궁전이나 세비아의 알카사르 궁전을 보면 아랍 사람들이 남겨놓은 기하학적으로 현란한 건축 기술과 눈부시게 아름다운 조형물의 잔재를 확인할 수 있습니다. 8세기부터 16세기까지 무어인들이 조성한 건축물들을 보면 눈이 호화스러울 지경입니다. 그들이 정교하게 돌을 다루는 솜씨와 건축 기술 그리고 물을 잘 다스렸던 재주는 알함브라 궁전이나 알카사르 정원에서 극치를 이루게 됩니다. 그들이 스페인 땅에 이룩하고 남긴 잔재들을 보면 이슬람 세력들은 이곳에 천국을 건설하려고 했던 것은 아닌가 하는 생각이 들기도 합니다.

이슬람 세력들이 1236년에 코르도바를, 1248년에는 세비야를 내주고 그라나다로 밀려가 나스르(Nasr) 토후국을 알함브라에 세우고 안달루시아 지역을 통치하다가, 1492년 1월 이 땅을 떠나면서 보아브딜과 무어인들이 아쉬움의 눈물을 흘렸을 때의 심경은 참으로 참담하고 지옥을 경험하는 느낌이었을 것이라고 생각됩니다. 왜냐하면 내가 본 알함브라나 알카사르의 궁전 뜰 정원은 북아프리카나 아라비아 반도의 광야에 비하면 천국이나 다름없기 때문입니다.

스페인을 통일한 가톨릭 부부 왕 「이사벨」과 「페르디난도」는 기독교에 대한 지극한 열정으로 기독교 전파를 위하여 1478년 종교재판소를 설치하였습니다. 그 결과 가톨릭으로 개종을 거부하는 많은 사람들이 희생되었으며, 1834년 이 종교재판소가 폐지될 때까지 수천 명이 처형되었습니다. 역사적 사실에는 순기능과 역기능이 있게 마련입니다. 그래서 스페인이 오늘날까지 이슬람이 침투할 수 없는 굳건한 기독교 국가로 존립하는 근거가 되었는지도 모를 일입니다.

오늘날 알카사르 궁전에는 채플과 예배당이 들어섰고 각종 기독교 문화의 유물들이 전시되어 있으며, 천국과 같은 왕궁 뜰은 스페인식 정원으로 변하여 아랍 사람들은 물론 전 세계 관광객들의 발길이 끊이지 않고 있습니다. 스페인 역사 속에 드러난 이슬람 문명의 잔재는 참으로 역사의 아이러니가 아닐 수 없습니다.

신선한 공기 클라로

10/19 제26일 만시야 데 라스 물라스 (Mansilla de las Mulas) ~ 레온(Leon) 19.5km 7h

쾌적한 사립 알베르게에서 하룻밤을 보내서인지 아침 발걸음이 사뭇 가볍습니다. 어젯밤에 저녁 식사를 함께했던 낯익은 얼굴들이 많이 보입니다. 보르도에서 왔다는 프랑스 의사 부부, 루이지애나에서 왔다는 미국인 부부, 브리즈번에서 홀로 왔다는 호주의 중년 여성, 스위스에서 홀로 왔다는 잠을 많이 자는 특이한 젊은 처녀 등….

그런데 카미노 길을 가는 동안 참가자들의 성비를 자세히 살펴보면 남성보다는 여성이 훨씬 많음을 알게 됩니다. 아내에게 그 이유를 물어보니 대답이 의외로 싱겁습니다. 남성들은 돈을 벌기 위해 직장에 나가야 하니 여성들이 많이 올 수밖에 없다는 대답입니다. 그래서인지 이 길을 걷기 위해 한 달 이상 집과 직장을 비워야 하는 상황을 보통 남자들은 감수하기가 어려울 것입니다. 실은 아내가 40일 내지 50일간 집을 비우고 홀로 외국 여행을 한다고 해도 나 또한 선뜻 OK 하고 받아들이기는 쉽지 않을 것 같습니다.

우리나라 TV에도 가끔 소개된 적이 있는 유명한 토마토 축제(Feria del Tomate)는 발렌시아의 부뇰(Buñol)에서 8월 마지막 주에 개최됩니다.

토마토를 차량에 가득 싣고 와서 마을 가운데에 쏟아 놓고, 서로 던지고 발로 짓이기고 그 위에 넘어져 즐기는 축제입니다. 만시야 데 라스 물라스(Mansilla de las Mulas)도 토마토가 유명하고, 이곳의 토마토 축제도 볼만하며 다양한 토마토 요리를 즐길 수 있다고 하는데, 토마토의 색깔이 선홍색으로 새빨갛고 보기만 해도 입안에 군침이 돌만큼 먹음직스럽게 보입니다.

시골을 벗어나서 큰 도시로 간다는 기대 때문인지 배낭의 무게도 가뿐하게 느껴지고 발걸음도 사뿐사뿐 가볍습니다. 아내가 물었습니다. 똑같은 무게의 배낭을 지는데 왜 어느 날은 무겁게 느껴지고, 어느 날은 가볍게 느껴지는지를…. 아내도 큰 도시 레온을 바라보는 기대 때문인지 나와 똑같은 느낌을 가지고 있는 것을 보면, 사람이 환경에 따라 느끼는 육체적 감정과 컨디션은 비슷한가 봅니다.

붉은 햇살을 받으며 에슬라 강 위의 돌다리를 건너자, 과거 카스토르 데 란시아의 수도였던 로마 시대 도시의 잔재가 폐허로 남아있고, 저 멀리 안개가 그림같이 드리워져 있습니다. 오랜 세월이 흐르면 세월의 잔재는 역사 속에 흔적으로 남지만 산천은 변함없이 존속합니다. 우리네 삶도 이처럼 오랜 세월이 흐르면 왔다 간 삶의 흔적만 남으리라 생각하니, 너무 현실에 집착하지 말고 세상의 도리와 하늘의 순리에 따르며 깨끗한 마음을 유지하고 살라고 가르쳤던 「명심보감(明心寶鑑)」의 말씀, '순천자(順天者)는 흥(興)하고 역천자(逆天者)는 망(亡)한다'는 고전의 소중한 가르침을 다시 한 번 떠올리게 됩니다.

벌써 20여 년 전의 일입니다. 주말마다 북한산이나 관악산에 자주

올랐습니다. 산에 오르는 동안에는 정상에 오른다는 부푼 기대감으로 힘이 들고 땀이 흘러내리는 것도 잊은 채, 가쁜 숨을 몰아쉬며 높은 곳만을 바라보고 오르게 됩니다. 산 정상에서 내려다보는 서울은 참으로 넓고 큽니다. 그 넓은 도시 공간에서 내가 살고 있는 집을 찾아보면 꼭 개미집 같고, 그 작은 공간에 갇혀 산다는 것이 참으로 답답하다는 느낌마저 들었습니다. 세상 속에 묻혀 살 때는 그렇게 가치 있고 소중하게 느껴지던 일들도 한 발짝 멀리 벗어나 산 위에서 바라보면 사소하게 느껴지고, 내가 왜 그토록 미시적이고 사소한 일들에 집착했었나 하고 자신을 다시 한 번 성찰하며 삶의 목표를 거시적으로 바라보고 점검합니다.

산을 내려올 때는 새로운 생각과 각오를 가슴에 담고 산 중턱까지 잘 내려옵니다. 그러나 산 밑으로 내려올수록 갖가지 냄새와 옆 사람의 땀 냄새가 코를 찌릅니다. 유원지 입구쯤 내려오면 음식 냄새, 쓰레기 냄새, 사람들의 왁자지껄한 소리로 산에 왔던 신선한 기분이 조금씩 퇴색되어 갑니다. 서울대학교에 진입할 즈음이면 자동차의 소음

과 휘발유 냄새가 코를 찌릅니다. 그러나 막상 차가 움직이는 차도 옆을 걸을 때면 후각 장치가 마비되어 아무런 냄새도 느낄 수가 없으며, 산 위에서 세웠던 신선한 생각들이 현실과 뒤섞여 엉켜버립니다.

레온으로 가까이 다가갈수록 주변의 모습이 낯익게 느껴지고 멀리 보이던 산과 시냇물의 윤곽이 뚜렷이 나타나기 시작하였습니다. 차량의 왕래가 점점 많아지면서 차량이 지날 때마다 기름 냄새가 물씬 풍겨왔습니다. 문득 인간문화재였던 「석정」 스님이 생전에 신문에 썼던 칼럼이 떠오릅니다. '산사에 있다가 도심으로 나오면 도심의 소음과 공해 때문에 나오기가 싫다'고. 맑은 시냇물 졸졸 흐르는 소리, 개구리 울음소리, 바람 소리, 산새 지저귀는 소리를 듣다가 도심으로 나오면 차량의 냄새, 그리고 와글거리는 소음 때문에 산사에서 나오기가 싫다는 것입니다.

레온 시내로 들어오니 차량 운행이 많아지고 사람들이 이동하는 모습도 자주 보입니다. 그래도 도시로 들어가는 느낌은 신선하고 이웃 친척 집에 놀러 가는 듯한 느낌입니다. 그러나 레온 시내로 접어들면 도심의 시끌벅적한 소음과 사람들의 지껄임으로 아무런 느낌도 없어집니다. 그저 유럽의 깨끗한 중세 도시에 들어온 느낌일 뿐입니다.

도시 가운데 있음에도 불구하고 레온 성당 주변은 물론 스페인 어느 곳도 공기가 맑고 깨끗하고 투명합니다. 날씨가 맑은 것, 공기가 깨끗하고 투명한 것을 이곳 사람들은 클라로(Claro)라고 합니다. 그런데 스페인의 하늘과 공기는 항상 클라로입니다. 넓은 산과 우거진 수목에서 뿜어져 나오는 맑은 산소는 이 땅의 공기를 맑게 정화시켜 항상 클라로한 상태를 유지시켜 줍니다. 맑은 공기와 깨끗한 물은 모든 생명체의 생명을 유지시켜 주는, 생명만큼이나 소중한 존재입니다.

스페인 산야에 널리 퍼져 있는 각종 나무와 수풀들을 보면 유난히 햇빛에 반짝입니다. 채소들조차도 검푸르고 싱싱합니다. 땅이 비옥하고 일조량이 많으며 공기가 깨끗하니 환경이 좋고, 환경이 좋으니 그곳에 자라는 식물도 건강할 것입니다. 그래서인지 이 땅에 사는 사람들 중에는 노인들이 참 많지만 모두들 건강해 보입니다. 농촌 마을에서는 보통 100세를 넘겨 산다고 합니다. 공기가 신선하고 물이 맑고 햇빛을 풍부하게 받고 자라니 식물이 건강하고, 이러한 식물을 먹고 자라는 동물이 건강하고, 사람이 건강하게 되어 환경과 생태계의 선순환 사이클이 유지됩니다. 공기가 항상 맑으니 가시거리도 매우 길게 보입니다. 아주 멀리 있는 산까지 맑고 투명하게 보이고, 비가 와도 세차가 불필요할 만큼 차가 더럽혀지지 않습니다. 그러고 보니 이 나라에서는 세차장을 본 기억이 별로 없습니다. 눈에 보이는 모든 자연이 클라로입니다.

성당의 종소리

10/20 제27일 레온(Leon)

레온은 1세기경 로마인들에 의해 만들어진 도시로, 인근 금광에서 캐낸 금이 모이는 부유한 도시였다고 합니다. 레온은 또한 레온 왕국의 수도였으며, 이베리아 반도 북서부의 경제 발전 중심지로서 풍부한 역사와 문화·예술이 녹아있는 흥미로운 도시입니다. 레온의 구시가지 중심지인 우메도 지구(Barro Humedo)는 마치 중세기로 돌아간 듯한 착각을 일으킬 정도로 고풍스럽습니다. 그렇지만 이곳을 거니는 사람들은 대부분이 활기 발랄한 젊은이들이고, 지나는 사람들이 입고 있는 옷 또한 도시인답게 매우 세련되어 있습니다. 도시 곳곳에는 레온을 빛낸 위인들의 동상, 여인상, 카미노 순례자상 등 조각상이 세워져 있어 예술을 잘 모르는 사람일지라도 보는 이의 눈과 마음을 즐겁게 해줍니다.

레온은 참으로 매력이 넘치는 도시입니다. 레온의 속살을 자세히 보고 싶어 레온 중심지에 있는 호텔에 하루 더 머물며 구석구석을 자세히 관찰했습니다. 레온의 최고 압권은 역시 레온 대성당입니다. 레온 대성당(Catedral de las Leon)은 부르고스 대성당, 세비야 대성당과 함께 스페인에서 가장 유명한 3대 성당 가운데 하나라고 합니다. 혹자들은 13세기부터 16세기에 걸쳐 지어진 이 성당은 프랑스식 고딕 양식의 건축물로서 스페인에서 가장 아름다운 성당이라고도 합니다. 직접 와서 보니 그 이름과 명성에 맞게 성당의 규모도 크거니와, 아름답고 섬세하기 이를 데 없습니다. 레온 성당의 백미는 성당 벽에 있는 스테인드글라스가 석양이 질 무렵 햇빛에 반사되어 황홀하게 빛나는 광경인데 보는 사람의 마음을 매혹시키는 장관 중의 장관입니다.

레온 성당 안에는 다도의 성모(Virgen del Dado)라고 하는 유명한 성모상이 있고, 이 성모상에 관한 재미있는 전설이 전해오고 있습니다. 대부분 성당에는 아기 예수를 안고 있는 성모상이 있습니다. 원래 이곳 성모상은 대성당 북쪽의 파사드에 있었다고 합니다. 그런데 플랑드로군의 병사 한 명이 파사드에서 유대인들과 주사위 놀음을 하다가 큰돈을 잃고 화가 나서 주사위를 집어 던졌는데, 이 주사위가 성모상이 안고 있는 아기 예수의 머리를 맞췄고 그 머리에서 새빨간 피가 흘러내렸다고 합니다. 깜짝 놀란 이 병사는 예수님께 참회하고, 남은 삶을 기도하고 이웃을 위하여 봉사하며 살았다고 전해집니다. 이후 사람들은 이런 일이 다시는 일어나지 않도록 성모상을 대성당 안으로 옮겼다고 합니다.

레온에서 꼭 방문해야 할 건축물 중 하나가 레알 바실리카 데 산 이시도로(Real Basillica de San Isidoro) 박물관입니다. 10~11세기에 만들어진 바실리카 박물관은 원래 왕궁으로 쓰였다가 현재는 박물관으로 사용되고 있으며, 왕가의 무덤, 세례자 요한의 턱뼈, 성배, 행진용 십자가 등 진귀한 유물들이 있고 고딕 양식의 패널화도 전시되어 있습니다.

레온에는 또 세계적인 건축가 「안토니오 가우디(Antoni Gaudi)」가 중세풍의 고딕 양식으로 설계한 모더니즘 건축물 카사 데 보티네스(Casa de Botines)가 있습니다. 아치로 된 창문과 검은색 돌판으로 이어진 지붕 등 천재 건축가의 혼이 담긴 멋진 건축물이어서 눈길을 끕니다. 스페인이 낳은 천재적인 건축가 「안토니오 가우디」는 "자연에는 직선이 없다"는 명언을 남기며 자신의 건축물 대부분에 곡선을 도입하여 건축했는데, 바르셀로나에 있는 사그라다 파밀리아 성당, 카사밀라, 구엘 공원, 구엘 저택 등을 보면 직선으로 설계된 다른 건축물들과는 확연하게 구별되며 건축과 예술에 대한 그의 천재적 영감에 탄복하지 않을 수 없습니다.

레온의 여러 성당에서 시시각각 뎅그렁! 뎅그렁! 뎅그렁! 울리는 성당의 종소리를 듣는 것이 나는 참으로 좋습니다. 성당의 종소리는 언제나 마음에 잔잔한 평화를 안겨줍니다. 가톨릭교회는 새벽 6시, 낮 12시, 오후 6시 세 번 정기적인 기도를 위해 종을 쳤습니다. 통상 '삼종기도(Anglus)'라고 합니다. 특히 스페인에서는 도시나 마을마다 서 있는 성당이나 이글레시아에서 매

시간 종소리가 울려 퍼집니다. 아마도 중세 시대 이전부터 일반 사람들에게 시간을 알리고 예배의 부름을 위한 수단으로서 종을 치지 않았나 생각됩니다.

성당의 종소리를 들으며 이 소리를 소음이라고 생각하는 사람은 별로 없을 것입니다. 1970년대 이전에는 우리나라의 모든 교회가 새벽마다 뎅뎅뎅 하는 종을 치다가 1970년 이후부터 찬송가 멜로디를 녹음한 음악 종소리를 경쟁적으로 들려주었습니다. 새벽 5시가 되면 교회마다 찬송가 종소리가 울려 퍼졌습니다. 그런데 이 음악 종소리는 진폭이 높을뿐더러 전파되는 지역이 넓어, 큰 홍보 효과도 있었지만 소음 공해의 시비를 일으키고 때로는 분쟁을 일으키는 요인이 되기도 했습니다. 더구나 여러 교회에서 경쟁적으로 종소리 볼륨을 높이다 보니 기독교에 대한 신앙심이 없는 사람들에게는 이른 새벽부터 이 소리를 듣는 것이 여간 고역이 아니었을 것입니다.

어느 순간부터는 우리 사회에서 교회의 음악 종소리도, 뎅뎅뎅 울리는 타종소리도 사라졌습니다. 그러나 스페인에서는 종소리를 소음으로 여기거나 시비를 제기하는 사람들이 없나 봅니다. 아직도 매시간 여기저기 성당이나 이글레시아에서 시간 수에 맞는 종을 타종합니다. 그런데 그 소리가 참으로 정겹습니다. 뎅그렁! 뎅그렁! 뎅그렁! 하고 웅장하게 울리는 소리가 있는 반면, 땡! 땡! 땡! 하고 경쾌하게 울리는 소리도 있습니다.

종소리 하니 「헤밍웨이(Ernest M. Hemingway)」의 소설 「누구를 위하여 종은 울리나」가 생각납니다. 스페인 내전에도 직접 참여했던 헤밍웨

이가 자신의 경험을 바탕으로 쓴 소설로서, 비록 자기 나라의 전쟁은 아니지만 '인간의 존엄과 정의와 자유를 위해 싸우는 사람들의 상황을 자신과는 무관한 일이라고 무시해서는 안 된다'는 그의 생각이 반영된 명작입니다.

영화로도 소개되었습니다. 영화는 1937년 스페인에 내전이 발생했을 때 정의와 자유를 위해 공화정부파 의용군에 자원입대한 미국인 「로버트 조던(게리 쿠퍼)」이 스페인 사람들을 위하여 자신을 희생하며 싸우는 과정에서 생기는 주위 사람들과의 관계, 갈등, 우애, 사랑 등을 다룬 내용입니다. 「로버트 조던」은 적군의 진격로에 있는 철교 폭파 임무를 맡고 게릴라로 산악 마을에 침투하여 역시 산악 게릴라로 활동 중인 집시들을 만납니다. 그들의 도움을 받아 임무를 수행하던 중에 청순하고 아름다운 스페인 처녀 「마리아(잉그리드 버그만)」를 만나면서 두 사람이 첫눈에 사랑에 빠지게 되는 이야기입니다. 영화에서는 게릴라전을 벌이는 산악 부족의 투쟁과 리더십을 둘러싼 갈등 양상이 대립적으로 표출되고, 「마리아」의 천진스러움과 「조던」을 향한 순수한 사랑의 감정이 리얼하게 연출됩니다.

「마리아」는 사랑하는 연인 「조던」과 함께 그의 조국인 미국에 가서 새로운 생활을 할 부푼 꿈과 기대로 부풀어 있습니다. 「마리아」는 「조던」의 곁에서 그의 작전 임무를 마음으로 지원하고, 「조던」은 산악 게릴라들의 도움을 받아 다리 폭파 임무를 성공합니다. 그러나 말을 타고 퇴각하는 중에 「조던」이 적군의 포격으로 쓰러지고, 그가 다리를 다쳐 더 이상 말을 타고 달릴 수 없음을 알게 되었을 때 「마리아」는 쓰러진 연인의 몸에 매달려 사랑하는 사람 곁을 떠나려 하지 않습니다. 급박한 순간에 「조던」은 「마리아」에게 떠날 것을 간곡하게 설득하고, 동료들의 퇴각을 돕기 위해 홀로 남아 최후의 기력을 다하여 달려오는 적군을 향해 기관총을 발사하며 몸으로 막아냅니다. 사랑하는 연인을 남겨둔 채 동료들의 손에 강제로 이끌려 어쩔 수 없이 떠나야 하는 「마리아」의 울부짖음과 절규 속에서 뎅! 뎅! 뎅! 하고 종이 울리며 영화는 막을 내립니다.

마음속에 오래도록 여운이 남는 인상 깊은 영화의 한 장면이며, 마지막 종소리는 아직도 나의 심장 속에서 뜨겁게 고동칩니다. 그 종소리는 인류의 평화와 사랑과 정의를 위한, 우리 모두를 위한 종소리입니다.

소문만복래: 미소

10/21 제28일 레온(Leon) ~비야르 데 마사리페(Villar de Mazarife) 22km 7h

아름다운 레온을 뒤로하고 아쉬운 발길을 돌려 비르헨 델 카미노(Virgen del Camino)로 발걸음을 옮겼습니다. 길 양옆에는 땅에 굴을 파서 움막처럼 보이는 이색적인 집들이 눈길을 사로잡았습니다. 포도주를 저장하는 저장고로 이용되지만, 때로는 주말을 이용하여 파티를 즐기는 별장으로도 사용된다고 합니다.

자연환경이 좋고 일조량이 풍부한 영향을 받아서인지, 스페인 사람들은 성격이 참 쾌활하고 낙천적이며 놀기를 좋아합니다. 낮 동안은 2시부터 5시까지 시에스타(Siesta)를 즐기고, 저녁 식사 후 밤늦은 시간까지 바에서 와인을 즐기거나 파티를 하고는 거리를 어슬렁거립니다. 나는 여태껏 스페인 사람들이 거리에서든 술집에서든 말다툼하거나 싸우는 것을 보지 못했습니다. 미국 버몬트 대학교 연구진이 조사한 바에 의하면 '세계 10개 언어—영어, 독어, 불어, 스페인어, 포르투갈어, 중국어, 아랍어, 한국어—를 대상으로 조사한 결과 세계에서 가장 긍정적인 언어를 쓰는 사람은 스페인어를 쓰는 사람들이고, 가장 부정적인 언어를 쓰는 사람은 중국인'이라고 합니다. 구글이나 트위

터 검색에서도 동일한 결과를 보여준다고 합니다.

스페인은 고대나 중세 그리고 19세기 초까지만 해도 어느 나라보다 전쟁을 많이 경험한 국가이며, 내전 때는 참혹한 시련이 휩쓸고 지나가 국민들이 뼈저린 슬픔을 겪은 아픈 역사를 가지고 있습니다. 넓고 풍요로운 땅을 탐내는 국내외 세력들이 끊임없이 뺏고 빼앗기는 전쟁의 틈바구니에서 살다 보니, 싸움에 지겨워서인지도 모를 일입니다.

길을 걷다가 스페인 사람을 마주치면, 아니 대개 서양 사람들을 만나면 입가의 양 꼬리가 먼저 올라가고 웃으며 인사할 준비를 합니다. 이럴 때 같이 미소 지으며 눈인사라도 하지 않으면 나도 어색하고, 나를 바라보며 환한 미소를 지으려고 시도하던 그들의 표정도 매우 어색하게 보입니다.

우리나라 사람들은 성격이 급하고, 다혈질이고, 선착순 문화에 젖어서인지 행동이 재빠르고 부지런합니다. 서로 모르는 사람끼리 마주쳤을 때 얼굴에 환한 미소를 보기 어렵습니다. 그러나 이것은 6·25 전쟁과 5·16 군사정변 이후 근대화·산업화 과정을 거치면서 '빠른 것이 좋다'는 가치와 함께 변한 것입니다. 원래 우리나라 사람들은 퍽 여유 있고, 정이 많고, 느리지만 기품 있는 백의민족이었습니다.

지금도 연변 지역 우리나라 민족이 사는 곳에서는 이런 전통이 지속되고 있다고 합니다. 오랜만에 지인을 만나면 기쁜 마음으로 대화하고, 서로 술을 대접하며 나누어 마십니다. 술을 마시니 기분이 좋아져 노래를 부르고, 흥이 나니 춤을 추지 않을 수 없습니다. 흥겨워 춤을 추다 보면 더욱 마시고 취하게 되고, 취중에 대화하다 다툼이 생겨 싸우고 나면 서로 감정이 상하여 돌아서게 됩니다. 그러다 다시 오랜만에 만나면 화해하기 위해 술을 건네고, 마시고, 노래하고, 취하고, 다투다가 헤어지기를 반복한다는 것입니다.

전 세계를 통틀어 우리나라만큼 노래방이나 가요주점이 많은 나라도 없습니다. 어찌 보면 오늘날 한류의 열기는 삼국시대 이전부터 우리 민족의 유전인자 속에 싹터왔었는지도 모를 일입니다. 일연이 쓴 「삼국유사」에도 보면 고구려 민족은 춤추고 노래하기를 좋아했다고 하며, 「삼국지 위서 동이전」에도 동이족은 누에를 쳐 길쌈을 하며 술 먹고 노래하고 춤추기를 좋아했다고 합니다. 그만큼 정(情)이 많고 흥(興)을 좋아하는 민족이라는 징표입니다.

나는 1970년 전후 어린 시절에 학교가 가까운 시내 근처에서 살았습니다. 시내에 가까이 있다 보니 음식점과 술집들도 꽤 있었습니다. 그런데 이른바 아가씨들이 있는 술집이 문제였습니다. 그 당시에는 지금과 같은 양주는 물론 없었고 대중적인 술인 '왕대포'라고 하는 막걸리가 대부분이었습니다. 맥주는 '비루'라 하여 매우 값비싸고 귀한 대접을 받았습니다. 어린 시절 나는 '왕대포'의 의미가 무엇인지 혼란스러웠습니다. '왕대포집'은 대개 조그마한 집 한편에 빨간 천에 흰 글씨로 '왕대포'라고 써서 간판처럼 걸어놓았던 시절입니다. '왕대포'라면 큰 대포를 의미하는데 그렇게 조그마한 집에서 큰 대포를 팔 리는 없고, 그것이 무엇일까 늘 궁금했었는데, 그것이 막걸리를 파는 선술집의 다른 표현인 것을 머리가 조금 큰 다음에야 알았습니다.

아가씨들이 있는 문제의 술집은 '왕대포집'이 아니라 바로 '비루'를 파는 요정 비슷한 곳에서 자주 일어났습니다. 시골이고 지금처럼 차량이나 각종 소음도 없던 시절이다 보니 술집에서 밤늦게까지 흘러나오는 노랫소리가 동네 멀리까지 퍼졌으며, 어린 나의 귀에는 그 소리가 무척 거슬렸습니다. 이어 밤 11시 즈음이면 어김없이 왁자지껄 상다리 부서지는 소리, 그릇 깨지는 소리, 고함 소리, 울부짖는 소리가 밤하늘을 시끄럽게 진동시켰습니다. 때로는 그 싸움이 새벽까지 이어지고 경찰이 와서야 진정되는 경우도 종종 있었습니다. 그 다음 날 저녁이 되면 또다시 노랫소리가 들려오고, 잠시 후면 고함 소리, 싸우는 소리, 흐느껴 우는 소리가 반복되었습니다.

지금은 우리나라의 음주 문화도 많이 변했습니다. 그러나 아직도 가끔씩은 유흥 음식점에서 다투는 소리나 고함 소리가 들립니다. 우리가 바꾸어야 할 문화 중 하나입니다. '소문만복래(笑門萬福來)'는 웃음 속에 모든 복이 깃든다는 말입니다. '일노일노 일소일소(一怒一老 一笑一

少)'는 화낼수록 늙고, 웃을수록 젊어진다는 말입니다. 겸손하고 서로 마주칠 때마다 미소를 보내며 상대방을 존중하고 따뜻하게 배려하는 마음을 가져야 합니다. 미소를 자주 사용한다고 비용을 더 많이 지불할 필요도 없으니 미소를 짓는 데 인색할 이유가 없습니다. 사용하는

만큼 기쁨이 배가되고 자신과 이웃에게 복을 불러옵니다. 미소의 전염성 덕분입니다. 그것은 타인을 배려하고 존중하는 것뿐만 아니라 자신을 존귀하게 대우하는 좋은 방법입니다. 성경에도 쓰여 있습니다. "네가 대접받고 싶은 대로 남에게 대접하라." 40세 이후의 인상은 자신이 책임져야 한다고 하는데, 지금부터라도 미소 지으며 복을 나누고 젊어지는 연습을 해야겠습니다.

욕심과 숫자

10/22 제29일 비야르 데 마사리페(Villar de Mazarife) ~아스토르가(Astorga) 28.5km 9h

아침 6시 30분에 알베르게를 나섰습니다. 어둠이 막 걷히고 동녘 하늘이 붉게 타오릅니다. 동틀 무렵 아침 시간에 길을 가다 보면 밤새 피어오른 안개가 들녘 위로 살포시 덮여 구름이 내려앉은 듯, 유채색 풍경화에 흰색 물감을 덧칠해 놓은 듯 아름답게 보입니다. 공기도 제법 차갑고 들녘 곳곳에 서 있는 나뭇잎들이 노랗게 물들어 가을이 성큼 다가왔음을 알려줍니다. 오늘은 잠깐씩 쉬는 시간을 제외하고는 하루 종일 걸어야 어둡기 전에 목적지 아스토르가에 도착합니다.

비야반테(Villavante)를 지나는 휴게소에서 이탈리아 시실리아 옆의 작은 섬에서 왔다는 수염을 멋지게 기른 건장한 청년을 만났습니다. 그의 아버지는 배를 타고 고기를 직접 낚아 식당을 운영한다고 합니다. 자신도 가끔씩 아버지의 식당 일을 돕기는 하지만, 기타와 트롬본 등 악기 다루기를 좋아하며 매주 일요일에는 기타를 가지고 교회에서 봉사한다는데, 꿈이 신문기자라고 합니다. 꽤 성실해 보이는 친구였습니다. 요리를 잘한다고 자랑하기에 한국은 갈비가 유명한 요리이고 다음 알베르게에서 내가 한국 갈비 요리의 진수를 보여주겠다고 했더니, 자신은 이탈리아 요리의 진수를 보여주겠다며 만들어서 함께 즐기자고 응수합니다. 요리에는 자신이 있다는 표정입니다.

괜한 얘기를 꺼냈다 싶어 조금은 후회스러웠습니다. 그러나 입 밖으로 던진 말에는 책임을 져야 합니다. 내가 아는 한 한국의 양념 갈비를 시식해본 외국인들은 모두 "원더풀!"이라며 그 맛의 비결에 신기해합니다. 오늘 저녁에는 갈비구이를 해 볼 심산인데, 고추와 마늘, 참기름 등 양념을 구할 수 있을지 걱정입니다.

오늘은 갈 길이 멉니다. 28.5km이면 9시간은 족히 걸어야 합니다. 이제는 어깨에 배낭을 메고 걷는 것도 제법 익숙해졌나 봅니다. 처음에는 하루 20km 정도 걸으면 발가락에 물집이 생기고 발목이 시큰거리며 아팠으나, 이제 30km 정도는 거뜬히 걸을 수 있을 만큼 단련되었습니다. 그렇지만 오늘 목표 28.5km를 걷는 것은 가능한 한 무리하지 않게 조심해야 합니다. 발가락이 부르트고 물집이 생기면 다음 날 걷기에 지장이 오기 때문입니다.

마음속으로 욕심을 버려야겠다고 생각하면서, 문득 아

들 녀석이 초등학교 2학년 때인가 숙제로 썼던 동시 한 편이 생각나기에 여기에 소개합니다.

욕심과 숫자

숫자는 끝이 없네
욕심도 끝이 없네
갈수록 커지는 숫자
부릴수록 늘어나는 욕심
욕심과 숫자는
나쁜 친구인가 보다

초등학교 2학년 학생의 동시치고는 기특하다고 생각되어 아직까지도 보관하고 있습니다. 이 녀석이 문학적 소질이 꽤 있나 싶어서 그 후 주의 깊게 살펴보았지만, 지금까지 본 바로는 별로 그렇지도 않은 것 같습니다.

욕심은 참으로 끝이 없나 봅니다. 아무리 많이 가져도 만족할 수 없고, 항상 갈급하고 더 많은 것을 소유하고 싶어 하는 것이 사람의 욕심입니다. 버리고 비울수록 마음속에 평화를 얻을 수 있다는 사실을 걸으면서 깨닫게 됩니다. 문득 평생을 무소유의 삶으로 우리에게 큰 가르침을 주신 「법정」 스님의 '무소유의 행복'이 떠오릅니다. 모든 것을 버림으로써, 모든 것을 비움으로써 더욱 채워지고 행복해진다는 의미가 마음속에 새롭게 다가왔습니다. 이 길을 걷는 사람들은 나름

대로 사연이 있겠지만, 먼 길을 찾아온 많은 사람들의 표정에는 걱정이나 우려의 빛이 조금도 없고 항상 소박한 웃음과 미소가 따릅니다.

"올라!" "부엔 카미노!"하는 인사 한마디면 서로 밝은 미소로 답하며 마음의 속내를 쉽게 보여줍니다. 참으로 아름다운 길입니다. 눈으로 보여서 아름다운 길이 아니라 마음으로 보이는 길이 아름답습니다. 고행과 인내를 통해서 자신의 내면에 가려진 실체를 발견하는 것, 보다 넓은 세계를 바라보며 삶의 목표를 새롭게 정립하는 것, 자기중심적 가치관에서 벗어나 이웃과 화평을 이루며 타인의 연약함을 덮어주고 덕을 쌓는 것, 바로 이런 점을 깨닫기 위해 세계 곳곳에서 많은 사람들이 이 고생스러운 길을 찾으면서도 행복해하는 것 같습니다.

오늘도 긴 길을 걸어와 발가락과 무릎이 쑤시고 육체적으로는 피곤하지만, 내 마음을 비우고 겸손히 자신을 돌아봄으로써 영혼이 맑아지고 마음속 깊은 심연에서 나오는 평화를 느끼게 됩니다. 이 밤도 마음의 창문을 활짝 열고 소유와 욕심에서 벗어나 아름다운 영혼과 자유로운 삶을 향한 또 다른 희망의 씨앗을 키웁니다.

와인 이야기

10/23	제30일	아스토르가(Astorga) ~벰비브레(Bembibre) ~아스토르가(Astorga)	120km	8h

모든 순례자는 하루 순례길을 마치고 숙소를 정한 다음에 샤워하고 세탁을 한 후 마을을 돌아보거나 낮잠을 잡니다. 어제 오후 아스토르가에 도착하여 마을을 한 바퀴 둘러보았습니다. 아스토르가는 인구라야 일만이천여 명이 거주하는, 그리 큰 도시는 아닙니다. 그렇지만 중세풍이 확연히 느껴지는 다양한 양식의 예술적 유물과 풍부한 역사가 살아 숨 쉬는 매력적인 도시입니다. 어느 방향으로 가든지 아름다운 건축물들이 도시를 가득 메우고 있습니다.

어느 마을에나 성당이 있지만 아스트로가에는 마을의 규모에 비해 크고 웅장하고 화려한 건축물이 많이 있습니다. 산타마리아 대성당을 둘러보며 중세 사람들은 작은 마을에 왜 이렇게도 크고 화려한 성당을 세울 생각을 했을까 궁금했습니다. 하지만 하나님을 경외하는 그들의 신앙심을 오늘의 잣대로 판단하는 것은 속된 것 같아 외관만 한 바퀴 둘러보며 구시가지를 돌았습니다. 이곳에는 또한 「안토니오 가우디」가 설계한 환상적 건축물인 주교관이 있습니다. 원래는 주교의 거처로 건축되었다고 하나, 현재는 박물관으로 사용되고 있습니다. 에스파냐 광장에는 바로크 양식의 아름다운 시청이 있고, 아스토르가의 상징인 유명한 시계탑이 눈에 띄었습니다.

이곳을 소개하는 안내 책자에 의하면 '코시도 마라카토'[13] 라는 음식이 유명하다고 합니다. 스페인은 고기 육질이 매우 좋습니다. 아스트로가에서 음식을 가장 잘하기로 소문난 레스토랑 「AIZORRI」를 찾아갔습니다. '코시도 마라카또토'를 주문했더니, 저녁으로는 코스 요리로 나오는 음식의 양이 너무 많아 낮에만 팔고 저녁에는 주문을 받지 않는다고 합니다. 고객을 배려하는 방법도 여러 가지입니다. 고객이 주문하면 그냥 주문대로 팔면 되지 저녁 요리로는 너무 양이 많아 고객에게 팔 수 없다니, 자본주의 시장경제에 젖어 사는 우리에게는 어색하지만, 사업보다는 고객을 우선적으로 배려하는 이곳 사람들의 문화라고 이해해야 하겠습니다.

소믈리에(Sommelier)를 불러 이 레스토랑에서 가장 잘하는 요리와

13 코시도 마라카토(Cocido Maragato): 9가지의 고기와 병아리콩 요리, 수프 등이 나오는 아스토르가 지역 전통음식.

요리에 맞는 와인을 추천해달라고 부탁하니 '샐러드와 스테이크'를 추천해 주었습니다. 스테이크가 나오는데 어른 손바닥 두 개를 합친 것만큼 컸습니다. 소문대로 스테이크의 맛과 질은 정말로 일품이었고, 와인 또한 맛과 향이 뛰어났습니다.

이곳에 오기 전에 만났던 영국인 「마벨(Mabel)」 부부가 아스토르가에는 유명한 백포도주를 만드는 와이너리가 있다며, 이곳을 지나는 길에 꼭 방문하라고 권해주었던 기억이 났습니다. 소믈리에에게 가까운 곳에 유명한 와이너리가 어디인지 추천해달라고 부탁했습니다. 그러자 벰비브레(Bembibre)에 있는 「DOMINO DE TARES」를 적극적으로 추천해주었습니다.

내가 가깝게 지내는 지인 중에 관광회사를 운영하는 B 사장이 있습니다. 인품이 좋고 매우 성실하며 유리알같이 맑고 투명한 성품을 가진 사람입니다. 관광회사 사장보다는 우리나라 미술 시장을 움직이는 큰손으로 더 알려져 있습니다. 그의 컬렉션 중에는 「피카소」나 「모네」 외에 세계적인 화가들의 그림이 다수 있어 그의 사무실에 가면 눈

이 호사스럽습니다.

그 B 사장이 와인을 꽤 좋아하고 강의를 할 정도로 와인에 대하여 해박한 지식을 가지고 있을 뿐만 아니라 「로마네 꽁띠」, 「샤토 무통 로칠드」, 「샤또 오브리옹」, 「페트로스」 등 값지고 귀한 와인을 많이 소장하고 있습니다. B 사장 덕분에 나는 가끔씩 「샤또 오브리옹」, 「샤또 무통 로칠드」, 「또레 무가」 등 좋은 와인을 접할 수 있었습니다.

그래서 이번 카미노 순례길에 유명 와이너리를 몇 군데 들러볼 심산이었습니다. 소믈리에가 추천해준 와이너리는 아스트로가에서 60여 km 떨어진 곳에 있습니다. 방문 예약을 하고 다음 날 아침 택시를 타고 와이너리를 찾아갔습니다. 와이너리 근처에 가니 벌써 와인이 발효되는 쿰쿰한 냄새가 후각을 자극했습니다.

「DOMINO DE TARES」는 역사는 그리 깊지 않지만 새로운 품종의 포도를 개발하여 와인을 만들어 세계 와인 콘테스트에서 여러 차례 수상한 적이 있으며, 질 좋은 우수한 와인을 만든다고 합니다. 홍보관에 도착하니 역대 와인 콘테스트에서 수상한 메달이 선반 가득히 쌓여있고 이곳에서 생산한 와인이 진열대에 꽉 채워져 있었습니다.

예약한 12시가 되자 홍보실 여직원이 나왔습니다. 나와 아내 두 사람만 방문했는데도 그 여직원은 와이너리 곳곳을 안내하며 「DOMINO DE TARES」 와인의 역사, 와인 만드는 포도의 종류, 와인 제조 방법, 오크통의 목재 선택 및 제조 방법, 와인의 숙성 과정 등을 자세히 설명해주었습니다.

간략하게 기술하면 다음과 같습니다. 「DOMINO DE TARES」는

"포도를 재배하기에 가장 적합한 고지대의 석회질 점토 토양과 일조량이 풍부하고 연중 기온 변화가 그리 크지 않은 지역에서 생산한 양질의 포도를 직접 재배하고 수확하여 사용한다"고 합니다. "종류가 다른 포도를 섞지 않고 한 가지 포도만을 큰 스테인리스 통에 넣어 3개월 숙성시키고, 미국에서 수입한 오크통에 넣고 연중 16℃의 온도를 유지하는 창고에서 12개월을 숙성시킨 후, 병에 넣고 코르크로 봉인한 후 6개월 이상 더 숙성시킨 다음 시장에 판매한다"고 합니다. 또한 "와인마다 사용하는 포도의 종류가 다르고, 숙성시키는 방법이 다르며, 좋은 와인일수록 제한된 수량만을 생산한다"고 합니다. 와인 저장고와 숙성 창고에 들러 그 규모의 광대함과 온도를 유지하고 관리하는 시스템을 보고 '우연히 이루어지는 일은 없다'는 격언을 상기하였습니다.

와이너리 투어가 끝나고 와인 테스팅을 하는 시간이 다가왔습니다. 와인 테스팅은 해외 마케팅을 담당하는 직원이 다섯 종류의 각기 다른 와인을 내놓고 테스팅하게 해주었습니다. 전문가답게 와인 테스팅을 하는 방법부터 달랐습니다. 그녀는 첫 번째 와인 병을 딴 후, 와인 컵에 1/3쯤 따르고는 와인의 빛깔을 눈으로 바라보며 확인하였습니다. 그런 다음 와인 잔을 한 바퀴 돌려 코로 깊숙이 숨을 들이마셔 와인의 향기를 맡아보았습니다. 다시 와인 잔을 크게 두 바퀴 돌려 입안에 한 모금 머금고 향과 맛을 음미하고는, 잠시 후 뱉어버리고 입안을 맑은 물로 가글하였습니다. 이전에 테스팅한 와인의 향과 맛을 제거하고 다음에 시음할 와인의 맛을 잘 감별하기 위해서라고 합니다.

나와 아내는 따라준 와인의 향기를 맡아보고는 꿀꺽 삼켜버렸습니다. 와인의 타닌이 섞인 떨떠름하고 새콤한 맛과 이름 모를 수많은 향기가 후각과 미각을 자극했습니다. 새로운 와인 병을 따고 그녀는 처음과 같은 방법으로 테스팅하였습니다. 우리는 두 번째 잔도 똑같은 방법으로 꿀꺽 삼켜버렸습니다.

세 번째, 네 번째 와인은 병뚜껑을 따더니 디캔팅을 하였습니다. 갈수록 와인의 향과 감칠맛이 달랐습니다. 때로는 온갖 종류의 꽃향기, 때로는 아로마 향, 때로는 과일의 달콤한 향, 때로는 깊은 숲 속에서 느낄 수 있는 나무 썩는 쿰쿰한 냄새가 나고 향기와 맛이 달리 느껴졌습니다. 마지막으로 이 와이너리에서 가장 자랑한다는 귀한 와인 병을 땄습니다. 와인의 향기가 숲 속에서 안개가 밀려오듯이 코로 밀려들어 왔습니다. 한 모금 입에 물고 혀로 굴려보니 깊고도 그윽한 와인의 향기가 내가 경험했던 그 어떤 와인보다도 훌륭했습니다.

이날 나는 와인 테스팅이 아니라 와인 마시기 대회에 출전한 기분이었습니다. 값지고 귀한 와인을 마음껏 마실 수 있어서 즐거웠고 와인에 취한 몸은 저녁때까지 흥분되어 있었습니다. 무척 행복한 하루였습니다. 카미노 길 위에서 이런 호사를 누려도 좋은지 과분한 생각이 들었고, 「성 야고보」와 중세 이후 이 길을 먼저 갔던 순례자들을 생각하니 송구한 생각마저 들었습니다.

저녁 늦게까지 와인의 취기가 온몸을 타고 흘렀습니다. 호사를 누리며 행복한 시간을 보낸 김에, 아스트로가로 돌아와 깨끗하고 시설이 좋은 별 4개짜리 호텔에서 여장을 풀고 모처럼 쾌적한 곳에서 행복한 밤을 보냈습니다. 와인은 신이 인간에게 내린 가장 값지고 귀한 선물인가 봅니다.

DOMINIO DE TARES
MENCÍA
BIERZO

숲과 나무

10/24 제31일 아스토르가(Astrorga) ~라바날 델 카미노(Rabanal del Camino) 23.5km 7h

아스토르가를 벗어나 산타 카탈리나 데 소모사(Santa Catalina de Somoza)를 지나자 눈에 익은 산야가 시야에 들어왔습니다. 꼭 제주도 서귀포의 돌담길을 둘러보는 것처럼 정겹습니다. 주변에 돌들이 많고 곳곳에 돌로 울타리 벽을 쌓아 놓아 경계를 세운 모습이며, 저 멀리 보이는 높은 산이 한라산과 주변 경관을 빼닮은 것 같아 정겹게 느껴졌습니다. 삼다도인 제주도에도 돌이 많지만 이곳 스페인에도 돌이 참으로 많습니다. 곳곳에 쌓인 돌담과 건물의 돌벽과 돌 바닥이 균형 있게 배열되어 조화를 이루고 있습니다.

메세타 지역을 벗어나면서 숲과 나무도 자주 보였습니다. 빽빽하고 울창한 소나무 숲이나 유칼립투스 숲은 자연림이 아니라 인위적으로 조성된 숲입니다. 이렇게 풍요롭고 넓은 땅 곳곳에 나무를 심고 자연을 가꾸는 스페인 사람들의 환경을 사랑하고 보존하려는 혜안이 돋보입니다.

나는 조림의 고마움을 여러 차례 체험하였습니다. 전라남도 장성군 서삼면 축령산에 가면 사람들이 즐겨 찾아가 쉬는 편백나무 휴양림이

있습니다. 산 곳곳에 울창하게 서 있는 편백나무에서 뿜어져 나오는 은은한 향기를 온몸으로 체험하고 느끼기 위해서입니다. 편백나무 향기는 가슴속 깊은 곳까지 시원하게 해줄 뿐만 아니라 치유의 효과도 매우 높다고 합니다.

장성의 편백나무 숲은 전국에서 피톤치드(Phytoncide) 수치가 가장 높은 곳으로 몸이 허약하고 질환이 있는 사람들, 특히 암 환자들이 자연 치유를 위해 많이 찾는 곳으로 소문이 나 있습니다. 피톤치드는 러시아 말로 피톤(Phyton)은 '생물의', 치드(cide)는 '죽이다'라는 의미의 합성어입니다. 이것은 식물이 병원균·해충·곰팡이에 저항하려고 분비하는 물질로서 삼림욕을 통해 피톤치드를 마시면 스트레스가 해소되고 장과 심폐 기능이 좋아지며 살균 작용도 있다고 합니다.

2014년 5월 어느 날 헬스클럽에서 운동하면서 본 TV 프로그램에서 장성의 편백나무 숲을 소개하기에, 주말에 곧바로 장성의 편백나무 숲 근처에 숙소를 예약하고 아내와 함께 찾아갔습니다. 숲은 정말로 싱그러웠습니다. 온갖 새가 지저귀고 다람쥐가 뛰놀고 나비가 날아들었습니다. 편백나무에서 뿜어져 나오는 은은한 향기는 몸이 건강한 사람에게는 상쾌함을, 허약한 사람들에게는 치유에 대한 희망을 주는 것 같았습니다. 곳곳에는 산책로가 잘 조성되어 있었고, 편

백나무의 유익함을 알리고 소개하는 각종 안내판이 세워져 있었습니다. 앉아 쉴 수 있는 나무 평상도 필요한 곳곳에 있었습니다. 조용히 앉아 책을 읽고 있는 사람, 도란도란 이야기를 나누고 있는 사람, 누워 있는 사람, 모두들 편백의 향기를 온몸으로 체험하고 느끼기 위해 전국 곳곳에서 모여든 사람들입니다.

장성에 빽빽하게 조성된 편백나무는 자연림이 아닙니다. 고 「임종국」 선생이 1953년 한국전쟁 휴전 이후 폐허가 된 축령산(570ha)에 1956년부터 편백나무, 삼나무, 밤나무 등 350만 그루를 심고 4~5km 떨어진 먼 곳에서 물을 지게로 길어다가 주어서 가꾼, 환경에 대한 그의 집념과 열정으로 이루어진 숲입니다. 밥 먹고 살기도 힘든 시절에 그는 나무를 심어 당장 열매 맺는 소출이 있거나 보상이 있는 일도 아닌, 먼 훗날 그의 후세대들이 혜택을 볼 나무를 심고 가꾸는 일에 일생을 바쳐 헌신한 사람입니다. 그분의 조림을 위한 혜안과 노력 덕택에 후세대의 수많은 사람들이 축령산 편백과 삼나무 숲에서 나오는 맑은 공기를 마시며 힐링의 혜택을 누리고 있는 것입니다.

전쟁은 인간이 이루어놓은 모든 것을 파괴합니다. 6·25 전쟁이 끝난 후 우리나라의 산림과 초목은 전쟁의 여파로 철저하게 파괴되어 온 산이 벌건 민둥산이었습니다. 특히 전라남북도는 전쟁 동안 남쪽으로 내려왔던 북한 군인들이 맥아더 장군의 인천상륙작전으로 퇴로가 차단되자 지리산을 중심으로 빨치산 활동을 치열하게 전개했던 지역입니다. 지리산은 전라남북도와 경상남도의 5개 시군에 걸쳐있고 둘레만도 320km에 달하는, 남한에서 가장 높고 거대한 산입니다. 전

쟁의 여파로 많은 사람들이 숨지거나 가슴 아픈 일들을 겪었던 슬픈 역사의 현장이기도 합니다.

전쟁이 끝나고 휴전이 된 이후에도 남한 정부에서는 국군과 경찰이 합동으로 빨치산 토벌을 위한 연합 작전을 벌여 많은 빨치산들이 죽거나 생포되었습니다. 또한 북으로부터 외면받고 보급로가 차단된 빨치산들이 지리산 빗점골을 중심으로 끝까지 맹렬하게 저항하여, 군경이 이들을 섬멸하고 은신처를 없애기 위하여 산을 불태우기도 하면서 지리산 근처에서 터전을 이루고 살던 주민 가운데 80만여 명의 이재민이 발생하기도 하였습니다.

전쟁의 상흔을 확인하기 위해서는 멀리 갈 필요도 없습니다. 연세대학교 뒷산 청송대聽松臺에 가면 6·25 전쟁 때 상처 입은 나무들의 흔적을 많이 볼 수 있습니다. 당시 연희대학교 본관이 인민군들의 서울 임시작전본부로 사용되었습니다. 수도 서울을 탈환하기 위한 국군과 유엔군 그리고 북한군 사이에 치열한 교전이 연희대학교 뒷산에서 벌어졌고, 무수한 포탄이 떨어져 청송대 뒷산의 나무들이 많이 상처를 받았습니다. 전쟁이 끝나고 60년이 지났지만, 지금도 각종 포탄의 상처를 입은 나무들의 표피에는 치유되지 않는 수많은 상처가 흉하게 남아 있습니다.

터키의 성 소피아 박물관[14]에 가면 이슬람을 홍보하는 안내 책자(Leaflet)에 '이슬람은 코란의 가르침에 따라 전쟁이 발생하더라도 나무를 상하게 해서는 안 된다'는 가르침이 적혀 있습니다. 모래와 돌밭이 가득한 사막 지역에서 그만큼 나무의 소중함을 강조하는 말입니다. 산에 나무가 있어야 산새가 와서 울고 사슴과 노루가 뛰놀며 숲이 우거집니다.

전쟁 후 폐허가 된 야산에는 나무가 거의 소실되었고, 아무런 산짐승들도 살 수 없는 민둥산뿐이었습니다. 이렇게 폐허가 된 야산에 고 「임종국」 선생은 푸른 숲을 이룰 희망을 가지고 사재를 털어 편백나무를 심고, 물지게를 지고 나르며 꿈을 가꾸었습니다. 축령산 편백나무 숲은 그의 땀과 눈물이 서린 곳입니다. 60여 년이 지난 지금 축령

14 성 소피아 박물관(Aya Sophia Museum or St. Sophia Museum): AD 360년 「콘스탄티누스 2세(Constantinus Ⅱ)」 때 세워졌으나 AD 532년 니카의 반란과 화재로 무너져 내린 것을 AD 563년 유스티아누스 황제 시대에 재건축했다. 터키의 콘스탄티노폴리스에 있는 비잔틴 시대의 대표적인 걸작으로, 로마의 성 베드로 대성당(Basilicaf St. Peter)이 지어지기 전까지는 세계 최대의 성당이었다. 황제의 대관식, 전승 기념행사 등에 사용되었으며, 정사각형의 벽 위에 원형의 돔을 올려놓았다. 내부는 대리석 기둥, 모자이크, 화려한 금박 등으로 장식되어 있고 중앙의 돔은 31m에 이른다. 오스만 제국의 터키 점령 이후 이슬람 사원으로 이용되다가 지금은 박물관으로 이용되고 있다. 현재 이곳에서는 어떠한 종교 행위도 금지되어 있다.

산은 아름드리 편백나무로 가득하고 산림 곳곳에 온갖 산새가 찾아와 지저귀며, 다람쥐와 산짐승들이 뛰어노는 낙원이 되었습니다. 편백의 향을 맡으며 자연을 즐기고 힐링하기 위해 전국에서 찾아오는 사람들의 발길이 끊이지 않는 곳입니다. 나는 고 「임종국」 선생의 미래를 바라본 혜안과 노고에 머리 숙여 감사하지 않을 수 없습니다.

산의 숲과 나무는 우리에게 많은 혜택을 줍니다. 산은 비가 오는 동안 산속에 깊숙이 흘러들어 간 물을 가득 담아두는 거대한 물 저장 탱크의 역할을 하고, 갈수기에는 맑은 시냇물을 조금씩 흘려보냄으로써 대지를 적시며 들녘의 젖줄이 되어줍니다. 숲 속에는 온갖 생물이 서식하며 먹이사슬 구조를 형성하여 생태계를 선순환시켜 줍니다. 무성한 숲과 나무는 인간에게 필요한 산소를 공급해주고 온갖 먹거리를 제공해줍니다.

카미노 길을 걸으면서 울창한 숲과 나무를 자세히 살펴보면 대부분이 자연림이 아니라 인공으로 조성된 숲이라는 놀라운 사실을 발견하게 됩니다. 특히 이곳 사람들이 '이칼립투스'라고 부르는 유칼립투스는 호주나 뉴질랜드의 야산에 많이 분포되어 있으며 코알라의 주요 먹이가 됩니다. 유칼립투스는 심은 지 15년 후면 하늘로 20~30m씩 꼿꼿하게 자라서 스페인의 종이 산업과 가구 산업에 기여하고 건축자재로 쓰이는 산업용 조림인 셈입니다. 이곳 사람들 표현에 의하면 돈이 되는 값비싼 나무입니다.

나는 5년 전 평양과 개성에 다녀온 적이 있습니다. 내가 본 북한의 산야는 온통 헐벗은 민둥산이었습니다. 산에 나무가 없으니 큰비가 오면 토사가 마구 흘러내려 논과 밭이 온통 흙과 자갈로 덮입니다.

토사가 흘러내린 산은 벌건 속살을 훤히 드러낸 민둥산이 되고, 흙과 자갈로 뒤덮인 논과 밭은 비가 올 때마다 자꾸만 황폐해져 악순환이 되풀이됩니다. 지금도 북한 지역에 홍수가 나면 임진강이 범람해서 북한의 귀중한 인명과 자산이 임진강 하구까지 떠내려오는 것을 목격합니다. 그런 산야를 돌아보면서 북한 주민들이 안쓰럽고 착잡하기만 하였습니다.

산의 고마움과 숲과 나무의 중요성을 다시 한 번 생각하게 하는 소중한 시간입니다.

Hospitalino 「Peter」와 「David」

10/25 제32일 라바날 델 카미노(Rabanal del Camino)

라바날 델 카미노는 인구가 채 50명도 안 되는 작지만 쾌적한 마을입니다. 라바날 델 카미노까지 가는 양 길옆에는 과수원이 많이 있고, 길가에 있는 대부분의 집에도 사과나무나 무화과나무 등 과목이 심겨 있어 마치 동화 속에 나오는 녹색 장원에 온 듯한 느낌을 줍니다. 이 마을의 알베르게 '가우셀모(Albergue Gaucelmo)'에 호스피탈리노로 자원봉사를 하는 영국인 「피터(Peter)」와 「데이비드(David)」가 있습니다. 나는 카미노 길을 걷는 동안 여러 명의 호스피탈리노로부터 다양한 친절과 도움을 받았습니다. 나도 언젠가는 호스피탈리노로 자원봉사하여 내가 카미노 길에서 받은 친절에 보답하겠다고 마음속으로 다짐했습니다. 그러하기에 이곳 '가우셀모 알베르게'에서 「피터」와 「데이비드」와 함께 하루를 지내며 그들의 하루 동안 이루어지는 일과를 지켜보기로 했습니다.

스페인의 카미노 길에는 숙소로 호텔(Hotel), 호스텔(Hostel), 하비타시온(Habitation), 알베르게(Albergue), 카사 데 루랄(Casa de Rulal) 등이 있지만 순례자들에게는 알베르게(Albergue)가 널리 사랑받고 있습니다. 알베르게란 산티아고까지 가는 동안 각 지역에 있는 순례자들만을 위한 저렴한 공동숙소입니다. 알베르게에는 대부분 취사할 수 있는 간단한 주방 시설이 구비되어 있으며, 뮤니시펄 알베르게(Municpal Alberge), 성당이나 수도원 또는 수녀원 부설의 알베르게, 사립 알베르게(Private Albergue)의 세 가지 종류로 분류할 수 있습니다.

그중 가장 많은 사람들이 선호하는 곳이 뮤니시펄 알베르게(Municpal Alberge)입니다. 뮤니시펄 알베르게는 지역 혹은 마을의 자치단체에서 주관하여 운영되는데, 가격은 5유로에서 12유로 정도로 저렴하지만 시설과 숙소 상태가 양호한 편이고 호스피탈리노들이 자원봉사자들인 경우가 많습니다. 두 번째가 성당이나 수도원 또는 이들에 부속되어 운영되는 알베르게로 10유로 이내의 저렴한 비용을 받거나 기부제로 운영되는데, 시설과 숙소 상태는 양호하며 각기 독립적으로 운영되지만 그 숫자가 그리 많은 편은 아닙니다. 가장 널리 분포되어 있는 것이 사립 알베르게입니다. 개인이나 기관이 영리를 목적으로 건물을 세우거나 주택을 개조하여 운영하며, 가격도 10유로에서 20유로로 다소 비싼 편이고 시설 상태도 알베르게

마다 달라 어디가 좋다고 단정적으로 말할 수는 없습니다.

「피터」와 「데이비드」가 자원봉사자로 일하는 '가우셀모 알베르게'는 영국 런던에 순례자 협회 본부를 두고, 런던에서 자원봉사자를 선발하여 업무 매뉴얼을 교육시킨 후에 파견하되, 행정과 예산이 완전히 독립되어 자체적으로 운영되는 특이한 형태의 알베르게입니다. 도네이션제로 운영되기 때문에 순례자는 그냥 나가든 1,000유로를 내든 완전히 자유입니다. 대부분의 순례자들은 5유로 내지 10유로를 낸다고 합니다.

「피터」는 67세의 영국인으로 4명의 자녀와 6명의 손자를 두고 있으며 의사로서 정년퇴직한 후 자원봉사자로 일하고 있고, 「데이비드」 역시 63세의 영국인으로 미국계 컴퓨터 회사에서 전 세계 컴퓨터 회사의 엔지니어링(Engineering)을 했던 유능한 사람입니다. 이 두 사람이 '가우셀모 알베르게'의 관리·운영·재정과 그 이외의 모든 일을 책임지고 운영합니다.

런던에 순례자 협회 본부를 두고 있는 알베르게의 호스피탈리노가 되기 위해서는 먼저 런던에 자비로 가서 2~3일 정도 업무 매뉴얼을 교육받아야 합니다. 그런 다음 호스피탈리노로 배정된 기관에 가서 자원봉사를 하며, 다음 팀이 파견되어 올 때까지 3~4개월 동안 알베르게의 모든 운영을 책임지고 자체적·독립적으로 운영해야 합니다.

「피터」와 「데이비드」가 가장 먼저 하는 일은 아침 6시에 기상하여 7시부터 순례자에게 아침 식사를 제공하는 것입니다. 식사가 끝난 후

식당 청소 및 정리, 떠나는 순례자 배웅, 아침 9시부터 전일 숙박한 사람들의 침대 시트와 베게 시트 교체 및 청소, 바닥 청소, 화장실 청소, 샤워실 청소, 비누 준비 및 공급, 그리고 11시부터 새로 방문하는 순례자 접수·안내, 코시나(Cocina)라고 하는 주방과 화장실 및 샤워장 이용 안내, 불편사항 접수, 인근 지역 정보 제공과 안내 등 잡다한 모든 일들을 밤 9시까지 합니다.

밤 9시가 되어 순례자들의 코시나 이용이 끝나면 정리 및 청소, 다음 날 아침 식사를 위한 식탁 정리, 빵·우유·차와 과일 준비, 식탁 세팅, 그리고 밤 10시에 문을 닫아 그날의 일과를 종료하고 다음 날을 위한 행정과 준비 사항을 점검합니다. 남을 위한 봉사가 말처럼 쉽게 이루어지는 것이 아니라는 생각이 들었습니다.

문제는 도네이션 제도를 악용하여 침대와 식사, 화장실과 샤워장 이용, 코시나 이용, 아침 식사 등 모든 서비스를 무료로 제공받고 돈 한 푼 안 내고 나가는 순례자가 전체 순례자의 10% 정도 된다고 합니다. 때로는 저녁에 치킨이나 스테이크를 굽고 와인을 즐기며 파티를 하던 순례자들이 아침에는 돈 한 푼 없다며 그냥 나가는 경우도 종종 있다고 합니다. 그래도 두 사람은 그런 인색한 사람들조차 돌보는 데 주저하지는 않는다며, 다만 재정이 어려워 문을 닫는 경우가 있어 안타깝다고 말하였습니다.

그러면서 그 모든 관리 책임을 맡고 있는 호스피탈리노의 관리 운영 감각이 무엇보다도 중요하다고 두 번씩이나 강조하며 조언해 주었습니다. 나도 호스피탈리노가 되어 자원봉사에 참여해야겠다고 생각하면서도, 「피터」와 「데이비드」가 하는 엄청난 하루 일과를 생각하니 그 많은 일을 내가 할 수 있을까 망설여지며 걱정스러운 마음이 앞섭니다.

그렇지만 남을 위한 봉사는 하나님께서 우리에게 기쁨을 경험하라고 주신 선물이라고 생각됩니다. 「예수」도 제자들의 발을 씻어주며 섬김의 리더십(Serving Leadership)을 몸소 보여주셨습니다. 이날 나는 「피터」와 「데이비드」가 하는 일을 때로는 지켜보고 때로는 도와주는 등 24시간을 함께하면서, 장차 내가 호스피탈리노로서 해야 할 일을 보고 배운 것을 보람으로 생각했습니다.

무공해 풍력 발전

10/26 제33일 라바날 델 카미노(Rabanal del Camino) ~엘 아세보(El Acebo) 17km 7h

아침 7시 20분에 「피터(Peter)」와 「데이비드(David)」의 배웅을 받으며 알베르게를 나섰습니다. 아직도 사방은 캄캄합니다. 오늘부터 서머타임(Summer Time)이 해제되어 1시간씩 뒤로 돌아간다고 합니다. 새벽하늘 아래 멀리 칸타브리아 산맥으로 이어지는 산 능선 곳곳 풍력 발전기에서 깜박이는 비상등 불빛이 마치 레이저 쇼를 보는 듯합니다. 어두운 새벽에 깜박이는 불빛을 바라보니 낮에 보는 것보다 풍력 발전기 숫자가 훨씬 더 많아 보입니다.

두 시간 가까이 나지막한 언덕길을 오르니 주변의 커다란 나무들도 점차 사라지고 사람이 거의 살지 않는 황량한 마을 폰세바돈(Foncebadon)에 도착했습니다. 폐허의 무너진 벽돌집들이 늘어선 길을 따라 오르다 보니 크루스 델 페로(Cruz del Ferro)에 이르고, 멀리 높이 세워진 나무 기둥 꼭대기에 철 십자가상이 외롭게 서 있습니다. 카미노 길의 상징적인 기념물 중 하나라고 합니다.

철 십자가상 주변은 돌무더기가 수북하게 쌓여있고 그 주변이 평평합니다. 주변이 평평한 이유는 천여 년간 이 길을 지나간 수많은 순례자들이 돌멩이를 주워 십자가 주위에 쌓아 놓고 소원을 빌었기 때문이라고 합니다. 그러나 요즈음엔 순례자들이 고향에서 가져온 돌에 소원을 적어 철 십자가상이 있는 돌무덤위에 올려놓고 소원이 이루어지기를 기도한다고 하는데, 실제로 돌무덤 주위로 여기저기 소원을 적어 올려놓은 돌들이 수북이 쌓여있습니다.

원래 고지대인 이 언덕의 정상에는, 선사 시대에는 제단이 있었고, 로마 시대에는 칼과 교차로의 신이자 죽음의 신인 「메르쿠리우스」를 모시는 사제들의 제단이 있었다고 합니다. 다신교 신봉자들인 로마 여행자들은 이곳을 지날 때 「메르쿠리우스」에게 자갈을 제물로 바쳤고, 이 풍습은 갈리시아인들에게도 계속 이어졌다고 합니다. 그 후 가우셀모 수도원장이 이곳에 십자가를 세우면서 중세의 순례자들은 십자가에 경배하며 고향에서 가져온 돌을 이곳에 올려놓고 소원을 빌며 기도했다고 합니다.

양의 동서를 막론하고 절대자를 향한 구원의 외침과 나약한 인간이 도움을 요청하는 기도의 형식은 비슷한가 봅니다. 우리나라나 일본에서도 산길을 걷다 보면 이와 비슷한 모양의 돌탑이나 돌멩이를 쌓아놓은 것을 자주 볼 수 있습니다. 인간은 겉으로는 강인해 보여도 그 내면은 나약하여 절대자에게 의존하고 싶어 하는 심성이 반영된 것이라고 생각됩니다.

철 십자가상을 지나 오르막과 내리막으로 이어지는 길을 40분가량 걸으면 해발 1,500m의 고지대에 폐허처럼 보이는 건물들이 있는 만하린(Manjarin)이 나오고, 서쪽으로 멀리 시야가 확 트이며 굽이굽이 광활한 산들이 겹쳐서 보입니다. 만하린을 지나 황량한 산을 내려오는 길가에는 언뜻 보면 폐가 같지만 작고 허름하게 꾸며진 알베르게가 있습니다. 이 길을 지나던 호스피탈리노가 폐허가 된 집을 개축하여 저녁 늦은 시간 이곳을 지나는 순례자들에게 숙소로 제공한다고 합니다. 하루쯤 문명과 동떨어진 이런 곳에 머물며 삶과 인생의 문제에 대하여 진지하게 생각해보고, 낯선 카미노 동료들과 대화를 나누고 싶은 느낌이 들 만큼 고즈넉하였습니다.

이어서 두 시간 가까이 험준한 돌밭 내리막길이 이어지더니, 길 저편 초록색 초원 위에 검은색 석판으로 지붕을 덮은 스페인식 전통 가옥 마을 엘 아세보가 눈에 들어왔습니다. 엘 아세보는 워낙 오지에 있다 보니 옛날부터 가톨릭 왕명에 따라 세금과 군대 징집을 면제받았다고 합니다. 대신에 산티아고로 가는 순례자들을 위하여 숙소와 바 등 편의시설을 제공하며 겨울철 카미노 길이 눈 속으로 사라졌을 때 길을 표시하는 말뚝을 세워놓아야 했다고 합니다.

카미노 길을 걷다 보면 풍력 발전기가 스페인 전역의 들과 산허리, 산 능선 곳곳에 세워져 빙글빙글 돌아가는 것이 눈에 자주 띕니다. 이곳 칸타브리아 산맥으로 이어지는 산 능선에도 어김없이 풍력 발전기가 많이 세워져 있습니다. 풍력 발전기는 바람의 세기에 따라 날개가 빙글빙글 돌아갈 때마다 돈(€)이 뚝뚝 떨어지는 무공해 친환경 전력 산업입니다. 또, 한 번 설치하면 수십 년간은 재투자하지 않고도 에너지를 지속적으로 얻을 수 있는 반영구적인 에너지 산업입니다.

바람이 많은 스페인의 자연조건은 저비용으로 무공해 전력을 생산하는 풍력 발전의 보고입니다. 머리를 들어 사방을 둘러보면 어디에서든 풍력 발전기가 세워져 바람에 따라 빙글빙글 돌아가고 있으니 말입니다. 풍력 발전기는 비바람이 칠 때는 날개가 더욱 쌩쌩 돌아갑니다. 이런 풍력 발전기가 스페인 전역에 무수히 세워져 있으니 각 지역에서 생산되는 전기를 모은다면 대단한 양의 전력이 되리라고 생각됩니다.

우리나라는 전기를 얻기 위하여 매년 수백억 달러를 소비합니다. 우리나라의 전기 발전 산업 비중은 2015년 3월 현재 원자력에서 29.2%, 기름을 쓰는 화력 발전에서 44.91%, 복합화력(LNG)에서 22.2%, 수력 발전에서 1.2%, 태양광 및 풍력에서 2.4%, 내연기관(가솔린)에서 0.2%를 얻는다고 합니다.

나는 인류 문명에 획기적인 변화와 발전을 이루는 데 크게 기여한 「에디슨 (Thomas Alva Edson)」의 여러 가지 업적에 감사하지만, 그중에서도 전기를 발명한 업적에 크게 감사합니다. 전기를 발견했다고 해야 할지 발명했다고 해야 할지의 판단은 과학자가 규명해야 할 몫으로 맡겨야 하겠습니다.

전기가 없는 세상을 상상해보십시오. 각종 산업과 가정에 전기가 공급되지 않는 세상은 지금과는 사뭇 다를 것입니다. 전기가 공급되지 않는다면, 우선은 각종 산업 현장의 작동이 중단되고 생산 라인이 멈추었을 것입니다. 각종 연구소와 교육 활동이 크게 위축되고 지금과는 사뭇 다를 것이며, 많은 사람들이 직장을 잃고 거리를 헤맬 것

입니다. 철도, 전철, 비행기 등 교통수단이 인력과 축력으로 대체되었을 것이고, 은행과 증권 등 금융권의 산업이 원시 시스템으로 돌아갔을 것입니다. 아파트의 엘리베이터나 휴대전화를 비롯한 각종 멀티미디어는 개발되지도 않았을 것이고, 수도 공급이 중단되었을 것입니다. 냉장고, 세탁기, 진공청소기 등 가전제품은 발명되지도 않았을 것입니다. 촛불이나 석유 등 원시 조명을 이용할 것이고, 우리 사회는 원시로 돌아가서 생활하는 문명 시계 제로의 상태가 되었을 것입니다. 한마디로 인류 문명의 재앙과 같은 상태입니다. 이렇게 고마운 전기를 사용하기 위해 우리는 공해를 일으키고 안전과 환경 문제를 심각하게 안고 있는 원자력과 화력에 많은 부분을 의존하고 있습니다.

일본 후쿠시마 원자력 발전소의 방사선 누출 사고는 후쿠시마는 물론 일본인 모두에게 재앙과도 같이 심각한 사고이며, 바다로 흘러나간 원전 오염수는 세계 바다를 오염시켜 바다의 생태계를 위협하고 있습니다. 사고가 발생한 지 4년이나 지났지만 후쿠시마 원전 복구는 요원하기만 합니다. 그러나 스페인에서는 산등성이와 평야에 널려있는 수만 기의 발전기에서 빙글빙글 돌아가는 무공해 풍력 발전과 태양열 발전으로 저렴하고 안전하게 생산한 전기를 각종 산업 현장과 기업체와 가정에 공급하고 있습니다. 한마디로 부러울 뿐입니다.

이 풍력 발전기 한 기를 세우는 데 약 30억 원 정도의 비용이 들어간다고 합니다. 노르웨이나 스웨덴 등 북유럽을 방문하면 자원이 많은 국가들도 미래의 에너지 보고인 이 풍력 발전과 태양열 발전에 많은 투자를 아끼지 않는 것을 볼 수 있습니다. 이 풍력 발전기 설비의 일부를 우리나라 P 사의 S 사장이 만들어서 세계 시장에 공급하고 있습니다. 태양열 발전에도 대기업들이 참여하여 많은 연구와 투자가 상당히 진행되고 있습니다. 환경과 공해 문제로 몸살을 겪으면서도 에너지 산업에 매년 막대한 비용을 투입하고 있는 우리나라에서도 풍력과 태양열 그리고 조력 발전에 보다 많은 연구와 투자를 아끼지 말아야 할 것입니다. 그것은 우리나라가 땀 흘려 소중하게 번 외화를 절약하고, 각종 안전사고와 공해의 위협으로부터 우리의 건강과 소중한 생명을 지키며, 깨끗하고 살기 좋은 환경을 후손들에게 물려주기 위해 우리 세대들이 해야 할 의무입니다.

손해의 경제학

10/27 제34일 엘 아세보(El Acebo) ~ 폰페라다(Ponferrada) 15.5km 6h

호텔 같은 알베르게에서 기분 좋은 아침을 맞이했습니다. 아니, 그보다도 전망 좋고 산의 향기와 정기가 흠뻑 느껴지는 그림 같은 알베르게에서 아침 햇살을 받으며 일어나니 더욱 기분이 좋습니다. 좌우로 확 트인 산등성이에 위치해 있어서 잘 조성된 골프장의 클럽하우스(Club House)를 연상시킵니다. 게다가 국제 규격에 가까운 수영장까지 딸린 알베르게라니….

사실은 어제 무리를 해서라도 카카벨로스(Cacabelos)까지 가려고 계획했었습니다. 그런데 칸타브리아 산맥으로 이어지는 만하린 언덕의 험준한 내리막 돌밭 길을 내려오면서 무릎과 발목과 발가락이 많은 인내를 요구했습니다. 더 이상 가서는 다음 날 일정에 무리가 오겠다는 경계 신호가 발가락으로부터 전달되어 망설이던 차에, 그림 같은 알베르게와 예쁜 마을을 보니 발걸음이 더 이상 떨어지지 않았습니다.

순례길 초기 프랑스 생장 피데포르를 출발하여 오리손 산장을 예약해놓고도 풍치 좋은 오리손에서 머물지 못한 아쉬움이 있던 터에, 그곳에 버금가는 알베르게를 보니 탄성과 함께 발걸음이 저절로 향했습니다. 배낭을 풀어놓고 수영장의 차가운 물 속에 들어가 뼛속까지 시원해지는 수영을 한바탕 즐긴 후 마을을 순례했습니다. 깨끗하게 새로 조성된 스페인풍이 물씬 풍기는 시골 전원 마을이었습니다.

이 산골 깊숙한 곳에 순례자들의 발길이 끊긴다면 너무도 고요할 것 같고 마을의 존속도 위태로울 것 같습니다. 그런 측면에서 본다면 스페인이 순례자들을 위하여 여러 가지 측면에서 도움을 주기도 하지만, 수많은 순례자들이 이 나라 경제 활성화에 기여하고 있음도 틀림없는 사실입니다. 순례자들의 발길이 닿는 곳마다 호텔, 알베르게, 바, 마켓, 그리고 레스토랑이 성업하고 있어 서로에게 긍정적인 상생의 효과를 주고 있으니 말입니다.

이탈리아나 프랑스에도 스페인만큼 많지는 않지만 알베르게가 존재한다고 합니다. 그만큼 예로부터 순례자들이 많이 있었고 이들을 배려하기 위한 시설들이 있었던 점을 고려하면, 신앙심 깊은 사람들이 순례하는 자들을 위하여 배려했던 온정은 옛 시절부터 후했었나 봅니다.

동행하며 만났던 LA에서 온 재미교포 청년과 독일에서 온 중년 여성들, 그리고 칠레에서 온 미모의 처녀들과 같은 알베르게 레스토랑에서 저녁을 함께했습니다. 재미교포 청년이 말했습니다. "아니, 이 알베르게의 주인은 이런 외진 곳에 호텔이나 골프장 클럽하우스 수준의 값비싼 투자를 해놓고 알베르게를 운영하다니 경제의 손익 개념도 없는 모양이다."라고….

나도 그런 생각이 들기는 합니다. 그러나 내가 아는 독일인은 알베르게가 없는 열악한 지역에 숙소를 세워 순례자들을 도와달라며 100만 유로를 기부했습니다. 사람이 살아가는 것을 오직 경제의 손익 개념으로만 설명할 수 있는 것은 아닙니다. 자신에게는 아무런 이해관계가 없고, 때로는 손해나는 결정일지는 모르지만, 그러한 기부 행위는 카미노 길을 걷는 많은 사람들에게 도움과 혜택을 주어 사회가 밝은 방향으로 갈 수 있도록 기여하는 것입니다. 노블레스 오블리주의 정신을 카미노 길 위에서 실천한 것입니다. 이런 흐뭇한 소식이 들릴 때마다 마음속으로부터 신선한 감동과 희열이 솟아오릅니다.

가깝게 지내는 지인 중에 주식회사 장풍의 「서정락」 회장이 얼마 전 「손해의 경제학」이라는 책을 출간했습니다. “비즈니스와 인간관계에서 당장은 내가 손해 보는 듯한 의사결정을 하더라도 나중에는 큰 이익으로 돌아오는 경우가 많이 있다”며 삶에서 중요한 것은 이해관계가 아니라 인간관계라는 점을 강조했습니다. 비즈니스를 하거나 기업을 경영하고자 하는 후학들에게는 참고가 될 만한 좋은 책입니다. 나도 그의 책을 읽고 잔잔한 감명을 받았습니다.

그렇습니다. 우리가 살아가면서 때로는 손해 보는 듯한 의사결정을 하더라도 당장은 손해처럼 느껴지지만, 손해나는 듯 맺었던 인간관계가 훗날 큰 이익을 가져다주는 경우가 자주 있습니다. 손해나는 의사결정이 반드시 이익으로 돌아온다고 단정하기도 어렵지만, 다면적인 인간관계의 틀을 손익의 개념으로만 받아들여서는 안 된다는 저자의 주장에 완전히 동의합니다.

우리 삶의 구조 대부분은 상대방과 끊임없이 관계를 맺으며 살아가게 되어 있습니다. 부모와의 관계, 자녀와의 관계, 학문과의 관계, 스승과의 관계, 벗과의 관계, 상사와의 관계, 부하 직원과의 관계, 연인과의 관계, 직장과의 관계…. 관계의 대상과 어떤 관계를 맺느냐에 따라 일의 성패가 결정되고, 행복과 불행이 결정되고, 인생의 미래가 좌우됩니다. 그런데 잘 생각해보면 관계의 대부분은 인간관계입니다. 살아가면서 인간관계가 얼마나 중요한 요소인가를 다시 한 번 통절히 인식하게 됩니다.

나는 삶의 현장에서 우리의 정신과 육체를 지배하는 것이 이성적 판단이 우선인가 아니면 본능적 욕구가 우선인가를 종종 자문합니다. 지성인이라고 자부하는 대부분의 사람들은 본능적 욕구보다 이성적 판단이 우선이라고 대답하고 싶겠지만, 나는 이성적 판단보다는 본능적 욕구가 우리의 정신과 육체 속에 더욱 강하게 작용하고 있다고 생각합니다. 다만 본능적 욕구를 이성적 판단이 제어하여 억제하고 있을 뿐입니다.

경쟁의 세계나 법의 사각지대인 어두운 골목, 한적한 고속도로, 또는 인적이 드문 산골짜기에 가서 보면 인간이 얼마나 본능적이고 이기적인 심성을 가지고 있는지를 잘 엿볼 수 있습니다. 그러하기에 우리 인간에게는 자유의지에 기초한 이성도 중요하지만, 냉철한 사고와 도덕에 기초한 선량한 양심과 종교가 필요하다고 생각합니다. 비록 순간적으로는 본능적인 욕구를 억제하는 것이 불편하고 손해인 것처럼 인식될 수도 있습니다. 그러나 공공의 이익을 위해 당장은 손해처럼 생각되는 의사결정을 하는 것은 미래에 맞이할 우리 모두의 밝은 사회를 지향한 올바른 선택이라는 사실을 강조하고 싶습니다.

호텔 같은 알베르게를 막 벗어나는데 출구에 「하인리히 크라우스(Heinrich Krause)」를 기리는 자전거 모양의 철제 조형물이 눈에 뜨입니다. 산티아고를 향해 자전거를 타고 가다가 이곳에서 생을 마감한 독일인 하인리히 크라우스를 기리기 위한 조형물입니다. 카미노 길을 가다가 보면 순례 도중에 생을 마감한 많은 사람들의 안타까운 사연과, 그들과 삶을 나누며 사랑했던 가족과 지인들의 애끓는 사연이 담긴 비문들을 자주 보게 됩니다. 우리는 이 땅에서 100년 미만의 짧은 삶을 살다가 가지만, 한 개인의 삶이 여러 사람들의 기억 속에 의미 있게 기억된다면, 그리고 카미노 길 위에서 카미노 역사의 한 면을 채우는 사람으로 인식된다면 그것만으로도 충분히 행복한 삶을 산 사람일 것이라고 생각됩니다.

고맙지만 고맙지 않았던 친절

10/28 제35일 폰페라다(Ponferrada) ~비야프란카 델 비에르소(Villafranca del Biezo) 23.5km 8h

고맙지만 고맙지 않은 이상한 친절을 체험했습니다. 폰페라다에 UNCD 대학교가 있고 이웃하여 레온 대학의 폰페라다 분교 캠퍼스가 있습니다. 이곳에 온 기회에 두 대학교 캠퍼스를 들러보고 세요(sello: 방문을 확인하는 도장)를 받기 위해 찾아갔으나 UNCD 대학교는 문이 굳게 잠겨있었습니다. 이곳에 와서 카미노 길을 오래 걷다 보니 시간과 날짜 개념이 없어졌나 봅니다. 일요일인 줄 모르고 방문한 것입니다.

비상 근무하는 교직원이라도 있나 싶어 여기저기 문을 두들겨 보았으나 아무런 응답이 없었습니다. 휴일이기에 모두 출근을 안 하는가 봅니다. 레온 대학의 폰페라다 분교 캠퍼스는 열려있었고 교직원이 근무하고 있었습니다. 대학은 시대의 지성을 반영하는 진리 탐구의 전당이며, 실험 실습을 통한 창조의 요람인 동시에 사회의 목탁이 되어야 합니다. 대학 캠퍼스에 불이 꺼지고 문이 닫혀있는 날이 하루라도 있어서는 안 된다고 생각합니다.

되돌아서서 오려고 하는데 어떤 스페인 사람이 UNCD 대학교 주차장에 차를 주차하는 것이 보였습니다. 혹시 하는 마음으로 다가가서 이곳 교직원인가 하고 말을 건넸으나 스페인어 외에는 전혀 알아듣지 못합니다. “영어를 못 합니다(No habla English).”만 되풀이합니다. 손짓 발짓으로 이곳에 세요를 받는 곳이 어디인가 하고 물었더니 그는 세요는 알아들었는지 “카미노 순례자에게 세요는 중요한 것”이라며 따라오라고 합니다.

손에 간단한 짐을 들고 있는 것으로 보아, 그가 이 대학교 교직원이거나 근처에 살고 있는 주민으로 생각하고 따라갔습니다. 점점 대학 캠퍼스와는 멀리 떨어진 곳으로 갑니다. 이곳 말고도 다른 곳에 캠퍼스가 있는가 싶어 따라가다 보니 점점 의구심이 들었습니다. 세요는 어디에 있는가 하고 다시 물었습니다. 그는 알았다며 걱정 말고 따라오라는 것입니다.

상대방이 친절을 베풀며 길을 안내해주는데 자꾸 의심하는 것도 예의가 아니다 싶어 따라갔습니다. 「산토도밍고 대학」 캠퍼스가 나오고…. 족히 3km는 걸었습니다. 이윽고 가리키며 안내해주는 곳을 보니, 아뿔싸! 성당에서 운영하는 알베르게였습니다. 순례자 복장에 배낭을 메고 있으니 알베르게를 찾고 있는 중이라 생각하고 이곳으로 안

내해 준 것입니다. 모든 알베르게는 순례자 여권에 세요 스탬프를 찍어 순례자임을 확인해준 다음 숙소를 배정해줍니다. 언어가 통하지 않는 사람과의 잘못된 커뮤니케이션 결과입니다. 어이가 없었습니다. 하지만 이 사람이 잘못한 것은 아닙니다. 그로서는 최대한의 친절을 베풀겠노라고 3km나 되는 먼 길을 걸어서 이곳까지 안내해 주었으니, 그는 원래의 자리로 가려면 다시 3km를 걸어가야 합니다.

그는 원하는 목적지까지 안내해 주었으니 이제 잘 가라는 표정으로 "부엔 카미노!"(Buen Camino!) 하고, 좋은 일을 한 후의 뿌듯한 표정으로 악수를 청하였습니다. 나는 어이가 없었지만 그의 손을 잡고 굳세게 흔들며 "대단히 고맙습니다! 안녕히 가세요. 좋은 일 있으시기 바랍니다!"(Muchas gracias! Nos vemos. Que te vaya buen!) 하고 무척 고마운 표정을 억지로 지어 보였습니다. 그는 몇 번이나 뒤돌아서서 손을 흔들며 어서 들어가라는 신호를 보냈습니다.

어차피 이곳에서 하루를 묵을 계획이었습니다. 안에는 작지만 아름다운 정원과 수확 중인 포도가 주렁주렁 매달린 포도나무가 있었고, 알베르게의 시설과 환경도 좋은 편이었습니다. 성당 부속으로 운영되는데 아마도 예전에는 미사 드리는 성당으로 사용된 듯합니다.

며칠 전에도 이와 비슷한 친절을 경험한 적이 있습니다. 레온 구시가지에서 숙소를 찾으려고 길을 물어보고 있는데 한국 학생들을 만났습니다. 그들도 숙소를 찾아 헤매고 있는 중이었습니다. 나를 따라오라고 호기롭게 말했습니다. 지도를 가지고 찾아가지만 레온 구시가지 도심이라서인지 미로가 너무 많고 복잡했습니다. 스페인 도심 길

이 미로처럼 복잡한 이유는 적군이 침입해 왔을 때 도시 전체를 방어벽으로 활용하기 위하여 미로를 만들고 도로 폭을 좁게 만들었기 때문이라고 합니다. 도로 하나에도 생존을 위한 지혜가 숨어있구나 싶었습니다.

이곳 주민에게 길을 물어보니 안내해준 곳이 여름 방학에만 알베르게로 운영되는 대학 캠퍼스였습니다. 다시 영어를 알아들을 듯이 말쑥하게 생긴 신사에게 물었으나 영어를 거의 이해하지 못했습니다. 이곳 사람들 대부분은 특별한 목적으로 영어를 공부하지 않는 한 영어가 통하지 않는 듯싶었습니다. 서투른 스페인어로 물으니 한참 방향을 가르쳐주며 설명했습니다. 언어가 서로 통하지 않는 것은 바벨탑을 쌓아놓은 죄로 언어를 흩트려 놓으신 하나님의 실수(?)라며 답답한 표정으로 돌아서려는데, 그 신사가 자기를 따라오라며 앞장섰습니다.

골목길을 이리저리 족히 20분은 걸었습니다. 그의 옆에는 일곱 살가량 된 예쁜 딸이 있었습니다. 그의 딸은 아빠가 자기와 놀아주지 않는다며 칭얼거립니다. 굳이 표현한다면, 외국인에게 길 안내를 해주

느라 자기와 기꺼이 놀아주지 않는 아빠가 밉다는 표정입니다. 아이에게 미안하여 우리가 스스로 찾아가겠노라고 말하고 딸과 함께 놀아주라고 하는데도 그 친구는 딸을 어깨 위에 들쳐 메고는 앞장서며 따라오라고 합니다. 한참을 걸은 후에 이곳이라고 말해주는데, 안내판도 선간판도 없이 벽면에 순례자 표시인 조개껍데기 하나만 문 앞에 달랑 걸려있었습니다. 누가 보아도 그냥 지나칠 만합니다.

그의 수고에 고맙다고 인사하며 그의 예쁘게 생긴 딸에게 아이스크림이라도 하나 사주려고 하는데 한사코 사양하며 돌아섭니다. 그의 친절한 마음씨에 감사할 뿐입니다. 참 고마운 사람입니다. 그러고 보면 이곳 사람들은 외국인에 대해서 매우 친절합니다. 누구에게 무엇을 물어도 친절하게 대답해주고, 가르쳐주고, 안내해줍니다.

이 길을 걷기 전에 잠시 들렀던 파리에서의 지하철이 생각납니다. 아는 사람에게는 익숙하고 쉬운 길이겠지만, 외국인에게는 복잡한 파리 지하철이 무척 생소합니다. 길을 물어도 불어가 아니면 의사소통이 매우 힘들고, 바쁜 파리지엥들의 대답이나 태도도 냉랭합니다. 길을 잘못 가르쳐준 친절 덕분에 나는 여러 차례 고생한 적이 있습니다. 묻는 사람이나 대답하는 사람이나 벽을 더듬는 느낌이었습니다. 하기야 파리 시내를 돌아다니는 사람들의 70%가 외국에서 온 사람들이라고 하니, 그들도 모르기는 마찬가지일 것이라는 생각도 듭니다.

우리가 생활하면서 잘못된 지도자를 만나면 그를 따르는 모든 사람이 고통을 골고루 나누어 가지게 됩니다. 모르면 가르쳐 주지 않는 편이 훨씬 낫습니다. 그러나 스페인 사람들은 다릅니다. 가던 길을 되돌아가서라도 친절하게 안내해주는 경우를 자주 체험했습니다. 오늘 스페인 사람에게서 받은 친절은 그의 뜻은 고마웠지만, 마음속으로는 고맙지 않은 친절이었습니다.

사라져 가는 언어

10/29 제36일 비야프란카 델 비에르소 (Villafranca del Biezo) ~ 라 파바(La Faba) 26.5km 9.5h

이른 새벽 비야프란카 델 비에르소를 출발했습니다. 비에르소에는 아름다운 초원과 숲이 많으며 포도밭이 광활하게 펼쳐져 있습니다. 근처에 포도밭이 많아서인지 와인 저장고도 눈에 자주 띕니다. 주변에는 예전에 상당히 고급스러운 주택이었을 것으로 추정되는 명문가의 집들도 많이 있고, 집 앞에는 그 가문을 상징하는 것으로 보이는 문장들도 자주 보입니다.

비에르소에서 페레헤(Pereje)까지 6km는 완만한 경사 길을 올라가야 합니다. 산속으로 들어오니 높은 산으로 둘러싸인 맑은 계곡을 따라 흘러내리는 시냇물이 때로는 속삭이듯 졸졸졸 흐르다가도 어느 순간 폭포처럼 콸콸콸 쏟아져 내려옵니다. 깊은 계곡이어서인지 시냇물이 옥류처럼 맑고 투명했습니다. 이렇게 맑은 물에는 가재나 무지개송어도 많이 살 것 같아 바닥이 훤히 들여다보이는 물속을 한동안 물끄러미 바라보았습니다.

이렇게 아름다운 계곡을 따라 26여 km를 가는 동안 길 양옆으로 펼쳐지는 산세는 마치 설악산 오색약수 길을 따라 걸어가는 듯 상쾌하고, 공기 또한 그보다 더 맑을 수가 없었습니다. 이렇게 기분 좋은 길이 3시간 가까이 이어지더니 밤나무 숲 터널이 나왔습니다. 바닥에 밤이 즐비하게 떨어져 널려있었습니다. 예전 우리나라에서는 밤이 감, 사과, 대추, 은행과 함께 농가 소득을 올려주는 귀한 작물이었습니다. 그러나 이곳에서는 밤이 바닥에 널려있어도 이를 줍거나 따려고 시도하는 사람조차 없습니다.

맑은 계곡 물을 바라보면서 문득 농민운동가 「배민수」 박사의 부친인 「배창수」 씨가 생각났습니다. 「배창수」 씨는 일제 강점기 초기에 항일 독립운동을 하다가 서대문형무소에서 옥사한 독립운동가입니다. 「배민수」 박사가 12살 때였다고 합니다. 「박노원」 목사가 집필한 「배민수 자서전」에 의하면, 「배민수」 박사는 어린 시절 청주 감영에서 일하는 부친을 따라 청주에서 살았다고 하며, 여름에는 맑은 시냇가에서 천렵을 하고 겨울에는 떡을 해 이웃과 나누어 먹으며 유복한 시절을 보냈다고 합니다.

천렵! 신세대들에게는 잊혀가는 단어입니다. 여름철 맑은 냇가에서 물고기를 잡아 수제비를 넣고 매운탕을 끓여 여름철 보신 음식으로 나누어 먹었던 음식이자 놀이 문화의 하나였습니다. 잊혀가는 단어를 얘기하라면 참으로 많습니다. '석가래, 물래, 고무래, 무릇, 여물, 멍석, 홍두깨, 쇠스랑, 둠벙, 도랑, 다랭이, 이랑, 채반, 길쌈, 총울치' 등….

모두 정겹지만 가슴 애잔한 추억이 묻어있는 단어들입니다. '보릿고개'도 사라진 단어입니다. 가을 추수 이후 보리가 나오는 이듬해 봄까지 식량이 부족하여 보리 추수기를 넘기기가 어려웠던 시절, 당시 많은 사람들이 보릿고개를 넘기 위해 여유 있는 부잣집에서 보리 한 섬을 빌려 먹고 가을 추수 후에 쌀 한 섬으로 되갚아주던 제도입니다. 그 당시 쌀값은 보리값의 두 배 이상이었으니 상당한 고리인 셈입니다. 그러고 보니 '섬'이라는 용어도 우리 사회에서 사라진 지 오래되었습니다. 지금 용어로 '가마'인데, 가마라는 용어도 사라졌습니다. 쌀 한 가마는 열 말입니다. 한 말은 8kg인데 '말'이라는 용어도 이제는 사용하지 않습니다. 1960년대 우리나라 농촌에서 가내수공업의 대명사처럼 쓰였던 '총울치'라는 단어도 이제는 우리 사회에서 사라졌습니다. 칡의 껍질을 벗겨 말려서 실처럼 이어 밧줄이나 직물 등을 만들 때 사용되었던 원료입니다.

원로교수 「김형석」 님의 특강에서 들은 말이 기억납니다. 현재 지구상에는 사라져 가는 언어가 많이 있다고 합니다. 지금부터 오백 년 후에 얼마나 많은 언어가 지구상에 존재할 것인가 하는 물음을 제기했었습니다. 문화가 발전하고 인구가 많은 나라일수록 언어가 오래 존속된다고 합니다. 지구 상에서 가장 많은 사람이 사용하는 언어는 중국어입니다. 그다음 순위가 힌두어, 영어, 스페인어, 아랍어입니다. 한국어가 지금 같은 속도로 사라진다면 오백 년 후에 존재할지의 여부는 안타깝지만 미지수라고 하였습니다.

어느 통계학자가 분석한 바에 의하면 한국에서 지금처럼 한 가정 한 자녀 낳기가 계속된다면 지금으로부터 오백 년 후에는 서울에 주소지를 둔 한국 사람이 단 한 사람만 남을 것이며, 나머지는 모두 외국인이 서울에 살게 될 것이라고 예측하였습니다. 섬뜩한 얘기지만 이를 뒷받침하는 통계가 있습니다. 2015년 1월 KBS 뉴스에서 한국 여성의 평균 출산율은 1.19명이며, 서울에 주소지를 둔 여성의 평균 출산율은 0.97명이라고 하였습니다. 더욱 심각한 사실은 해마다 출산율이 감소한다는 것입니다.

이런 비율로 인구가 줄어든다면 오백 년이 지나기도 전에 한국은 외국인들이 이 땅의 주인으로 사는 나라가 될 것이라는 우려가 기우가 아니면 좋겠습니다. 한국어가 계속 존속되고 한국인이 우리나라에서 지속적으로 독립국의 지위를 유지하고 살아가기 위해서는 한국문화를 발전시키고 한국어 보급 운동을 장려하며 한 가정 다자녀 낳기 운동을 적극적으로 전개해야 합니다.

독립운동가 「배창수」 씨는 구한말 청주 감영에서 주로 산적들과 범죄자들을 잡아 감옥에 가두고 관리하는 일을 했었다고 하니, 지금으로 말한다면 경찰서 수사과장쯤 되지 않았나 생각됩니다. 구한말 우리나라 곳곳에는 산적들이 많이 활개를 쳤었나 봅니다. 지금도 충청북도 조령산에 가면 조령 관문이 있습니다. 조령 제1관문, 조령 제2관

문, 조령 제3관문이 있는데 지금은 역사적인 유물로 남아있고 관광객들이 트레킹 코스로 즐겨 찾는 곳입니다.

이 관문의 일차적인 목적은 국가를 방위하기 위한 방어 관문이었지만, 이 길 곳곳이 험준하여 산적들이 지나는 과객이나 장사꾼들을 자주 괴롭혔다고 합니다. 그리하여 관에서도 이 길을 지키면서 행인들을 보호했다는 기록이 남아있습니다. 영남과 호남의 유생들도 과거시험을 보기 위해 이 길을 많이 이용했으며, 보부상들이나 한양과 경상도 지방을 유랑하던 장사꾼들도 이 길을 지날 때 산적들의 위험을 피하기 위해 4~5명씩 모여서 지났던 길입니다.

이곳 칸타브리아 산맥을 지나는 순례길도 험하기로 말하면 조령산의 10배쯤은 되는 것 같습니다. 산의 규모가 크고 웅장하며 30km에 이르는 협곡을 지나야 하는데 산티아고에 가려면 다른 대안이 없어 이 산길을 넘어가야 합니다. 예전에는 산적들이 이곳을 지키고 있다가 지나던 순례자들에게 통행세를 강요했고, 이를 거부하는 순례자들은 목숨을 잃는 경우도 있었다고 합니다. 험준한 칸타브리아 산맥 협곡을 걸으니 중세 시대에 이 길을 걸었던 순례자들의 고달픔이 조금은 이해가 됩니다. 이제 우리 시대에서 산적이라는 용어는 사라져야 할 단어입니다. 요즈음 소말리아 앞바다에 자주 출몰하는 해상 강도들을 지칭하는 해적이라는 용어도 사라져야 하겠지요.

내가 살아가는 이유

10/30 제37일 라 파바(La Faba) ~ 폰페리아(Fonfria) 19km 7h

라 파바를 출발한 이른 아침부터 오르막 산길이 계속됩니다. 주변에는 소 떼가 한가로이 풀을 뜯고 있습니다. 3시간 가까이 오르니 해발 1,355m의 오세브레이로(O Cebreiro) 정상에 이르렀습니다. 어제 오른 것까지 합하면 13시간 만에 정상에 오른 셈입니다. 크고 웅장한 산의 정상에 올라보니, 주변 사방이 겹겹이 산으로 둘러싸여 있고 저 멀리 포이오 언덕(Alto de Poio)이 보입니다.

산이 높으니 골짜기 또한 깊습니다. 해발 1,355m라고 쓰인 팻말을 보면서 주변 산세를 둘러보니 험산 준령의 가운데에 서 있습니다. 도대체 이 산맥의 끝은 어디인지 보이지가 않습니다. 메세타 지역을 벗어날 때까지는 주변 사방이 온통 지평선만 보이고 끝없이 넓은 들판이 이어지더니, 이제 그런 평야는 온데간데없고 이렇게 산맥만 끝없이 이어져 있습니다. 산에 오르는 과정은 힘들지만 높이 오를수록 산과 주변 전경이 더 크고 뚜렷하게 보입니다.

산등성이와 골짜기로 이어지는 오르막길과 내리막길을 걸으면서 생각하니 산에 올라가는 길도, 내려가는 길도 우리네 삶과 비슷하다고

생각됩니다. 오르막 인생길이 있으면 내리막 인생길도 있고, 내려가다 보면 다시 올라가게 되는 것이 바로 산이 우리 삶에 주는 교훈입니다.

나는 산 오르기를 좋아해서 주말이면 관악산과 북한산을 자주 올랐습니다. 특히 아들 녀석이 걷기 시작했던 서너 살 무렵부터 아들을 데리고 산에 올랐습니다. 아직 다리에 힘이 생기기 전부터 산악 훈련을 시킨 셈입니다.

아들 녀석이 어릴 적 산에 다닐 때 했던 말 중 재미있는 표현이 있습니다. "아빠! 산은 멀리서 보면 세모꼴인데, 왜 산에 오면 오르막 산에 내려가는 길이 있고, 내리막 산에 올라가는 길이 있어요?"하는 물음입니다. 어린 눈으로 멀리서 보면 세모꼴이었던 산의 구조가 가까이에서 보니 오르막길과 내리막길이 왜 있느냐는 의문이었습니다. 아니, 좀 더 정확히 표현한다면 산에 오르는 것이 힘들다는 뜻일 것입니다. 때로는 산에 오르다가 "다리에 기름이 다 떨어져서 더 이상 오를 수 없다"고 하기도 하였습니다. 쉬어가자는 표현입니다. 표현만 다를 뿐이지 어른들의 생각과 똑같습니다.

나는 정년보다 일찍 퇴직했습니다. 이른바 명예퇴직입니다. 퇴직은 영어로 표현하면 리타이어(Retire)입니다. 지금까지 사용해왔던 낡은 타이어를 벗고, 새 타이어로 바꾸어 껴서 은퇴 이후에 맞이할 새로운 삶을 준비하라는 의미로 받아들입니다.

요즈음은 평균수명이 80세를 넘어서는 시대로 접어들었습니다. 평균수명이 길어지면서 은퇴 이후의 삶도 당연히 길어지게 된 것입니다. 은퇴 이후의 20년 혹은 30년은 어찌 보면 지나온 30년보다도 값지고 귀중한 시간일 수도 있습니다. 그 시간을 보람 있고 알차게 보내기 위해서 내가 지금까지 살면서 신어왔던 신발을 벗어놓고, 새로운 신발로 바꾸어 신은 뒤 다시 먼 거리를 달릴 준비를 해야 하겠다고 생각했습니다. 그래서 조금 일찍 퇴직하고 내가 걸어오지는 않았지만 걷고 싶어 했던 또 다른 길을 가고 싶었던 것입니다.

톨스토이는 평생을 살아가면서 어떻게 살 것인가를 고민했습니다. 삶에 모범 답안은 없습니다. 나도 평생 나는 누구이며 어떻게 살 것인가를 생각하고, 고민하고, 절제하며, 정의를 실천하며 영혼의 자유로움을 추구하려고 노력해 왔습니다.

인생은 끊임없는 선택의 연속입니다. 'B와 D 사이에는 C가 있습니다.' 당연한 이야기입니다. 그런데 Birth와 Death 사이에 Choice가 있다면 우리는 좀 더 진지하게 고민하고 생각을 많이 해야 합니다. 어떤 선택을 하느냐에 따라 삶의 의미와 내용이 달라지고 선택의 결과에 대한 책임을 스스로 감내해야 하기 때문입니다. 나는 종종 「로버트 프

로스트(Robert Frost)」의 「가지 않은 길」이라는 시를 마음속으로 읊조리며 인생의 두 갈래 길 중 내가 선택하지 않은 길을 머릿속으로 상상해오곤 했었습니다.

가지 않은 길

Robert Frost

단풍 든 숲 속에 두 갈래 길이 있었습니다
몸이 하나니 두 길을 가지 못하는 것을 안타까워하며
한참을 서서 낮은 수풀로 꺾여 내려가는 한쪽 길을
멀리 끝까지 바라다보았습니다.

그리고 다른 길을 택했습니다
똑같이 아름답고, 아마 더 걸어야 될 길이라고 생각했지요
풀이 무성하고 발길을 부르는 듯했으니까요
그 길도 걷다 보면 지나간 자취가
두 길을 거의 같도록 하겠지만요

그날 아침 두 길은 똑같이 놓여 있었고
낙엽 위로 아무런 발자국도 없었습니다
아, 나는 한쪽 길은 훗날을 위해 남겨 놓았습니다
길이란 이어져 있어 계속 가야만 한다는 것을 알기에
다시 돌아올 수 없을 거라 여기면서요

오랜 세월이 지난 후 어디에선가
나는 한숨지으며 이야기할 것입니다
숲 속에 두 갈래 길이 있었고,
나는 사람들이 적게 간 길을 택했다고
그리고 그것이 내 모든 것을 바꾸어 놓았다고

지금 내가 새롭게 가고 있는 길이 어찌 보면 라 파바에서 오세브레이로의 힘든 오르막을 거쳐 폰페리아를 오르내리듯이, 삶과 인생의 평탄한 내리막길에서 다시 오르막길을 선택하여 가는 우를 범하고 있는지도 모릅니다. 그러나 이 길은 내가 가고 싶었고 또 내가 좋아서

선택한 길입니다.

삶도 언젠가는 내려놓아야 할 과정이라는 사실을 우리 모두는 다 잘 알고 있습니다. 그렇지만 나는 이 오르막길과 내리막길을 통해서 내가 살아가는 동안 존재의 의미를 키우고, 주변 이웃들과 아름다운 인간관계의 폭을 넓혀 가고 싶습니다. 나를 필요로 하는 사람들에게 손을 넓게 펴고 사랑을 전하며 의미와 보람을 함께 나누는 뜻깊은 길을 가고 싶습니다. 나의 이웃과 주변 사람들에게 선한 온기가 미치기를 소망합니다.

도전과 반응

10/31　제38일　폰페리아(Fonfria) ~ 사리아(Sarria)　26.5km　8h

폰페리아는 해발 1,300m에 위치해 있으며 트리아카스테야(Triacastella)로 내려가는 마지막 고원지대입니다. 이 지점을 지나면서 힘든 구간은 없어지지만 트리아카스테야까지 이어지는 가파른 내리막 계곡길은 조심스럽게 내려와야 합니다. 길 양옆에는 밤나무가 우거져 있고 알밤이 바닥에 수북이 쏟아져 있어 눈뿐만 아니라 입도 심심치가 않습니다.

오늘로 카미노 길을 걷기 시작한 지 38일째입니다. 이제 나의 몸에도 야성이 길들여졌나 봅니다. 처음에 18kg의 배낭을 어깨에 메고 걸을 때는 20km를 걷는 것도 힘이 들었습니다. 배낭 무게가 어깨를 짓누르고, 발가락이 부르터 물집이 생기고, 피곤함에 지친 무릎과 발목은 심하게 고통스러웠습니다. 때로는 다음 날 새벽 일찍 일어나 걸음을 옮기는 것조차 어려울 지경이었습니다. 20여 일이 지나니 발가락에 생겼던 물집도 진정되고 발에 굳은살이 생겨 걷는 데 큰 불편함이 없어졌습니다. 38일이 지난 지금은 그때보다 5kg 정도 불어난 보조가방을 메고도 30km 정도의 산길을 걷는 것은 거뜬합니다.

사람은 환경에 쉽게 적응하는가 봅니다. 이 말을 생각할 때마다 나는 「이태」 님이 쓴 논픽션 수기 소설 「남부군」이 생각납니다. 「이태」 님은 6·25 전쟁이 발발하기 전까지 서울대학교 문리대 2학년 학생으로 재학 중이었습니다. 6·25 전쟁이 터지고 북한군이 쳐들어오자 이승만 정부는 '서울 사수'를 방송으로 외치며 서울 시민을 안심시켰고, 북한군이 서울로 진격해오자 국군은 한강 다리를 폭파하고 남으로 남으로 낙동강까지 밀려 내려갔습니다.

'서울 사수'라는 말을 굳게 믿고 서울에 남아 있다가 한강 다리가 끊겨 피난길에 나서지 못한 「이태」 님은 서울로 진입한 북한군에 의해 본인의 의사와 관계없이 옳고 그름의 판단을 떠나 인민군에 강제로 편입되었고, 글을 잘 쓰는 문리대 학생이었던 관계로 인민군의 전쟁을 독려하고 남한군의 투항을 권유하는 '선전선동부대'로 배치되어 인민군을 따라 남하하게 되었다고 합니다.

전라북도를 거쳐 전라남도에서 국군과 밀고 밀리는 교전이 한창일 때 「맥아더(Douglas MacArthur)」 장군의 인천상륙작전으로 인민군의 퇴각로가 차단되자, 그는 지리산으로 들어가 남한 빨치산 조직인 남부군 인민군 사령관 「이

현상」을 중심으로 빨치산으로 활동하라는 지령을 받았다고 합니다. 어쩔 수 없이 북상하지 못한 잔류 북한 군인들과 지리산을 거점으로 빨치산으로 활동하면서, 낮에는 주로 지리산 산중에서 생활하다가 밤에는 민가에 내려와 보급 물자를 확보하며 4년간을 지냈다고 합니다. 말이 보급 물자 확보지 실은 강탈이나 다름없었겠지요.

우리네 할아버지나 아버지 세대들이 전쟁 때문에 겪어야 했던 뼈저리게 가슴 아픈 이야기입니다. 하루는 작전 도중 신작로(新作路)에 내려와서 임무를 수행하는데 도무지 걸어지지가 않더라는 것입니다. 산중 생활을 오래 하는 동안 나무와 바위가 많은 산속에 익숙해져서, 산중에서 작전할 때에는 비호같이 움직이며 어려운 줄 몰랐는데 신작로를 걸어보니 평지를 걷는 것이 그렇게 힘들 수가 없더라는 것입니다. 한겨울 지리산 천왕봉 정상에서 키 높이만큼 눈이 쌓인 곳에 눈터널을 만들고 그 속에서 식량이나 연료 보급도 없이 국군·경찰과 대치하며 일주일간 버틴 적도 있었다고 합니다. 산중에 오래 살다 보니 야성에 길들여진 것입니다.

나도 이제는 20kg이 넘는 무거운 배낭을 앞뒤로 메고도 30km 정도의 산길을 거뜬히 걷다니 야성에 길이 들었나 보다 하고 느꼈습니다. 더구나 도심이나 포장된 도로를 걷는 것보다는 업다운(up and down)이 있는 산길을 걷는 것이 훨씬 수월하고 걷는 속도도 탄력이 생겨 빠릅니다. 카미노 길이 지나는 피레네 산맥이나 칸타브리아 산맥은 지리산보다도 더욱 크고 길고 웅장한데도 말입니다.

오염되지 않은 맑은 공기와 깨끗한 환경 속 여기저기서 지저귀는 산새의 울음소리, 맑은 계곡 물 흘러내리는 소리를 들으며 산길을 걸으면 참으로 기분이 상쾌합니다. 비록 가끔씩 시큼하고 역한 쇠똥 냄새가 진동하는 마을 어귀를 지날 때는 구역질 나는 냄새를 피하기 위해 수건으로 코와 입을 막고 지나기도 하지만, 온갖 차량의 물결과 대기 오염, 심각한 소음이 심신을 불편하게 하는 도심에 있는 것보다 훨씬 마음이 차분해지고 안정감이 듭니다. 카미노가 주는 신선한 기쁨 중에 하나입니다.

저녁에 레스토랑에서 식사하던 중 쿠바에서 왔다는 젊은 청년과 우연히 자리를 합석하게 되었습니다. 나로서는 이년 전 쿠바에서 경험한 가슴 아픈 경험이 있기에 관심이 있어 이야기를 나누었습니다. 쿠바 혁명의 주인공인 「체 게바라(Che Gueveara)」를 영웅시하는 이야기를 듣고 오늘날 국제화·정보화·세계화 시대에 아직까지도 잘못된 이념 교육이 이렇게도 심각하게 청년의 의식에 영향을 미치는구나 생각하고 씁쓸했습니다. 장발에 베레모를 쓴 「체 게바라」의 모습이 담긴 포스터, 책 표지, 티셔츠 등이 쿠바 시내 여러 곳에 자랑스럽게 전시되어 있는 것을 본 기억이 생생합니다.

흔히 「체 게바라」는 쿠바의 영웅이고 세계 젊은이의 우상이며 영원한 혁명가라고 합니다. 그는 부에노스아이레스 대학교 출신 의학박사로서 쿠바의 국가토지개혁위원회 위원장, 중앙은행 총재, 공업장관 등을 지낸 혁명가이자 정치가였습니다. 그런데 「체 게바라」가 쿠바인에게 진정 영웅이며 영원한 혁명가인지를 나는 묻고 따지지 않을 수 없습니다. 쿠바의 수도 아바나(Havana)에 가서 보면 놀랍기 그지없습니다. 도시 전체가 폭격 맞은 것처럼 철저하게 폐허가 되었습니다. 옛

중앙은행은 완전히 망가져 흉가로 변했고, 1959년 이전에 빌딩으로 숲을 이루었던 그 주변은 빈민들의 판자촌 보금자리가 되었습니다. 주변을 둘러보아도 낡음과 빈곤이 남긴 흔적이 사회주의의 거대한 상징물과 묘한 대조를 이루고 있었습니다. 주변 건축물과 거리 곳곳이 온통 낡음으로 얼룩져 있었습니다. 농촌에 가 봐도 환경과 시스템이 낙후되어 있기는 마찬가지였습니다.

쿠바는 수천 년 전부터 타이노족 등 원주민들이 카리브 해에 있는 쿠바 본토와 인근 섬에 흩어져 살아온 아름다운 섬나라였습니다. 15세기 콜럼버스가 쿠바에 건너온 이후 19세기까지 쿠바는 스페인의 식민지로 있는 동안 온갖 수탈을 당하며 살아왔습니다. 1898년 미국과 스페인의 전쟁에서 스페인이 패하여 쿠바의 관할권이 미국으로 넘어가고 미 군정이 실시되었으며, 쿠바의 중추적 기능을 미국 자본이 장악하여 사실상 미국 식민지가 되었습니다.

1959년까지 쿠바는 비록 식민지이기는 했어도 미국과 긴밀하게 교류하며 미국과 비슷한 생활환경을 유지하고 있었습니다. 1959년 카스트로의 쿠바 혁명 이후 쿠바는 독립을 회복하긴 했지만, 국가를 지탱해왔던 모든 사회 환경 시스템과 자산이 철저히 소외되고 고립되고 붕괴되었습니다. 수도 아바나뿐만 아니라 아바나를 벗어난 지역에 가서 봐도 21세기를 살아가는 이 시대에 이런 나라도 있구나 싶을 정도로 엉망으로 낙후되어 있었습니다.

플로리다 해협과 카리브 해의 가운데에 위치한, 연중 햇볕이 따갑게 내리쬐는 아름다운 섬나라를 이런 지경의 나라로 만든 장본인인

「카스트로」나 「체 게바라」가 쿠바의 영웅이며 영원한 혁명가라고요? 그들은 역사와 쿠바인에게 큰 죄인입니다. 모든 쿠바인에게 가난과 불평등을 골고루 나누어 가지게 하고, 나라를 비참하고 고립되고 낙후된 사회주의 국가로 후퇴시킨 주인공들이기 때문입니다.

자유민주주의와 시장경제가 세계 질서를 이끌어가는 이 시대에, 무한 경쟁의 시장경제가 우리의 모든 문제를 해결해주는 모범 답안이 될 수 없다는 점은 인정합니다. 그래도 아직까지는 이 체제를 대신할 만한 다른 시스템이 없기에 우리는 비록 결함이 있음을 알면서도 자본주의와 시장경제를 신봉하고 따르는 것이 아닌가요? 그러나 아직도 이념이라는 낡은 굴레에서 벗어나지 못하고 있는 쿠바의 젊은 청년을 보면서, 누가 이 시대의 젊은 청년에게 낡은 이념의 희생물이 되게 했는지 되물으며 가슴이 아팠습니다.

가끔씩 한국에서 쿠바 여행을 소개하는 TV 프로그램을 봅니다. 모두가 쿠바를 아름답고 매력 넘치고 낭만적인 국가로 소개합니다. 야구를 좋아하고, 음악을 사랑하고, 정열적이며 연애하고 놀기 좋아하는 쿠바인들은 매우 낙천적인 성품을 가지고 있다고 소개하기도 합니다. 모두가 사실임을 100% 인정합니다.

그러나 내가 가서 본 쿠바는 그런 환상이 와장창 깨어지는 아픔을 경험한 순간이었습니다. 쿠바인들에게 쿠바 혁명 이후 비록 물질적으로는 가난할지라도 정신적으로는 행복한지 묻고 싶습니다. 하기야 모두가 가난하고, 평면적으로는 빈부 격차를 용납하지 않으면서도 내부적으로는 현격하게 빈부 격차가 존재하고, 사회 환경과 시스템조차

낙후되어 있으니 그런 시스템에 익숙한 사람들에게는 행복할지도 모르겠습니다. 왜냐하면 불행한 느낌은 다른 우월한 가치와 비교하는 데서부터 생기는 것이니까요.

나의 눈에 비친 쿠바는 국민 대부분이 선량하지만 가난했습니다. 공산주의가 배격하는 자본 앞에 자유롭지 못하고 비굴하기까지 했습니다. 사적 이윤 추구가 허용되지 않는 사회주의 국가에서 어색한 웃음을 지으며 구걸하거나 1달러 내지 2달러의 팁을 주는 외국인에게 고마워했고, 빵을 구하기 위해 시가를 감추고 눈을 반짝이며 은밀히 접근하는 쿠바의 선량한 시민들을 볼 때마다 혁명을 이끌었던 주도 세력들에 대하여 불붙는 듯한 분노가 치밀었습니다.

역사는 과거의 잘못을 되풀이하지 않기 위해 부단히 진보면서도 인류의 행복을 위해 정방향으로 나아가야 합니다. 60여 년간 서로 반목하고 국교를 단절했던 사회주의 국가 쿠바가 2014년 12월 미국과 국교를 정상화하는 데 합의하였습니다. 미국 오바마 대통령과 카스트로 의장이 만나 서로 화해하고 국교를 정상화하는 회담을 하였습니다. 우리나라와도 반목을 청산하고 화해하려는 움직임이 있어 역사와 쿠바인들의 장래를 위해 고무적인 일이라고 생각합니다. 쿠바에 진리와 자유의 보편적 가치가 널리 실현되기를 희망합니다. 인간의 기본적 인권이 존중되며, 민주가 정의의 강물 위에 도도히 흘러 하루 속히 쿠바 국민 모두에게 자유와 복지의 혜택이 골고루 배분되고 새로운 희망의 미래가 도래하기를 소망합니다.

십자가

11/1 제39일 사리아(Sarria) ~ 포르토마린(Portomarin) 22.5km 7h

이제 산티아고까지 100km가 채 안 남았습니다. 산티아고까지 가는 길 위에는 곳곳에 참으로 많은 십자가가 세워져 있습니다. 기독교 신앙인 믿음과 구원의 상징 십자가! 내가 여행한 국가 중에서 스페인보다 더 많은 십자가를 본 적은 없습니다.

우선은 성당과 이글레시아(영어 Church를 이곳 사람들은 Iglesia라고 함)[15] 곳곳에 십자가가 많이 있습니다. 큰 성당일수록, 큰 이글레시아일수록 십자가의 수는 더 많아집니다. 또 각 지역에 산재한 채플에도 십자가가 많이 있고, 마을마다 입구 또는 곳곳에 십자가가 세워져 있습니다. 묘지에는 묻혀있는 망자의 숫자보다도 더 많은 십자가가 세워져 있고, 각 가정에도 입구에, 집안 곳곳에, 십자가가 세워져 있습니다. 또 순례길 곳곳에도 십자가가 수를 헤아릴 수 없을 만큼 무수히 많이 세워져 있습니다. 심지어는 철조망에도 나무를 엮어 십자가를 만들어 세워놓았는가 하면, 양말을 가로 세로로 펼쳐 십자가 형상을 만들

15 이글레시아(Iglesia): 영어 Church를 이곳 사람들은 Iglesia라고 한다. 성당과 이글레시아는 동의어이기도 하지만, 스페인에서는 큰 교구나 대성당을 성당(Cathedral)이라 하고, 작은 성당은 교회(Iglesia)라고 한다.

어 놓은 것도 있습니다.

스페인은 전 국민 종교의 95% 이상이 가톨릭입니다. 스페인 사람들에게 종교를 물으면 대부분이 가톨릭이라고 대답합니다. 그러나 얼마나 자주 성당에 가느냐고 물어보면 싱긋 웃으며 미소로 대답합니다.

몇 년 전 여행사 사장에게서 들은 얘기입니다. 스페인 사람들은 평생 3번 성당에 간다고 합니다. 태어나서 세례받을 때 한 번, 결혼식 때 한 번, 그리고 죽은 후에 한 번. 그러고 보면 자신의 발로는 평생에 한 번 결혼식 때 성당에 가는 셈인데, 그래도 그 사람들은 자신이 하느님을 섬기는 신실한 가톨릭 신자라고 당당하게 말을 합니다.

미사 시간에 스페인 사람들 소수가 앉아서 미사 드리는 것을 본 적이 있지만, 참석자 수가 우리나라의 대형 교회처럼 많지도 않고 열기가 뜨겁지도 않습니다. 그래서인지 이곳의 성당이나 이글레시아는 문이 굳게 잠겨있는 경우가 많고, 큰 성당이나 이글레시아일수록 관광객에게 돈을 받고 개방하거나, 입장하는 관광객으로부터 도네이션(Donaton)을 받아 운영하고 있습니다. 성당이나 교회가 도네이션을 받는 것이 가슴 아픈 것이 아니라, 도네이션을 받아야 운영될 만큼 존립이 위태로워졌다는 사실이 가슴 아픈 것입니다. 세상과 인간의 삶을 걱정하며 세상 사람들에게 바른길을 제시하기 위하여 종교와 성당이 생겼는데, 이제는 반대로 세상과 인간이 종교와 성당을 걱정해야 하는 시대가 되었습니다.

론세스바야스의 산타마리아 왕립성당, 부르고스의 산타마리아 대성당, 레온 성당, 세비야 대성당, 톨레도 대성당 등 큰 성당을 둘러보면 정말 위용이 대단합니다. 그 규모의 광대함에 입이 벌어지고, 조각의 섬세함에 감탄사가 절로 나옵니다. 또 성당 곳곳에 전시된 여러 가지 귀중한 조각품들과 진귀한 예술품에 감탄하지 않을 수 없습니다. 하나님은 인간에게 어찌 이리도 아름다운 예술적 재능을 부여하셨는지 그 신기에 가까운 재능에 놀라지 않을 수 없으며, 이 성당들을 설계하고 건축하는 데 땀 흘리며 수고한 수많은 장인들의 노고에 머리 숙여 감사하지 않을 수 없습니다.

그런데 이렇게 위엄 있고 화려하고 거룩한 성당들이 관광객의 입장료를 받아야만 유지될 정도로 신도들의 수가 적어졌고 세력이 급감하였다는 사실에 안타까운 마음을 금할 수가 없습니다.

기독교 신앙을 따르는 사람들이 절대시하고 믿고 따르는 십자가! 그 십자가란 도대체 무엇인가요? 사실 십자가는 로마 시대에 죄인을 처형하는 사형의 도구였습니다. 범죄자를 십자가에 묶어 매달아 놓고

죽을 때까지 고통스럽게 하여, 이를 바라보는 사람들에게 범죄를 저지른 사람의 처참한 결과를 보여줌으로써 반면교사로 삼기 위한 수단이었던 형틀입니다. 우리가 믿음과 구원의 상징으로 믿고 따르는 십자가는 십자가라는 이름의 또 다른 형상은 아닌가 하고 생각할 때가 많습니다. 우리는 십자가의 정신, 즉 「예수」가 2,000여 년 전에 이 땅에서 행하셨던 그 가르침과 십자가에서 처형되는 순간까지 우리에게 베푸셨던 화해와 용서, 사랑과 평화, 그리고 구원의 확신을 십자가로 상징되는 정신을 통해서 배우고 믿고 따르는 것 아닌가요?

영화 「스파르타쿠스」를 기억하는 사람들이 많이 있을 것입니다. BC 73년부터 2년간 노예들을 이끌고 반로마 공화정 항쟁을 주도했던 노예 검투사의 실화에 바탕을 둔 스토리입니다. 검투사란 로마 시민들에게 즐거움을 주기 위해 로마의 원형극장에서 죽을 때까지 싸우다가 상대방이 죽어야 경기가 끝나는 잔인하고도 비인간적·비인격적인 살인 게임의 전투원이었습니다. 로마인에게는 잠깐 보고 즐기는 오락이었겠지만, 검투사로 선택된 사람에게는 죽느냐 사느냐 하는 생존의 문제가 걸린 사투였습니다. 이들 검투사들은 전쟁에서 패한 군인들과 노예 집단, 그리고 국가의 죄수 중에서 선발되었고, 별도로 분리된 구역에서 죄인처럼 생활하고 싸움 연습을 하고 원형극장에서 싸우다가 죽어야만 삶이 끝나는 가련하고 불쌍한 사람들이었습니다.

「스파르타쿠스」는 이탈리아 남부 카푸아의 노예 검투사 집단이 로마 정부의 비인간적·비인격적 처사에 반기를 들고 일어나 반란을 일으키고 이를 진압하는 과정을 다룬 영화입니다. 처음에는 많은 동조자들을 규합하고 세력을 확장하여 인간의 자유가 보장되는 새로운 희망을 찾아 나서지만, 점차 세력이 확장되는 검투사군을 염려하는 로마 군단과 자유와 희망을 찾아가는 검투사군 사이에 서로 양보할 수 없는 전투가 발생하여 로마군이 검투사군을 진압했다는 실화를 영화로 재구성한 이야기입니다. 양의 동서와 고금을 막론하고 반역에 대한 진압이라는 이름의 폭력성은 무자비할 수밖에 없습니다.

「크라수스」와 「폼페이우스」 장군에 의하여 반란은 진압되었지만, 반란이 진압된 후 살아남은 육천여 명의 반란 가담자들은 로마 성문 30km 앞 아피아 가도에서 모두 십자가에 매달려 죽을 때까지 고통을 받다가 죽었다고 합니다. 빠르게는 2~3일이 지나면 죽지만, 오래 견디는 경우는 7일 이상 신음하며 매달려 있는 경우도 있었다고 합니다.

생각해 보십시오. 어차피 죽어야 할 운명이라면 십자가에 매달려 낮에는 뜨거운 햇볕 아래 노출되고 밤에는 추운 들판에 방치되어 물 한 모금 적시지 못하고 죽을 때까지 고통스럽게 매달려 있을 바에야, 단번에 처형되는 편이 훨씬 덜 고통스럽고 편하게 죽음을 맞이하는 것입니다.

영화가 주는 교훈은 '인간의 존엄과 자유에 대한 갈망'입니다. 「예수」의 말씀 "너희가 내 말에 거하면 참 내 제자가 되고 진리를 알지니 진리가 너희를 자유케 하리라"는 말씀은 비진리를 경험해 보지 않은 우리들에게 자유가 얼마나 소중한 가치인가를 다시 한 번 일깨워 줍니다.

십자가! 한 나라의 사형 도구가 전 세계인의 믿음과 구원의 상징으로 자리하였으니 아이러니한 일이 아닌가요? 십자가 모양의 목걸이는 오래전부터 보석 가게나 액세서리 가게에서도 인기 있는 상품 중 하나였으며, 여성이라면 누구나 십자가 목걸이를 하나쯤은 가지고 있을 것입니다. 요즈음은 귀걸이에 이어 코걸이까지도 눈에 띕니다.

「예수 그리스도」와 십자가의 정신을 생각한다면 십자가는 결코 목에 걸고 다니거나 귀나 코에 매달고 다닐 상징물이 아닙니다. 인류의 무거운 죄와 고통을 십자가에 맡기고 하나님 앞에 겸손히 엎드려 신앙의 표상으로, 믿음과 구원의 상징으로 받아들여야 할 성스러운 것이라고 생각됩니다.

사람의 욕심

11/2 제40일 포르토마린(Portomarin) ~팔라스 데 레이(Palas de Rei) 25.5km 8h

어제부터 길가에 떨어진 알밤을 줍다 보니 그 양이 제법 많아졌습니다. 라 파바(La Faba)에서부터 팔라스 데 레이(Palas de Rei) 사이에는 길가에 도토리나무와 밤나무가 참으로 많이 있습니다. 아니, 스페인 전역에는 도토리나무와 밤나무가 참으로 많습니다. 길바닥에 알밤과 도토리가 무수히 쏟아져 있어도 누구 하나 줍는 사람이 없습니다. 그만큼 풍요롭다는 이야기입니다. 나와 아내는 길을 걷는 사이에 튼실하고 잘생긴 알밤만 줍다 보니 거의 2kg 가까이 되었습니다. 그렇지 않아도 배낭이 무거운데 무게가 또 늘었습니다.

아내와 나는 식습관이 다릅니다. 아내는 고구마와 밤을 좋아합니다. 나는 육식과 생선을 좋아하는 반면 아내는 채식을 좋아합니다. 거의 채식주의자에 가깝습니다. 그래서 평소 레스토랑에 들러 식사를 주문할 때도 여간 신경 쓰이는 게 아닙니다. 내가 좋아하는 스타일로 주문하면 아내는 먹을 것이 거의 없기 때문입니다. 주문하기 전에 "무엇을 주문하면 좋겠냐"고 의견을 물어보면 "아무거나 자기 좋은 것으로 주문하라"고 말합니다. 이 말만 믿고 주문했다가는 식사가 끝난 후 낭패스러울 때가 참 많습니다. "자기가 좋아하는 것만 시켜먹는 이기적인 심성의 소유자"라고….

스페인에서도 "간식으로는 밤밖에 먹을 것이 없다"며 불평하기에 아내가 좋아하는 밤을 볼 때마다 주워 배낭에 넣다 보니 양이 많아졌습니다. 그만 줍자 하면서도 잘생긴 알밤을 볼 때마다 아내의 손이 저절로 내려갑니다. 이럴 때는 나도 따라 하는 것이 현명한 처사입니다. 더 이상 욕심을 내지 않아도 된다는 것을 알면서도….

우리나라는 국토가 참 좁습니다. 스페인 영토는 우리나라 면적의 다섯 배라고 합니다. 전 국토의 75%가 산지인 우리나라에 비하면 산지보다 평야가 많은 스페인이 훨씬 크고 넓게 보입니다. 물론 큰 나라로 말하면 미국, 캐나다, 중국, 호주, 인도도 있지만 러시아를 따라갈 나라가 없습니다.

블라디보스토크(Vladivostok)에서 상트페테르부르크(Sankt Peterburg)까지 일만 km는 비행기를 타고도 10시간 이상을 가야 합니다. 국토의 규모만 큰 것이 아닙니다. 모스크바도 크고 웅장하고 아름답지만, 상트페테르부르크는 학술·문화·예술의 도시답게 아름답습니다. 마치 런던과 파리와 베네치아의 장점만을 모아놓은 것처럼 도시와 운하가 균형 있게 조화를 이루어 아름다움을 더하고 있습니다. 문화와 예술의 도시라는 명성에 걸맞게 거리 곳곳에 기념비와 기념건축물들이 아름답게 서 있습니다. 니콜라에프스키 궁전, 상트페테르부르크 궁전, 니콜스키 사원, 그리스도 부활 성당, 카잔 대성당, 성 이사크 성당, 에르미타주 박물관, 겨울 궁전, 여름 궁전 등에 가서 보면 그 호화로운 시설과 섬세하고 아름다운 건축미에 넋을 잃을 정도입니다.

1917년 러시아 혁명 이전, 러시아의 왕족과 귀족들은 대부분의 토지와 부를 독점하고 있었고, 남북한을 합친 한반도 면적보다도 넓은 땅을 소유한 귀족도 여러 명 있었다고 합니다. 상트페테르부르크에는 한국은행만큼이나 큰 귀족 저택이 많이 있습니다. 그렇게 넓고 큰 건

물이 재산을 많이 소유한 러시아 귀족들의 일반적인 저택이었다고 합니다. 그런 저택에서 귀족들이 매일같이 호화로운 파티를 즐길 때, 노동자와 농민들은 허리가 휘어질 정도로 고단하게 일을 했지만, 헐벗고 굶주렸던 노동자와 농민들은 고달픈 현실을 벗어날 수가 없었다고 합니다. 이처럼 극심한 빈부 격차는 민심의 이반을 가져오게 했고 혁명의 씨앗을 잉태하게 했으며, "만국의 노동자여 단결하라!"는 볼셰비키의 혁명 구호가 민중 속으로 쉽게 파고들었던 것은 어찌 보면 당연한 결과입니다.

「톨스토이(Lev Nikolayevich Tolstoy)」가 쓴 단편 동화집 「사람에게는 얼마만큼의 땅이 필요한가」에 이런 이야기가 있습니다. 농업이 생산의 주요 수단이었던 시대의 이야기이지만, 사람의 욕심은 시대를 초월하여 인간의 본능적 욕구에 똑같은 궤적을 그리며 영향을 미치는가 봅

니다. 러시아 농부 「파홈」은 땅만 많이 있으면 악마도 부럽지 않을 것이라며 농사짓기에 좋고 넓은 땅을 많이 가지기를 소원합니다. 이야기를 들은 악마는 「파홈」에게 거의 공짜에 가까울 만큼 땅을 싸게 판다는 바사키리족의 정보를 슬쩍 들려줍니다. 그 이야기를 들은 「파홈」은 족장에게 잘 보이기 위해 귀한 선물을 사 가지고 가서 족장에게 은밀히 전해주며 땅을 싸게 살 수 있도록 간곡히 요청합니다.

「파홈」의 이야기를 들은 족장은 「파홈」에게 하루 1,000루블(현재의 원화 가치로 환산하면 300만 원)만 내면 아침에 일어나 하루 동안 걸어서 갔다가 해 지기 전까지 밟고 돌아온 모든 땅의 권리를 넘겨주겠다고 약속합니다. 「파홈」은 의심스럽게 느껴서 하루 동안 걸어서 밟고 온 땅을 전부 주겠느냐고 재차 확인합니다. 족장은 그가 한 말을 굳게 약속하며, 다만 해 지기 전까지는 출발한 지점으로 반드시 돌아와야 한다고 대답합니다. 「파홈」은 그날 밤 바사리키족이 제공해준 고급스러운 깃털 침대에서 잠을 자려 하지만 잠이 오지 않습니다. 내일 새벽에 일찍 일어나서 열심히 걸으면 50km 내지 60km 정도는 걸을 수 있을 것이라고 생각하고, 넓을 땅을 가질 수 있을 것이라는 기대로 가슴이 벅

차오릅니다. 사방의 둘레가 60km면 여의도 면적의 30배가량 됩니다. 이 넓은 땅의 절반은 자신이 농사를 짓고, 나머지 절반은 임대해 주어도 수지맞는 거래입니다. 부자가 될 욕심과 설렘으로 밤새 거의 잠을 이루지 못합니다.

다음 날 새벽, 날이 샐 즈음에야 겨우 잠이 들어 악몽을 꾸고 일어난 「파홈」은 사람들을 재촉하여 가능한 멀리까지 달려갑니다. 출발점으로 되돌아오는 시간을 계산하면서 최대한 빨리 달리는데 해가 벌써 머리 위에 걸렸습니다. 이제는 되돌아가야 할 시간입니다. 그렇지만 「파홈」은 부자가 될 욕심에 조금만 더, 조금만 더 하면서 앞으로 달려갑니다. 해가 오후라는 시각을 확실하게 알 수 있을 3시경, 이제는 더 이상 가서는 안 되겠다고 생각하며 그 지점에 말뚝을 세워 표시를 하고는 되돌아 달려오기 시작합니다.

어느덧 석양이 뉘엿뉘엿 져 가고 저 멀리 까마득한 거리에 출발점은 보이는데, 온몸과 다리에 힘이 빠지고 심장은 터질 것 같이 뛰었습니다. 그래도 「파홈」은 해 지기 전까지 돌아가야 할 약속을 지키기 위해 이를 악물고 뛰어야만 했습니다. 장거리를 달려 극도의 피로에 지친 「파홈」은 땅거미가 어수룩할 무렵에야 간신히 출발점에 당도하면서 쓰러졌습니다. 그는 마침내 그가 원하는 만큼의 충분한 땅을 차지하게 되었습니다. 그러나 다시는 일어나지 못하고 그만 죽고 말았습니다. 다음 날 부족장이 그를 장사 지내면서 말합니다. "사람에게는 한 평의 땅만 있으면 충분한 것을 왜 그렇게 욕심을 부리는지 모르겠다." 톨스토이가 인간의 끝없는 욕심을 빗대어 쓴, 성인을 위한 단편 이야기입니다.

우리는 필요 이상으로 욕심을 부리는 경우가 많이 있습니다. 탐욕이 나쁘다는 것은 누구든 다 압니다. 그럼에도 불구하고 우리는 쉽게 탐욕에 빠집니다. 지금도 배낭의 무게가 무거워 무엇을 버려야 할지 궁리하고 있는 판에, 눈에 보이는 튼실하고 보기 좋은 알밤을 자꾸만 챙기고 있으니 말입니다. 이런 사실을 모르고 알밤을 줍는다면 모르지만, 짐이 너무 무거워서 걷는 데 지장이 있음을 알면서도 자꾸만 밤을 줍고 있으니, 나는 자문했습니다. 이것이 인간의 어리석은 욕심 때문인가? 아니면 생존을 위한 생태적 본능 때문인가?

하지만 욕심에도 순기능은 있는 법! 그렇게 모아온 밤을 저녁에 삶아서 카미노 길을 함께 걸어온 여러 사람들에게 나누어 주었고, 남은 밤은 닭죽에 넣고 끓여 여러 사람들과 저녁은 물론 다음 날 아침까지 포식하였습니다. 오병이어의 기적이 꼭 성경에서만 나오는 이야기는 아니라는 생각이 듭니다.

강하고 부지런한 한국 여성들

11/3	제41일	팔라스 데 레이(Palas de Rei) ~리바디소 다 바이소(Ribadiso da Baixo)	27km	8h

팔라스 데 레이는 왕의 궁전이라는 의미입니다. 이곳에는 서고트의 왕 「위티사」가 그의 아버지 「예히카」의 치세 동안 갈리시아 지방의 총독을 맡아서 살던 궁전이 있었기 때문에 그렇게 불리었다고 합니다. 이 도시에는 선사 시대의 고인돌, 로마 시대 이전의 성벽, 로마 시대의 건축물, 성과 수도원 등의 유적이 남아있습니다.

팔라스 데 레이에서 리바디소 다 바이소까지 가는 27km 구간은 평지가 없이 산길과 계곡 길로 이어지며 끊임없이 오르막과 내리막이 반복되는 구간입니다. 두 시간 가까이 소나무와 유칼립투스 숲이 터널처럼 우거진 길을 지나기도 하고, 아스팔트 포장길을 따라가기도 합니다. 오솔길을 따라 주민 수가 몇 명밖에 안 되는 작은 마을을 지나고 강을 건너면 전원처럼 아름다운 마을인 레보레이로(Leboreiro)를 만나게 됩니다.

레보레이로에서 멜리데(Melide)까지 가는 두 시간 동안은 급격한 오르막과 내리막 구간을 경험하게 됩니다. 멜리데는 카미노 프란세스와 카미노 데오비에도가 만나는 곳입니다. 멜리데를 뒤로하고 카타솔 강을 지나는 다리를 건너면 떡갈나무와 자작나무가 서 있는 쉼터가 우리를 반깁니다. 카미노 길 힘든 구간 곳곳에 이렇게 쉼터를 만들어주고 수돗물을 공급해주는 스페인 정부의 섬세한 배려가 고맙게 느껴집니다.

어제에 이어 오늘 계속해서 오르내리는 길이 처음에는 지루하지 않고 재미있었지만, 계속 반복해서 오르내리다 보니 지치고 몹시 힘이 들었습니다. 작은 마을 리오를 지나면서 집과 길 주위에 '오레오'라고 불리는 갈리시아 지방의 전통적인 곡식 저장고가 자주 눈에 뜨입니다. 통풍이 잘되고 습기로부터 보호하기 위해 바닥에서 띄워 지은 창고같이 생긴 조그마한 구조물인데, 처음에는 무슨 용도로 그리도 작게 지었고 무엇을 보관하고 있는지 궁금했었습니다. 나중에야 그것이 곡식을 저장하여 건조시키며 보관하는 창고라는 사실을 알았습니다. 코우토 데 도로냐 산을 지나고 이소 계곡을 건너니 그림같이 아름다

운 전원 마을이 나타납니다. 이 마을을 지나 오늘의 목적지인 리바디소 다 바이소에 도착하였습니다.

지난 9월 24일 생장 피데포르를 출발하여 카미노 길을 걷기 시작한 이래 오늘까지 40여 일간 나는 한국인 이외의 동양인으로는 일본 여대생 1명, 일본 남학생 2명, 중국 남학생 1명 이외에는 본 적이 없습니다. 이들 이외에 내가 만난 동양인은 모두 한국인이었습니다. 한국인이 이렇게 많이 카미노 길을 순례한다는 사실에 외국인들도 매우 놀라워하지만 나도 놀랐습니다. 지구의 반대편인 한국이라는 조그만 나라에서 이렇게도 많은 한국인들이 찾아오는 데는 무엇인가 이유가 있지 않느냐 하며 궁금해합니다.

그들이 보는 한국은 가까운 이웃 나라도 아니고, 가톨릭 국가도 아니며, 비행기를 타고도 12시간 이상 와야 하는 지구 반대편의 멀리 떨어진 조그만 나라입니다. 그런 나라에서 왜 이다지도 많은 한국 사람들이 찾아오는 것인지 외국인들이 그 이유를 물어올 때마다, 나는 카미노 길이 「성 야고보」가 복음을 전하고 선교하기 위해 걸었던 유명한 길이고, 한국 TV에서도 여러 번 소개된 적이 있는 아름다운 길이라고 대답해주곤 했습니다.

그것만이 이유일까요? 이곳을 찾는 한국인 중 내가 만난 사람들의 4분의 3은 여성입니다. 대학을 휴학하고 왔거나, 다니던 직장을 그만두고 온 경우가 많았습니다. 왜 남성보다도 여성이 3배 이상 많을까요? 쉽게 대답하기는 어렵지만, 남학생의 경우 휴학을 하고 이곳에 올 만큼 한가하지 못하고, 대학 졸업 후 취업을 준비해야 할 뿐만 아니라, 장차 가정을 책임져야 하기에 여학생들보다 여유가 없으리라 짐작은 됩니다.

그런데 직장을 다니다가 그만두고 온 경우의 이야기는 다릅니다. 왜 여성들은 선뜻 직장을 그만두고 오는데, 남성들은 그렇게 하지를 못할까요? 요즈음은 남성이나 여성이나 직장 구하기가 힘들뿐더러, 다니던 직장을 중도에 그만둔다는 것은 미래를 포기하는 것과 같은 위험한 선택이라 해도 크게 틀린 말이 아닐 텐데 말입니다. 그런데도 여성들은 다니던 직장을 쉽게 그만두고 카미노 길을 선택합니다. 남성들보다 실력에 더욱 자신이 있어서일까요? 아니면 남성들보다 더 과감해서일까요? 그게 아니라면 너무 감성적이어서 지루한 직장을 계속 다니는 것보다는 새로운 일자리를 찾기 위하여 쉬는 시간을 갖는 것이 필요해서인가요? 각기 사연이 다르니 대답 또한 쉽지 않을 것입니다.

분명한 사실은 남성들보다 여성들이 더욱 적극적이고 현실에 잘 적응한다는 점입니다. 미래를 연구하는 학자들의 얘기에 의하면 앞으로

다가올 21세기 이후에는 여성들의 사회 참여도와 역할이 훨씬 강화될 것이며, 여성 주도적인 세계가 될 것이라고 합니다.

몇 년 전부터 미국 LPGA Top 10에 오르는 선수들의 국적을 보면 절반가량이 한국 여성입니다. 최근 미국 LPGA 투어에서는 18개 대회 중 16개 대회에서 한국과 한국 혈통을 가진 선수들이 우승했습니다. 한국계 선수들이 12연속 우승한 것을 포함한 성적입니다. 세계 스포츠사에서 보기 드문 경이로운 일입니다.

생물학적으로는 여성이 남성보다 우성(優性)이라고 합니다. 요즈음은 의대나 법대, 상대에도 여학생들의 입학생 수가 남학생들의 수를 능가하고, 과거 남성들의 전유물이라고 생각되어 왔던 사법고시나 행정고시 등 각종 국가고시에서도 여성 합격률이 50%를 웃돌고 있습니다. 2014년도 사법연수원을 졸업하고 임관된 판사 여성도 50%를 넘어섰다고 합니다. 이렇게 여학생들의 성적이 남학생들보다 우수한 것은 세계적인 현상이라고 합니다. 본능적·생태적으로 승부욕이 강한 남학생들이 각종 게임에 빠져있는 동안 여학생들은 책을 읽는다는 것입니다. 여학생들의 일주일 평균 학습시간은 5시간 30분으로 남학생들보다 1시간 길다고 합니다. 경제협력개발기구(OECD)가 64개국의 성별 학업 성취도를 분석한 바에 의하면 15세를 기준으로 여학생들의 학업 성취도가 남학생보다 1년 정도 앞선 것으로 나타났습니다.

2015년 1월 신문 보도에 의하면 우리나라 외교부 유엔과에 근무하는 외교관은 공익요원을 제외한 전원이 여성으로 채워졌으며, 남아시아 태평양국도 전원이 여성이라고 합니다. 외교부의 공채 합격자 여성 비율은 1980년대에는 1.1%를 밑돌았으나, 2010년에는 57%로 남성의 합격자 비율을 초월했고 그 비율이 점차 높아져 가고 있습니다.

한 가지 재미있는 사실을 소개합니다. 토요일이나 일요일 저녁 공원 길을 걷고 있는 사람들의 3분의 2는 여성입니다. 산에 오르는 사람들의 3분의 2는 여성입니다. 가을에 산행하다 보면 도토리 줍는 사람들을 많이 보게 됩니다. 대부분이 여성입니다. 도토리묵을 해 먹기 위해서라고 합니다.

카미노 길을 가다 보면 라 파바에서부터 팔라스 데 레이까지 가는 길옆에 있는 나무가 다 도토리나무요, 근처가 모두 도토리나무 숲입니다. 더욱이 이곳 도토리는 알이 크고 튼실합니다. 그런 도토리가 지천으로 널려있습니다. 마음만 먹고 줍는다면 30분이면 한 양동이는 가득 주울 것이며, 한나절이면 한 가마니(80kg)는 족히 주울 것입니다.

한국의 용감한 아주머니들이여! 비좁은 국토에서 다람쥐의 먹이가 되는 도토리를 따지 말고, 도토리나무를 더 이상 학대하지도 말고, 스페인의 카미노 길을 가시기 바랍니다. 카미노 길 위에는 지천으로 깔려있는 것이 도토리며 알밤입니다.

원래 주인이 없는 물건은 국가의 소유입니다. 그러나 이곳 스페인에 지천으로 널려있는 도토리를 줍는다고 문제를 제기할 사람은 아무도 없을 것입니다. 이것을 주워 먹거리 천국인 스페인에서 한국 고유 음식인 양질의 도토리묵을 개발하여 스페인과 전 유럽, 아니 전 세계인의 입맛을 바꾸어 보시기 바랍니다. 한국의 라면이 세계인의 입맛을 바꾼 지 오래고, 한국의 양념치킨이 동남아의 먹거리 시장에 상륙하여 동남아 치킨 산업을 평정하고 있다고 합니다. 한국의 도토리묵이 세계인의 먹거리 시장에 새로운 건강식품으로 각광받을지도 모르는 일입니다.

"구하라 그리하면 주실 것이요 두드리라 그리하면 열릴 것이라"고 성경에서도 의지 있는 자의 뜻을 격려하는 말씀이 있습니다. 이 말을 믿고 당장 실천하는 여성은 스페인에서 최초로 성공하는 국제적 식품회사의 사장이 될 수도 있을 것이라고 즐거운 상상을 해봅니다.

스트레스

11/4 제42일 리바디소 다 바이소(Ribadiso da Baixo) ~페드로우소(Pedrouzo) 23km 7h

이제 산티아고까지는 44km 남았습니다. 목적지에 가까워지니 가슴이 설레고 가볍게 흥분됩니다. 이른 아침부터 비가 부슬부슬 내립니다. 비는 하나님이 주시는 축복이긴 하지만, 이 길을 걷는 사람들에게는 귀찮은 존재입니다. 판초 우의를 뒤집어쓰고 걸으면 몸이야 비를 피할 수 있지만, 오랜 시간을 걷다 보면 바지를 타고 흘러내려 신발 속으로 스며드는 비를 피할 수가 없습니다. 아무리 방수가 잘되는 고어텍스 등산화라 할지라도 장시간 비에 노출되면 방수 기능을 잃을 뿐만 아니라, 한번 비에 젖으면 추위를 피할 수 없고, 재질이 두꺼운 등산화는 잘 마르지도 않습니다.

그래도 비가 가진 역할 중에는 역기능보다 순기능이 훨씬 많습니다. 촉촉한 비가 대지를 흠뻑 적셔주면 초목을 푸르고 싱싱하게 하고, 오염된 공기를 맑게 정화해줍니다. 비가 갠 후의 맑고 상쾌한 기분은 말로 표현할 수 없을 만큼 싱그럽습니다.

폭풍이나 태풍이 한 번 지나가면 태풍과 폭우의 피해로 수많은 이재민이 발생하고 농경지가 침수되는 등 많은 피해를 입게 됩니다. 그렇지만 태풍과 폭우가 지나가는 동안 오염된 공기가 깨끗하게 정화되고, 산속 깊숙한 계곡에서부터 도시 골목에 이르기까지 곳곳에 쌓여 있는 쓰레기 등 각종 오물이 말끔하게 청소됩니다. 먼지로 뒤덮인 빌딩과 도시 곳곳도 깨끗하게 세척됩니다.

또 저수지에 물을 가득 채워 각종 산업용수와 공업용수를 공급해주고, 우리의 식수원인 강과 호수를 정화해줍니다. 산속 깊숙한 곳에 물을 저장해두고 갈수기에 조금씩 흘러내리게 함으로써 우리의 농경지를 적셔주고 깨끗한 식수원이 되어줍니다.

한편 폭우로 불어난 물은 바다로 흘러들어 바다의 각종 퇴적물들을 쓸어내리고, 폭풍은 바다를 흔들고 뒤집어 바다 생물들이 살기 좋은 환경으로 바꾸어 줍니다. 손익을 계산한다면 자연과 생태계에는 손해보다는 이익이 훨씬 크다는 것이 생태학자들의 주장입니다.

빗줄기가 점점 굵어져 순례자를 위한 바에 들어가 비를 피하면서 카페 한 잔을 시키고는 Wi-Fi 비밀번호를 물었습니다. 웬만한 바나 레스토랑에서는 순례자들을 위해 Wi-Fi를 쓸 수 있도록 장비를 설치해놓고 서비스하고 있습니다. 그런데 이곳 카페 주인의 말이 참 재미있습니다. “No TV, No News! No Wi-Fi, No Stress!”

그렇습니다. 우리는 너무나 많은 문명의 이기와 정보의 홍수 속에 살고 있습니다. 이러한 각종 문명의 이기들이 우리의 삶을 문명화된 사회의 시민으로 살아가는 데 도움을 주고, 우리 삶을 쉽고 편안하게 해주는 것은 사실입니다. 그러나 이들이 우리를 스트레스로부터 해방시켜주고 행복하게 해주는 것은 아닙니다.

가정의학과 선생님들의 세미나에서 들은 이야기입니다. 현재 우리의 건강에 치명적인 해를 끼치고 사망에까지 이르게 하는 암이 발생하는 직접적인 요인은 밝혀진 바에 의하면 2가지가 있는데, 첫째는 스트레스이고, 둘째는 흡연이라고 합니다. 스트레스가 우리의 건강과 생명에 그만큼 나쁜 영향을 준다는 것입니다. 그렇지만 스트레스도 전혀 없으면 오히려 해가 된다고 합니다. 예를 들어 스트레스의 최고 한계치를 100이라 한다면 70 내외의 스트레스가 있어야 우리 몸에 적절한 저항력이 생기고, 목적 동기가 뚜렷해지며, 우리 몸이 도전에 반응하여 건강하고 민첩하게 돌아간다는 것입니다.

분명한 사실은 카미노 길을 걷는 동안 신문이 없고, 라디오가 없고, TV를 거의 시청하지 않지만 행복하다는 점입니다. 지식 정보화 사회에서 매스커뮤니케이션 시대를 살아가는 우리는 눈을 뜨자마자 신문을 읽고 TV를 켜 뉴스를 들으면서 하루 일과를 시작하고, 온갖 뉴스의 홍수 속에서도 새로운 뉴스거리를 찾아 두리번거리며 살고 있습니다.

그러나 이곳에서는 어둠이 걷히고 눈이 뜨이면 카미노 길을 떠날 준비로 부산합니다. 하루 종일 카미노 길을 걷는 동안 맑은 하늘 아래 펼쳐지는 주변의 아름다운 경치를 바라보며, 때로는 사색하며, 때로는 이름도 국적도 모르는 생판 초면의 카미노 동료들과 대화하며 걸어도 지루하다거나 피곤한 느낌이 전혀 없습니다. 세상의 온갖 뉴스도 궁금하지 않고, 이렇게 소박하게 사는 것도 행복하구나 하고 놀라워할 때가 있습니다.

대개 목표를 세우면 그 목표를 달성하기 위하여 긴장하고 스트레스를 받기도 합니다. 그러나 적어도 카미노 길을 걷는 동안은 이것이 신경 쓰이는구나 하고 스트레스를 느껴본 적은 거의 없습니다. 이것만으로도 충분히 행복하고, 이 길을 선택하고 온 것에 감사합니다.

산티아고 데 콤포스텔라

11/5 제43일 페드로우소(Pedrouzo) ~산티아고 데 콤포스텔라(Santiago de Compostela) 20.5km 7h

드디어 산티아고에 입성하는 날입니다. 아침부터 비 오다가 갰다가 우박이 쏟아지다가 맑아지기를 반복합니다. 우리의 산티아고 입성을 축복하는 하늘의 신호라고 자위하며 숙소를 나섰는데 날씨의 변동이 너무 심합니다. 나중에 이곳 현지인에게 들어보니 11월의 산티아고 날씨가 원래 이렇게 변덕스럽다고 합니다. 카미노 길의 비 갠 후 하늘엔 쌍무지개가 자주 떠오릅니다. 넓은 하늘을 채우기 위해 두 개씩 겹쳐

뜬 것인지, 하늘을 밝고 아름답게 수놓기 위해 쌍무지개를 띄운 것인지, 이런 쌍무지개를 바라보니 오늘은 무엇인가 좋은 일이 일어날 것이라고 은근히 기대도 됩니다.

순례를 시작하기 전에 아내와 한 가지 약속한 것이 있습니다. 우리는 날씨나 환경을 이유로 마을을 스킵하여 건너뛰지도 않을뿐더러, 힘이 든다고 차를 타고 가지도 않기로 했습니다. 짐을 부치지도 않고, 초기 순례자들처럼 배낭을 등에 메고 처음부터 끝까지 걷기로 약속했습니다. 2,000여 년 전 땅끝까지 「예수 그리스도」의 복음을 전하기 위해 이 길을 걸었던 「성 야고보」를 생각하며, 그가 간 길을 그와 똑같은 방식으로 묵상하며 침묵 훈련을 하기로 했습니다.

비가 오는 날 준비성이 철저한 순례자들은 스패츠를 차고 순례길에 오릅니다. 스패츠는 무릎 아래 발목에 차서 등산화와 발목 사이로 흙, 모래, 또는 눈 등이 들어오는 것을 막아주는 도구입니다. 이곳 카미노 길에서는 비가 오는 경우를 대비하여 준비해왔다가 유용하게 사용하는 사람들이 많이 있지만 한편으로 너무 많은 준비물을 챙겨왔던 사람들은 그 무게 때문에 도중에 버리고 가는 경우도 자주 보았습니다.

여기저기서 스패츠를 차고 순례길을 나설 준비에 한창입니다. 아내는 어디

서 구해왔는지 이곳에서는 볼사(Bolsa)라고 부르는 비닐봉지 4개를 구해왔습니다. 무릎에서 발목까지 묶고 가라고 합니다. 이른바 급조된 신형 스패츠입니다. 차고 보니 모양은 좀 흉하지만 비가 바지를 타고 내려 등산화로 들어오는 것은 막을 수 있었습니다. 이 복장을 하고 있으니 주변 사람들이 신기한 듯 바라보며 키득키득 웃기도 하지만 아이디어에 탄복합니다. 역시 여성들의 판단력과 현실 응용 능력이 남성들보다 탁월한가 봅니다.

그렇게 튼튼해 보이던 등산화도 1,000여 km를 걸어왔더니 발가락 틈새로 물이 슬금슬금 들어왔습니다. 이 비닐봉지로 허벅지와 발을 감싸고 나가니 허벅지는 물론 등산화까지도 방수가 됩니다.

우리의 복장을 보고는 모두 재미있어합니다. 그래도 이것을 차고 1시간은 거뜬히 견뎌냈습니다. 한국에 돌아가면 아내의 아이디어를 좀 더 활용하여 새털처럼 가볍고 방수가 잘되며 사시사철 쓸 수 있는 스패츠를 개발하는 방안을 모색해보아야 하겠습니다.

아침부터 5시간 가까이 비 오다가 우박이 쏟아지다가 맑아지기를 반복하는 악천후 가운데 길을 걸어 몬테 도 고소(Monte do Gozo)에 도착하였습니다. 비가 내리는 중에 라바코야 국제공항(Lavacolla International Air Port)에서 비행기가 조심스럽게 이착륙하는 모습이 보였습니다. 비행기가 뜨고 내리는 모습을 보니 이제 문명사회의 현실로 다시 돌아왔구나 하는 느낌이 전신에 와 닿았습니다. 순간 영화 「Back to the future」를 보면서 느꼈던 문화적 충격 같은 이질감이 들며, 우중의 길을 충직하게 걸어왔던 우리는 16~17세기의 중세 시대로부터 타임캡슐을 타고 시공을 뛰어넘어 21세기 문명사회로 갑자기 침입해 들어온 것이 아닌가 하는 생각마저 들었습니다.

저 멀리 아득히 산티아고 데 콤포스텔라 대성당(Catedral de Santago de Compostela)의 뾰족한 첨탑이 시야로 들어왔습니다. 내리막길을 걸어 내려오는데 벅찬 감회가 밀려왔습니다. 콤포스텔라 구시가지로 들어

와서 보도블록에 새겨져 있는 카미노의 상징인 조가비 마크를 따라 한참을 걸었습니다. 산 베드로 거리를 지나고 세르반데스 광장을 지나는데, 무수한 세월 동안 수많은 사람들의 발걸음에 닳았는지 바닥에 깔린 돌들이 비에 젖어 윤기가 흐르도록 반질반질했습니다.

비바람이 점차 약해질 무렵 터널처럼 생긴 순례자 문을 통과하였습니다. 오브라도이로(Obradoiro) 광장이 나타나기에 머리를 들고 주위를 둘러보니 왼쪽에 산티아고 데 콤포스텔라 대성당의 고풍스러운 모습이 갑자기 시야 속으로 확 들어왔습니다. 마음에 준비하고 있다가 산티아고 대성당이 나타나면 조금은 흥분이 덜했을 텐데, 갑자기 눈앞에 불쑥 나타나니 정신이 멍하였습니다. 드디어 내가 꿈꾸어왔던 「성야고보」의 정신이 살아 숨 쉬고 있는 곳, 산티아고 데 콤포스텔라에 온 것입니다. 820km를 온전히 도보로 걸어서 이곳까지 완주했구나 생각하니 벅찬 감격과 환희가 가슴속으로부터 파동 쳐 왔습니다. 대성당 앞바닥의 표지석에 발을 올려놓고 멈추어 서서 한동안 생장 피데포르를 출발한 이후의 지난 일들을 되돌아보았습니다.

멈추면 보이는 것이 많다는 선현들의 말씀이 이때처럼 선명하게 다가온 적은 없습니다. 마치 과거의 동영상을 느리게 지나가는 화면으로 다시 되풀이하여 보듯이 지난 43일간의 희노애락(喜怒哀樂)이 머릿속에 주마등처럼 스쳐 갔습니다. 여기저기서 먼저 도착한 사람들이 서로 축하하고 감격해하며 포옹합니다. 세계의 언어와 인종 전시장에 와 있는 듯싶습니다.

성당에 들어가서 의자에 앉아 눈을 감았습니다. 여기까지 오는 동안의 힘들고 고통스럽고 어려웠던 과정들이 주마등처럼 스쳐 지나갔습니다. 오는 도중에 카미노 길옆에 있었던 무수한 무덤들과 십자가들을 떠올리며 이곳까지 무사히 올 수 있었음에 감사의 기도를 드렸습니다. 또 그동안 먼 길을 동행하며 힘이 되어 주었던 아내와 이 길 위에서 만났던 수많은 사람들을 떠올리며 그들에게도 감사와 함께 평안을 구하는 기도를 드렸습니다.

고풍스러운 건물의 순례자 사무실에 가서 크리덴시알에 마지막 세요를 받았습니다. 순례를 끝낸 많은 사람들이 줄을 서서 산티아고의 주교회에서 보증하는 순례인증서인 콤포스텔라(Compostela)를 받기를 기다리고 있었습니다.

우리도 그 뒤에 줄을 서서 기다렸습니다. 그들은 나와 아내의 순례자여권을 받아 빽빽이 찍힌 세요를 찬찬하게 검사해 보고는 흡족한 표정으로 콤포스텔라를 완주했다는 증명서를 건네주며 축하해주었습니다.

밖으로 나오니 카미노 길에 동행하며 만났다 헤어지기를 거듭했던 눈에 익은 얼굴들이 자주 눈에 띄었습니다. 서로 반가운 마음으로 포옹하며 서로의 앞날을 축하해 주었습니다. 한 시간마다 성당의 종소리가 뎅뎅뎅 울리는데,

이곳저곳에서 울리는 종소리마저 우리의 완주를 축하해 주는 듯싶었습니다.

프랑스 남부 산골의 시골마을 생장 피테포르를 출발하여 43일 만에 820km를 걸어 산티아고 데 콤포스텔라까지 오는 도중, 메세타지역을 지날 때는 몇 번인가 이번 순례여행을 중도에 그만두고 다음 기회에 다시 시작할까 하는 생각도 자주 들었습니다. 다리가 아프고 힘들 때는 버스나 택시를 타고 점프해보고 싶은 유혹도 여러 번 있었습니다. 카미노 길을 시작한 사람들 중에 단지 15%만이 완주한다는 산티아고 데 콤포스텔라까지, 나와 아내는 단 한 구간도 스킵하거나 점프하지 않고 하나님이 주신 두 다리로 걸어서 드디어 완주한 것입니다.

「예수 그리스도」의 죽음과 오순절 성령 강림 이후 예수의 제자였던 「야고보」는 다른 사도들처럼 사마리아와 유대 지역에서 복음을 전하였으며, 이베리아 반도 서쪽 끝까지 다녀갔습니다. 이스라엘로부터 산티아고까지는 5,000km 이상 떨어져 있습니다. 당시 땅끝이라면 프랑스나 영국 또는 독일을 생각할 수 있고, 동쪽으로는 인도나 이란 북부 또는 중국도 생각할 수 있었을 것입니다. 그러나 「예수 그리스도」가 제자들에게 땅끝까지 하나님 나라의 복음을 전파하라고 했을 때, 제자들이 생각하는 땅끝은 당시의 스페인 땅인 이베리아 반도의 서쪽 끝 피스테라를 지칭하는 것이었다고 생각됩니다.

「야고보」는 이 멀고도 험한 지역에 와서 열심히 선교활동을 했지만 오직 7명의 제자만을 복음의 길로 인도했다고 하니, 오늘날의 기준으로만 본다면 성공한 선교사라고 보기는 어렵습니다. 그러나 이곳에서 선교사 역을 마친 그가 팔레스타인으로 돌아가 예루살렘 교회의 지도자로 활동하다가 AD 62년 순교하고 2,000여 년이 지난 지금, 스페인 전역에는 크고도 화려한 성당들이 도시마다 마을마다 가장 높은 자리에 우뚝 솟아있습니다. 팜플로나 대성당, 부르고스 대성당, 레온 성당, 톨레도 대성당, 세비야 대성당, 마드리드 대성당, 바르셀로나 대성당 등 내가 본 성당은 수없이 많이 있습니다. 오히려 기독교 발생국인 이스라엘이나 로마보다도 훨씬 많은 성당과 교회들이 가는 곳마다 가득합니다.

인간적인 시각으로 볼 때에 「성 야고보」는 당대에는 실패한 선교사라고 할지 몰라도, 믿음의 시각을 가지고 바라본다면 그는 「예수 그리스도」의 말씀을 땅끝까지 전하여 기독교를 스페인은 물론 전 세계에 전파하는 데 크게 기여한 위대한 선교사입니다. 기독교를 세계화하는 데 「베드로」, 「사도 바울」, 「아우구스티누스」, 「존 칼빈」과 같은 인물의 역할이 큰 것은 사실입니다. 그러나 「예수 그리스도」의 복음을 이베리아 반도 끝까지 와서 전하고 실천한 「성 야고보」는 「베드로」와 함께 「예수 그리스도」의 충실한 제자이자 초기 기독교를 정립하고 전파하는 일에 크게 기여한 선구자라는 데 의심의 여지가 없습니다.

「예수 그리스도」가 인간의 육신을 입고 이 땅에 오셔서 3년 공생애 기간 동안 이룩한 업적도 인간적인 시각으로만 본다면 실패한 지도자이며, 꿈을 이루지 못한 혁명가라고 생각할 수도 있습니다. 당시 율법주의에 물든 유대인들에게 하나님의 참사랑을 가르치고 인간애를 실천한 「예수」는 유대인들의 시각으로 볼 때는 위험한 인물이고 제거해야 할 암적 존재라고 느꼈을 것입니다. 더구나 「예수」를 따르는 무리들이 점점 늘어나고, 여러 가지 이적과 기적을 행하는 「예수」에 관한 신비스러운 이야기가 군중들 사이에 회자되고 유대인의 왕이라는 소문이 퍼지자, 당시의 유대교 지도자들은 유대의 질서를 어지럽히는 잠재적 적이라고 여겼음이 틀림없었을 것입니다.

「예수」가 유대인 지도자들과 율법주의자들의 요구대로 십자가에 못 박혀 처형되고 온갖 박해와 핍박을 받았지만, 2,000여 년이 지난 오늘날에는 전 세계 인구의 절반 가까이 기독교를 믿고 있으며, 기독교 사상과 문화가 꽃피어 전 세계 정신 사조思潮와 문명의 중심적 역할을 하고 있습니다. 「예수 그리스도」는 이 세상을 구원하기 위해 인간의 육신을 입고 말씀으로 오신 구세주라는 사실을 우리는 마음으로 믿고 입으로 시인하고 이를 증거해야 합니다.

미래를 바라볼 줄 아는 위대한 지도자는 땅 위에서 생전에 뜻을 이루는 것이 아니라 사후에 그 뜻이 이루어지는 모양입니다. 우리는 씨

Capitulum huius Almae Apostolicae et Metropolitanae Ecclesiae Compostellanae sigilli Altaris Beati Iacobi Apostoli custos, ut omnibus Fidelibus et Peregrinis ex toto terrarum Orbe, devotionis affectu vel voti causa, ad limina SANCTI IACOBI, Apostoli Nostri, Hispaniarum Patroni et Tutelaris convenientibus, authenticas visitationis litteras expediat, omnibus et singulis praesentes inspecturis, notum facit: Dominum

Kim Jeong Koo

hoc sacratissimum templum, perfecto itinere sive pedibus sive equitando post postrema centum milia metrorum, birota vero post ducenta, pietatis causa, devote visitasse. In quorum fidem praesentes litteras, sigillo eiusdem Sanctae Ecclesiae munitas, ei confert.

Datum Compostellae die 5 mensis novembris anno Dni 2014

Segundo L. Pérez López
Decanus S.A.M.E. Cathedralis Compostellanae

Capitulum huius Almae Apostolicae et Metropolitanae Ecclesiae Compostellanae sigilli Altaris Beati Iacobi Apostoli custos, ut omnibus Fidelibus et Peregrinis ex toto terrarum Orbe, devotionis affectu vel voti causa, ad limina SANCTI IACOBI, Apostoli Nostri, Hispaniarum Patroni et Tutelaris convenientibus, authenticas visitationis litteras expediat, omnibus et singulis praesentes inspecturis, notum facit: Dominam

Cheong Ho Yeon

hoc sacratissimum templum, perfecto itinere sive pedibus sive equitando post postrema centum milia metrorum, birota vero post ducenta, pietatis causa, devote visitasse. In quorum fidem praesentes litteras, sigillo eiusdem Sanctae Ecclesiae munitas, ei confert.

Datum Compostellae die 5 mensis novembris anno Dni 2014

Segundo L. Pérez López
Decanus S.A.M.E. Cathedralis Compostellanae

를 뿌리고 당장 열매를 거두고 싶어 합니다. 그러나 성경은 씨를 뿌리는 자와 열매를 거두는 자의 역할이 다르다고 가르칩니다. 우리는 하나님이 뜻하시는 역사의 도구입니다. 씨를 뿌리는 사명을 가지고 온 사람은 씨를 뿌리는 일을 열심히 하고, 열매를 거두는 일은 하나님이 역사하시는 또 다른 사람의 역할로 맡겨야 합니다.

꿈

11/6 제44일 산티아고 데 콤포스텔라 (Santiago de Compostela)

사람이 오랫동안 마음속에 품어온 꿈을 간절하게 소망하면 자신이 꿈꾸어 온 것과 비슷한 삶을 살아가게 된다고 합니다. 우리 집에는 조그마한 지구의가 하나 있습니다. 나는 이 지구의를 빙글빙글 돌리며 세계를 바라보고 내가 여행했던 여러 나라를 살펴보고 여행했던 순간들을 떠올리며, 다음에 갈 목적지를 설계하고 꿈에 부풀어 즐거워하곤 합니다.

사람이 꿈을 가진다는 것은 미래의 보석이 될 보물을 가슴속에 품고 기회를 기다리고 있는 것처럼 소중한 일입니다. 꿈을 가진 사람은 희망을 품게 되고, 소중한 꿈을 이루기 위해 가슴 설레는 미래를 준비합니다. 꿈과 비전을 가진 사람은 그 꿈을 이루기 위해 준비하는 시간이 행복할 뿐만 아니라 그 결과로 복된 열매를 취하게 됩니다. 꿈을 이루고 행복하기 위해서는 남과 비교하지 말아야 합니다. 남과 비교하는 것은 불행의 원천이 되기 때문입니다.

꿈은 하늘에서 뚝 떨어지는 선물이 아닙니다. 꿈을 이루기 위해서는 목적과 동기를 분명히 하고, 어제의 나와 달라진 오늘의 나를 발견할 수 있도록 구체적인 변화가 있어야 하고, 또 오늘의 나와 달라질 미래의 내 모습을 그려보고 그 모습을 현시하기 위하여 노력해야 합니다.

사람이 말을 자주 하면 그가 말한 대로 이루어진다고 합니다. 그만큼 말의 소중함을 강조하는 말입니다. 그런 의미에서 보면 말이나 꿈은 같은 맥락 위에 있습니다. 식물에게도 이것을 입증하는 실험 결과가 있다고 합니다. 한 나무에게는 칭찬과 좋은 말만 계속했고, 다른 나무에게는 저주와 악담만 계속했다고 합니다. 4개월 후에 보니 좋은 말만 듣고 칭찬을 받은 나무는 무성하게 잘 자랐는데, 악담을 듣고 저주받은 나무는 말라 죽고 말았다는 실험 결과입니다. 식물도 그러할진대 사람에게는 더할 나위가 없습니다.

두바이에 꿈을 현실로 이룬 지도자 「셰이크 모하메드(Sheikh Hamdan

bin Mohammed bin Rashid Maktoum)」가 있습니다. 젊은 시절 그는 '꿈쟁이' 였다고 합니다. 그는 두바이 왕 「라시드(Rashid)」의 둘째 아들로 태어나 1955년 왕세자에 오르면서 냉철한 판단력과 통찰력을 가지고 국가 개혁 프로젝트에 착수했습니다. 그는 "교육을 잘 받은 젊은 세대가 창의적으로 국가를 경영한다"면서 중동 지역의 인재 양성을 위해 백만 달러를 기부하였습니다.

세계적인 부동산 그룹 「나킬」을 통하여 사막과 유전에만 의존하던 유목 국가를 중동의 중심 국가로 바꿀 웅대한 비전을 가지고, 창의적 아이디어가 풍부한 세계의 싱크탱크(Think Tank) 집단을 모아 두바이의 개혁을 주도했습니다. 사막 가운데에 도시를 세워 세계 최대의 위락 단지인 '두바이 월드(Dubay World)'를 만들고 골프장과 실내 스키장을 지었습니다. 바다를 매립하여 세계 최대의 인공 섬인 '팜 아일랜드(Pam Ireland)'와 '쥬메라 파크(Jumera Park)'를 조성하였습니다. 팜 아일랜드와 쥬메라 파크에는 세계 최고급 호텔의 하나인 애틀랜타 호텔을 건립하고, 고층 아파트와 고급 콘도미니엄을 세워 세계 부호들로부터 투자를 유치하는 데 성공하였습니다.

세계 지도의 축소판인 꿈의 세상 '더 월드(The World)'에는 세계 각 나라의 모형을 닮은 바다 매립지가 이미 분양이 완료되었고, 아름다운 건축물들이 가득 세워지고 있습니다. 세계 최고급 7성 호텔인 '버즈 알 아랍(Burj Al Arab Hotel)'과 각종 호텔, 고층 빌딩을 세웠고, 다수의 세계적인 기업 본부가 이미 두바이로 이전해 왔습니다. 하이테크놀로지 산업단지를 조성하여 세계 유수 기업들의 투자를 유치하는 데 성공하였습니다. 세계 유수 대학 분교를 유치하여 중동과 유럽의 해외 유학생들을 모으고, 최신 의료 시스템을 갖춘 병원을 유치하여 중동 지역 의료의 메카임을 입증하려 하고 있습니다.

세계에서 가장 높은 빌딩인 '더 버즈 두바이(The Burj Dubay)'를 한국 기업인 삼성엔지니어링이 수주하여 완공한 사실은 우리도 자랑스럽게 생각하고 있습니다.

사진으로 보는 것과 현장에 가서 보는 것에는 커다란 차이가 있습니다. 나는 젊은이들에게 지금 두바이를 가서 보라고 권합니다. 고층 빌딩이 가득하고, 매립된 바다에는 세계 최고급의 호화로운 건축물들이 세워져 세계적인 기업들이 입주해 있고, 바닷가에는 휴양시설과 각종 호텔, 아파트, 콘도가 가득합니다. 도심을 가로지르는 전철이 두바이의 동맥처럼 각종 빌딩과 연구단지, 의료단지, 캠퍼스 타운, 쇼핑센터와 건물들을 연결하는 젖줄이 되고 있습니다. 바닷모래를 파내어 건설한 운하에는 온갖 종류의 관광 유람선이 관광객들을 유혹하고, 바다와 육지를 연결하는 통로 역할을 하고 있습니다. 최고급 백화점마다 세계적인 기업이 만든 최고급 상품들로 가득하고, 매력 있는 가격 테이블이 세계인들의 구매력을 부채질하고 있습니다. 그런가 하면 세계 최저 가격으로 판매하는 질 좋은 상품들도 진열대에 가득합니다.

지금으로부터 5년 전, 한때 세계적인 경기 침체와 건설 경기 부진으로 두바이의 건설 붐을 '거품경제'라고 폄하하고 두바이를 '실패한 개혁의 모델'이라고 우려하는 목소리가 높았던 적이 있습니다. 그러나 지금의 두바이를 보면 그런 걱정은 사라지고 배 아픔과 시샘으로 가득할 것입니다.

70여 년 전 두바이는 해변의 보잘것없는 사막 마을에 불과했습니다. 모래가 가득한 언덕 해안가를 중심으로 움막집을 짓고 고기잡이하거나 사막을 유랑하는 유목 민족이 거주하던 쓸모없고 볼품없는 지역이었습니다. 그 시절의 사진이 타일로 모자이크되어 두바이 주요 지하철역 벽면에 커다랗게 전시되어 있습니다. 검게 그을린 얼굴에 앙상하게 깡마르고 까만 눈동자만 반짝이던 사람들이 머리에 하얀 두건을 두르고 고기잡이배의 노를 젓던 시절! 불과 70~80년 전 두바이의 현실이었습니다.

오늘날 두바이에는 그런 흔적을 전혀 찾아볼 수 없습니다. 사막을 깎아 부두를 만들고, 중동과 아프리카로 수출되는 물량을 하역하여 각 나라로 송출하는 보급기지가 되었으며, 세계적인 기업의 매력 있는 투자처가 되었습니다. 북유럽 추운 지역에 사는 사람들이 사시사철 수영복을 입고 햇빛을 즐길 수 있는 꿈의 휴양시설로 변했습니다. 바로 미래를 꿈꾸었던 지도자가 꿈속에서 생각했던 모든 일들이 현실에서 사람의 창의적 아이디어와 노력으로 이루어진 것입니다.

꿈과 비전은 소중한 무형의 보고(寶庫)입니다. 우리가 갖는 꿈은 반드시 현실에서 이루어집니다. 우리는 미래에 대한 꿈을 크게 가져야 합니다. 꿈을 크게 가진다고 문제를 제기하거나 제재할 어떠한 세력도 어떠한 이유도 존재하지 않습니다. 그것이 어떠한 꿈이든지 미래는 우리가 말하고, 꿈꾸고, 기대하는 대로 이루어집니다.

어제 오후 늦게 벅찬 감격으로 산티아고 데 콤포스텔라에 입성하였습니다. 처음 출발할 때는 '과연 내가 그 길을 끝까지 걸을 수 있을까?'하고 반신반의하였습니다. 비가 심하게 내리거나 다리가 아플 때는 한 구간쯤 차를 타고 건너뛰거나 호텔에서 쉬고 싶은 유혹도 여러

번 있었습니다. 또 이 험한 길을 왜, 무엇 때문에 걸으려고 하는지 의문을 제기하며 초점이 흔들릴 때도 있었습니다. 이 길을 걷는 것이 진정 깨달음의 길인지 여러 번 자문하며 회의적인 생각이 들 때도 있었습니다. 특히 광활한 메세타 지역을 지날 때는 중세 때 걸었던 이 길을 그때와 같은 방식으로 걷는 것이 초스피드 지식 정보화 시대를 살고 있는 우리 시대의 흐름에 역행하는 일은 아닌가 하는 의문도 있었습니다.

그러나 완주하고자 하는 작지만 소박한 꿈이 있었기에 이곳 산티아고 데 콤포스텔라까지 온 것입니다. 순례 초기에 내가 생각하고 고민해왔던 많은 문제들은 대부분 순례길을 걷는 동안 내 마음속에서 해답을 발견했습니다. 나의 물음에 미국인 친구가 "Mostly"라고 대답했듯이, 나 역시 대부분의 문제에 대하여 마음속으로 해답을 얻었다고 생각합니다. 이제 그 대답들을 좀 더 구체화하여 나의 생활 속에 적용해야 하겠다고 생각합니다.

나의 카미노는 산티아고에서 끝나는 것이 아니라, 무시아를 거쳐 피스테라까지 가야 합니다. 아니 피스테라에서부터 마음속으로 소망하는 꿈을 찾아 또 다른 마음의 순례길을 떠나야 하겠습니다.

오늘 아침 10시에 산티아고 데 콤포스텔라 대성당 미사에 영국인 「마벨」 부부와 참석하기로 했습니다. 오늘은 경건한 마음으로 성당 미사에 참석하여 주님을 찬미하는 예배를 드려야겠습니다. 그리고는 매력 넘치는 종교의 도시이자 교육의 도시인 산티아고 데 콤포스텔라에 몸과 마음을 풍덩 던져 「성 야고보」의 업적에 감사하며 그를 기리는 탐사를 하려고 합니다.

여성의 지혜와 능력

11/7 제45일 | 산티아고 데 콤포스텔라(Santiago de Compostela) ~ 네그레이라(Negreira) | 22km 7h

11월이 되니 날씨도 쌀쌀해지고 비가 자주 와서인지 순례자들의 수가 급격하게 감소하였습니다. 대부분의 알베르게나 호스텔, 바 등 편의시설도 날씨가 추워지면서 문을 닫았고 겨울 동안 영업을 중단하는 곳이 많습니다. 4일 전부터 내리기 시작한 비는 오늘 아침에도 그칠 줄 모릅니다.

순례길을 걷는 순례자들의 목적지는 대부분 산티아고 대성당까지입니다. 산티아고만 해도 스페인 각지에 있는 카미노 길을 통해서 온 순례자들로 인해 도시가 붐비고 활기가 넘쳐났습니다. 산티아고 대성당과 산티아고 대학 캠퍼스 주변은 세계 전역에서 온 순례자들의 발길로 밤과 낮을 구별하기 어려울 정도로 붐볐습니다. 호텔마다 순례를 마친 순례자들로 넘쳐났고, 레스토랑은 북적였습니다.

산티아고를 벗어나 네그레이라로 가는 길로 접어들자 순례자들의 발길이 갑자기 격감했습니다. 대부분 순례자들의 목표는 산티아고 대성당에 와서 미사를 드리는 것으로 끝나기 때문입니다. 산티아고까지 온 순례자들의 10분의 1만이 무시아(Muxia)나 피스테라(Faro de Fistera)까지 순례를 계속한다고 하며, 대부분은 하루 이틀 시간을 내서 버스로 무시아나 피스테라를 방문하는 것으로 순례 일정을 마친다고 합니다.

산티아고를 뒤로하고 2시간 가까이 내리막길을 걸어 벤토 언덕(Alto do Vento)에 도달하였습니다. 벤토 언덕부터는 급격한 오르막 산길로 이어졌습니다. 소란스러웠던 산티아고를 벗어나 인적이 뜸한 길을 침묵 속에서 자신을 성찰하며 걷는 것도 순례 가운데 얻을 수 있는 또 하나의 매력입니다. 산티아고에서 네그레이라까지 오는 길은 차도를 따라서 걸을 때도 있지만 부드러운 흙길이 많고, 길 양옆으로는 유칼립투스와 소나무 숲이 우거져 있어서 숲의 터널을 통과하는 기분은 개선장군이 입성하는 느낌입니다.

그러나 오는 도중에 바나 레스토랑의 문이 모두 닫혀 식수를 구하는 데도 어려움이 있었고, 알베르게와 호스텔조차 거의 대부분 문이 닫혀 숙소를 구하는 데 애를 먹었습니다. 저녁 어두워질 무렵에야 겨우 찾아낸 알베르게는 난방이 되지 않아 매우 추웠습니다. 가뜩이나 비를 맞아 추워서 따뜻한 숙소를 찾고자 했으나, 조그마한 마을이라서 호텔은 물론 호스텔이나 다른 어떤 형태의 숙소도 구할 방법이 없었습니다. 하는 수 없이 그나마 하나뿐인 알베르게에 들어가니 따뜻한 기운이라고는 샤워장 수도꼭지에서 나오는 따뜻한 물밖에는 없었습니다. 알베르게 안의 실내는 밖의 공기보다도 더욱 차갑게 느껴집니다. 샤워장의 따뜻한 물로 오랫동안 샤워를 하며 추운 몸을 녹였습니다. 오늘 같은 날은 수도꼭지에서 나오는 따뜻한 물만으로도 문명세계의 고마운 혜택에 감사하게 됩니다.

나는 땀이 많이 나는 체질이어서 카미노 길을 걸은 후에는 매일 저녁 샤워를 한 후 겉옷과 속옷을 모두 세탁하고 건조해 다음 날 갈아입어 왔습니다. 전날 땀에 젖은 옷을 다음 날 다시 입는 것은 기분도 언짢을뿐더러 주변 사람들에게 불쾌감을 줄 수 있습니다. 그래서 걷기가 끝나고 샤워한 후에는 하루도 거르지 않고 반드시 그날 입었던 옷을 모두 벗어 세탁하였습니다.

대부분의 알베르게에는 세탁기와 건조기가 있어 어려움이 없었지만, 세탁

기나 건조기가 없는 경우에는 손세탁을 하여 자연 건조했습니다.

비가 오는 날은 전날에 세탁한 옷들이 잘 건조되지 않아 젖은 상태로 배낭에 넣어 가지고 다니다가 날씨가 맑은 날 건조시켜 입었습니다. 그런데 벌써 4일째 비가 계속 내리니 내 몸에 걸친 옷뿐만 아니라 그동안 세탁하여 배낭 안에 넣어두었던 모든 옷들이 젖어 기분이 칙칙한 데다 배낭 무게도 보통이 아닙니다.

저녁에 근처 슈퍼마켓에 들러 따뜻하게 먹을 수 있는 수프와 식재료 몇 가지, 그리고 와인을 사 와서 와인과 치즈로 추운 몸을 덥히며 간단히 식사를 마쳤습니다. 그리고 마치 소라 껍데기 속에 몸을 숨기고 사는 게처럼 몸을 최대한 웅크린 채 그 위에 모포를 여러 장 겹쳐 덮고 잠자리에 들었습니다.

그런데 다음 날 아침에 아내는 비가 오는데도 어제 세탁한 옷가지와 양말을 잘 건조해서 가져왔습니다. 밤사이에 히터가 작동되었나 봅니다. 숙소의 히터 위에 젖은 옷가지와 양말을 올려놓았는데 아침에 잘 건조되었다며 기분이 좋은 듯 활짝 웃었습니다. 역시 여자는 남자에 비해 준비성이 깊고 모든 가능성에 대비하는 섬세한 면이 있구나 생각하며 고마운 마음으로 받았습니다.

교육학자들의 논지에 따르면 남성들은 공간지각능력이 우수한 반면에 여성들은 인지지각능력이 뛰어나다고 합니다. 그래서인지 남자들은 도로와 거리를 인식하고 기억하는 능력이나 운전하는 능력이 여성보다 뛰어납니다. 예를 들어, 나는 운전할 때 앞차의 3~4대 흐름과 속도를 파악하며 운전합니다. 뒤따라오는 차와 옆쪽 차의 움직임도 예의 주시하며, 먼 곳의 신호와 차량의 전체적인 흐름까지도 한눈에 파악하며 운전합니다. 가능한 외제 차의 꽁무니는 피해서 운전하며, 앞·뒤·옆 차의 차종까지도 한눈에 파악합니다. 차선을 변경하는 경우에는 단 한 번에 변경하고, 주차를 할 때도 단 한 번에 안전하게 주차합니다.

그러나 아내가 운전하는 경우는 다릅니다. 대개 아내는 앞차의 꽁무니만을 따라서 운전하는 경우가 많으며, 옆 차와 뒤차의 흐름을 잘 보지 않는 것 같습니다. 멀리 앞선 차량이 정지 신호를 받고 서 있어도 바로 앞차만을 보고 따라가다가 급정차하는 경우가 자주 있으며, 차선을 바꾸거나 주차할 때는 정말 답답합니다. 주변 사람들과 대화하다 보니 대부분의 여성 운전자들이 그렇게 운전한다고 합니다.

재미있는 말이 있습니다. 아내에게 골프를 가르쳐 주거나 운전을 가르쳐 주는 남편은 성인聖人이거나 멍청이거나 둘 중 하나라고…. 어떤 부부는 남편이 아내에게 운전을 가르쳐주다가 싸우고 결국에는 서로 갈라섰다는 기사를 본 적도 있습니다. 그만큼 여성은 기계 조작이나 공간지각능력이 남성에 비해 뒤진다는 것입니다.

그러나 인지지각능력은 여성이 남성보다 훨씬 뛰어나다고 합니다. 나는 아내와 말다툼을 잘 하지 않습니다. 말다툼을 하면 언제나 내가 불리해지기 때문입니다. 특히 각론으로 들어가서 누가, 언제, 어디서, 무슨 말을, 어떻게 했는지, 그리고 누가 어떻게 반응했는지 구체적으로 얘기하면 나는 두 손을 들 수밖에 없습니다. 전혀 기억할 수 없기에 두 눈만 깜빡일 뿐입니다.

남성은 이성적 능력이 뛰어난 반면, 여성은 감성적 능력이 풍부하다고 합니다. 그래서인지 철학자나 인문·사회과학자들은 남성들이 많은 반면, 예술 분야나 작가들 중에는 여성들이 월등히 많습니다. 소설가들이나 TV 연속극의 작가들을 잘 관찰해 보시기 바랍니다. 대부분이 여성입니다. 경영학에서도 예전에는 창의경영·효율경영을 중시하였으나, 이제는 감성경영을 중시하는 시대로 접어든 지 오래입니다. 음악이나 미술 등 예술 분야에서도 여성들의 활동이 과거에 비해 월등히 많아졌고, 연구나 기업경영 등 전문 직종에서도 많은 여성들이 최고경영자의 위치에서 활동하고 있습니다. 한국 최초의 우주비행사「이소연」씨도 여성입니다.

영국이 16세기에 세계적인 강국으로 부상하고 전 세계로 영토를 가장 넓게 확장하는 데 기여하며 대영제국의 기틀을 마련한 사람도 「엘리자베스 1세(Elizabeth Tudor)」 여왕이었으며, '요람에서 무덤까지' 복지를 중시하던 영국이 사회복지 실패 국가의 위기에 처하고 노동조합의 극렬한 노조 활동과 파업으로 국가 시스템이 마비될 지경에 이르렀을 때, 만성적 영국병이라는 노동조합의 파업을 중단시키고 오늘날의 안정된 국가 틀을 세우는 데 기여한 인물도 여성인 「마가렛 대처」 수상입니다.

독일의 「앙겔라 메르켈(Angela Merkel)」 총리도 2005년 독일 역사상 최초의 여성 수상이 된 이래 3선 연임에 성공하여 통일 독일 이후의 가장 강력한 리더십을 발휘하고 있으며, 유럽연합의 사무총장을 두 번이나 역임하여 유럽의 안정과 번영을 이끄는데 기여하였습니다. 「앙겔라 메르켈」 총리는 2011년 미국 타임지가 선정한 세계에서 가장 영향력 있는 100인 가운데 한 사람으로 선정되기도 했으며 오늘날에도 여성 특유의 섬세하면서도 강력한 지도력으로 유럽의 모범 국가로 우뚝 서 귀감이 되고 있습니다.

우리나라의 대통령도 대한민국 건국 이래 최초로 여성 대통령이 집권하여 나라를 안정적으로 통치하고 있지 않은가요! 미국이나 동북아시아의 강국인 중국과 일본은 물론 세계 어느 나라에서도 선거에 의해 대통령을 배출한 적이 없는 일을 우리나라는 해낸 것입니다. 남성들은 여성들이 가지고 있는 섬세하고 감성적인 창의적 능력을 잘 계발할 수 있도록 충분히 기회를 제공하고, 여성들이 가진 잠재적 능력을 잘 발휘할 수 있도록 기회의 문을 활짝 열어 놓아야 합니다. 여성들의 능력도 하나님께서 창조의 뜻에 따라 내려주신 인류의 복된 자산입니다.

세상의 아름다운 트레킹 코스

11/8 제46일 네그레이라(Negreira) ~산타마리나(Santa Marina) 21km 7h

네그레이라로부터 산타마리나까지 오는 길 내내 하루 종일 비가 내렸습니다. 이 구간에서도 한 가지 재미있는 사실이 보입니다. 생장에서 산티아고까지 820km를 가는 길의 3분의 2는 여성이었습니다. 그런데 산티아고까지의 순례길을 마치고 산티아고로부터 땅끝 마을인 피스테라(Fisterra)나 무시아(Muxia)까지 120여 km를 더 가는 길에 순례자는 거의 없지만, 그나마 적은 순례자 중 4분의 3은 여성이라는 사실입니다.

남성이든 여성이든 이들에게 공통적인 질문을 던져보았습니다. 이 길을 오기 전에 어떤 일을 했었는지를. 대부분이 직장을 다니다 중도에 퇴직하고 왔다고 합니다. 하기야 40여 일 이상 걸어야 하는 이 길을 직장에 재직하고 있으면서 온다는 것은 양의 동서를 막론하고 쉽지 않을 것입니다. 외국에서야 직장을 이직하고 다른 직장 구하는 것이 쉬운지 모르지만, 한국의 경우에는 다니던 직장을 퇴직하고 새로운 직장을 구한다는 것이 그리 쉬운 일은 아닐 것입니다. 남성들에 비해 여성들이 더욱 힘들 텐데, 여성들은 과감하게 직장을 퇴직하고는 하고 싶은 일을 찾아 미련 없이 훌쩍 떠납니다.

11월 날씨치고는 제법 춥습니다. 아내는 오늘부터는 꼭 난방이 되는 숙소를 찾아가야겠다고 합니다. 네그네이라로부터 산타마리나까지 오는 동안에도 숙소가 별로 없었지만 그나마 있는 숙소도 문이 굳게 닫혀있었습니다.

카미노 길 위에도 '수요와 공급의 시장경제 원리'가 철저히 적용되나 봅니다. 겨우 찾은 곳이 바를 겸하여 운영하고 있는 알베르게였습니다. 바에 들러 따뜻한 차를 한 잔 주문하고 알베르게에 난방이 되는지 여부를 물었습니다. 주인은 눈으로 직접 확인하라며 두 손의 손가락을 쌍안경 쥐듯이 동그랗게 감싸 눈에 갖다대고 숙소로 안내하였습니다. 역시 난방이 안 되고 있었습니다. 우리가 나갈 듯한 태도를 보이자 주인은 재빨리 벽난로 뚜껑을 열고 난로에 불을 붙이며 선심을 쓰는 듯 빙그레 웃습니다. 그 뜻이 고맙기도 하고 성의에 감사하여 이 알베르게에 머물기로 하였습니다.

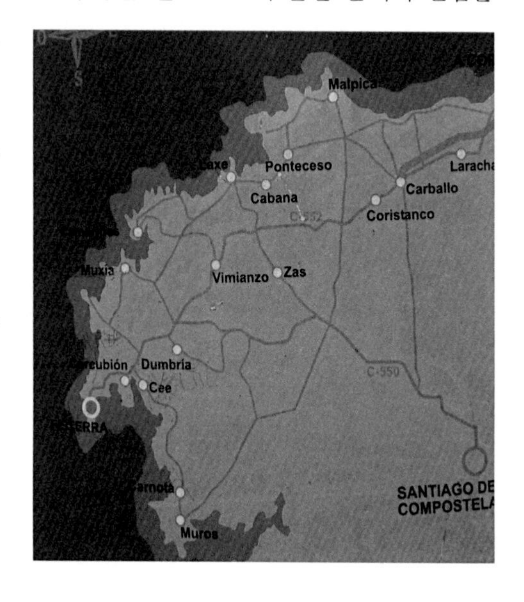

알베르게를 겸한 바이기에 주인에게 저녁식사를 주문하고 샤워를 하는 동안 미국 여성 1명과 스위스 여성

1명, 에스토니아 여성 1명, 그리고 한국 여성 1명이 추가로 들어왔습니다. 스위스 여성은 산티아고까지 오는 길에 자주 만나서 익히 알고 지내왔던 잠이 무척 많은 처녀입니다. 스위스는 북반구에 위치하는 관계로 겨울 밤 시간이 깁니다. 그래서인지 이 친구는 보통 저녁 7시쯤 잠자리에 들면 다음 날 7시까지 12시간을 침대에서 꼼짝도 하지 않고 누워있는 특이한 처녀였습니다.

에스토니아는 우리에게는 조금 생소한 나라입니다. 러시아 북서부에 국경을 접하고 있으며 라투비아, 리투아니아와 함께 발트 해 동부 3국 가운데 한 나라입니다. 구소련 연방공화국의 일부였으나 소련의 해체와 함께 분리되어 1991년 재건국했으며, 현재는 유럽연합(EU)의 회원국이고 북대서양조약기구(NATO)에도 가입되어 있습니다. 인구 일백삼십만 명의 작은 나라이지만 1인당 GDP가 $26,555이며, 주산업은 셰일 오일과 석회석, 그리고 울창한 산림이라고 합니다. 원시 자연이 잘 보존되어 있고 수많은 늪지대와 호수 등 빙하기에 형성된 야생이 잘 보존되어 있지만, 전 국토의 평균 해발고도가 50m이고 가장 높은 지역이 318m라고 합니다.

에스토니아에서 온 처녀는 회사에서 농산물을 외국에 수출하는 업무를 담당한다고 하는데, 외국어가 상당히 능숙한 것으로 미루어 옛 공산권 국가임에도 불구하고 에스토니아의 사회 환경은 동구권 국가 중에 가장 자유스러웠나 봅니다.

저녁 식사를 하며 대화하다 보니, 세 명은 다니던 직장을 그만두고 이 길에 왔고, 에스토니아에서 온 처녀는 휴가를 얻어서 왔다고 합니다. 에스토니아는 세계에서 가장 비종교적인 국가 중 하나라고 하며 전 인구의 10%가 개신교, 16%는 러시아 정교를 믿으며, 가톨릭을 믿는 사람은 극소수에 불과하다고 합니다. 에스토니아는 우리나라와는 전혀 교류가 없는 것으로 알았습니다. 그런데 소수의 고려인 후예들이 중앙아시아로부터 그 먼 땅에까지 이주하여 식당 등을 운영하며 살고 있다고 하니, 이를 문화의 힘이라고 이해해야 할지 서러운 이민 역사가 남긴 잔재라고 해야 할지 모르겠지만, 한국인의 억척스러움과 근면성은 세계인이 인정해주는 것 같습니다.

저녁식사가 끝난 후 벽난로 가에 모여앉아 네 여성에게 산티아고까지 순례를 마친 후에 왜 피스테라(Fisterra)로 가는 길을 선택했느냐고 물었습니다. 그들의 대답은 한결같이 「야고보」 성인의 전도 전설이 있는 땅끝 마을까지 가는 길이 아름답고 바다를 보고 싶어서 걷는다는 것입니다. 이곳에 와서 경험해보니 생장 피데포르에서 산티아고까지의 카미노 길은 아름다웠지만 바다를 본 기억은 없습니다. 산티아고에서부터 피스테라까지 가는 길도 그에 못지않게 아름다운 길이지만,

스페인의 서쪽이 대서양과 접하고 있고, 「야고보」 성인의 전설이 서려 있는 땅끝 마을과 대서양 바다가 그곳에 있기에 가보고 싶기도 할 것입니다. 이유치고는 좀 싱겁다고 생각되었습니다. 그러나 스위스나 유럽 또는 미국 중부 등 내륙 지역에 사는 사람들 중 일부는 일평생을 바다 구경 한번 못 하고 살다가 생을 마감하는 사람들도 있습니다. 우리처럼 삼면이 바다로 둘러싸여 있고 어느 곳에 살든지 1~2시간 이내에 바닷가에 가서 푸른 바다를 볼 수 있는 사람들이 우리들만의 시각으로 타인을 판단해서는 안 됩니다. 우리의 문화나 생활 습관을 기준으로 타 문화권에서 생활하는 사람들을 평가하는 것은 현명한 생각이 아니라고 봅니다.

세계에는 아름다운 트레킹 코스로 유명한 곳이 산티아고 카미노 길 말고도 꽤 있습니다. 내가 경험한 가장 아름다운 트레킹 코스를 꼽으라면 첫째는 뉴질랜드 남섬의 밀포드 사운드에 있는 '밀포드 트랙킹(Milford Tracking)' 코스를 말하고 싶습니다. 태곳적 원시의 아름다움이 눈 덮인 산과 숲 속 곳곳에 감추어져 있고, 밀포드 사운드에서 바라보는 신비스러운 형상의 아름다운 산과 바다의 절경은 숨이 막히기에 충분합니다. 파라마운트 영화사가 제작한 영화를 보면, 영화의 처음 장면에서 파라마운트 산이 나오고 별들이 둥글게 산을 감싸는 바로 그 산이 실제로 존재하는 하늘과 산과 바다가 만나는 곳입니다. 마치 신들이 축제를 하면서 흘려놓은 비경 같습니다. 두 번째로 꼽으라면 캐나다 밴쿠버 아일랜드에 있는 '퍼시픽 림'트레일 코스를 말하지 않을 수 없습니다. 밴쿠버 앞에 그림처럼 떠있는 밴쿠버 아일랜드와 태평양 동쪽 해안이 만나는 곳에 보물처럼 숨어있는 비경 중의 비경입니다. 눈을 깜박이는 시간조차 아까울 정도로 눈이 시리게 아름답습니다. 퍼시픽 림 트레일은 조금 위험하여 조심스럽기는 하지만, 트레킹을 원하는 사람들에게 종교적 신념이나 다른 목적이 있다면 몰라도 아름답기로만 말한다면 나는 위의 두 길을 추천하고 싶습니다.

용감하고 도전적인 여성들

11/9 제47일 산타마리나(Santa Marina) ~둠브리아(Dumbria) 21km 7h

산타마리나에서 둠브리아로 가는 길에 우리와 반대 방향으로 지나가는 독일 여성 2명을 만났습니다. 그들은 각각 20대 후반에서 30대 초반으로 보이는데, 산티아고 순례여행을 끝내고 무시아를 거쳐 피스테라까지 갔다가 산티아고로 돌아가고 있는 중이라고 합니다. 비가 억수같이 쏟아지는데 아랑곳없이 유유하게도 걸어옵니다. 사실 우리는 산타마리나를 출발하여 이곳까지 13km를 걸어오는 동안 비를 피할 곳이나 바가 있었으면 벌써 들어가서 비가 그치기를 기다렸을 것입니다. 여기까지 오는 동안 비를 피할 바나 호텔이나 알베르게나 그 어떤 시설도 없었다는 이야기입니다.

세차게 내리치는 비는 바지 속을 타고 흘러내려 습한 기운이 양말 속으로 스며들고 엉덩이까지 칙칙하게 젖어 올라왔습니다. 이렇게 하루 종일 오는 비 앞에는 우의도 우산도 아무 소용이 없습니다. 이런 날씨에 더 이상 걷는 것은 용기가 아니라 만용이라고 생각되어 사방을 둘러보았으나, 카페나 쉼터 혹은 몸을 숨길 그 어떤 장소도 보이지 않았습니다.

노란 방수복 우의를 입은 여성이 우리의 반대 방향에서 다가오며 "오는 길에 카페나 바가 있느냐"고 물었습니다. "우리 역시 카페나 바를 찾고 있는 중"이라고 대답해 주었습니다. "어디에서 왔느냐" 물었더니 "피스테라에서 오는 중"이라고 합니다. "어느 국가에서 왔느냐"하고 다시 물어보았더니 "독일 프랑크푸르트에서 왔으며, 산티아고를 거쳐 피스테라까지 갔다가 되돌아오는 중"이라고 합니다. 비록 방수복을 입었다지만, 옷은 이미 몸에 착 달라붙어 있고 머리 또한 비에 흥건히 젖어있었습니다. 뭐라도 도와주고 싶은 마음이었지만 곰곰이 생각해도 도움을 줄 수 있는 방법이 없었습니다. 대단한 여성이라고 생각하며 비는 오지만 "부엔 카미노!"하고 인사를 하고는 헤어졌습니다.

그로부터 10분쯤 걸었습니다. 멀리서 오는 모습을 보니 이번에도 여성인데 반바지를 입었고 우비조차도 없이 비를 맞으며 빗길을 걸어오고 있었습니다. 우리는 우비를 걸치고도 추워서 잔뜩 웅크리고 걷고 있는데 참으로 야무진 여성이다 싶었습니다. 가까이 오더니 "올라!"하며 먼저 인사말을 건네왔습니다. 완전히 물에서 막 건져 올린 생쥐의 모습이었습니다. 보기에도 안됐다 싶어 "뭐 도와줄 거라도 있는가"하고 물었더니 "괜찮다"고 대답하며, "오는 길에 바나 카페 혹은

알베르게가 어디쯤 있느냐"고 물었습니다. "13km 이내에는 바나 카페나 혹은 쉴 만한 어떤 시설도 없다"고 대답해주었습니다.

"어느 나라에서 왔느냐"고 물었습니다. "스웨덴에서 왔다"고 합니다. 북반구 추운 곳에서 와서인지 추위를 별로 의식하지 않는 것 같았습니다. 그녀는 골똘히 생각하더니 오던 길을 되돌아가며 "오늘은 뒤로 돌아가 알베르게에서 쉬고 다음 날 가겠노라"며, "한 시간을 더 가면 바가 나온다"고 가르쳐 주었습니다. 그 여성도 역시 상황 판단이 빠르고 현실 인지 능력이 뛰어나다고 생각되었습니다.

무엇이 여성들을 이렇게 억세고 강하게 할까 생각해 보았습니다. 모성애인가? 아니면 생태적 본성인가? 모성애라고 하기에는 나이가 어립니다. 모성애를 발휘하려면 적어도 결혼하고 한두 명의 아이를 낳아서 길러본 경험이 있어야 할 터인데 말입니다. 생존 경쟁에서 여성들이 남성보다 현실 인식 능력이 뛰어나다는 사실을 다시 한 번 확인할 수 있는 기회였습니다.

빗줄기는 더욱 억세게 내리치고, 맑게 흐르던 시냇물은 불과 몇 시간 만에 검붉게 변하여 콸콸콸 흘러내립니다. 아내가 물었습니다. "우리가 도대체 왜 이 빗속을 뚫고 걸어가야 하느냐"고. 나도 그 이유를 찾고 있는 중이라고 대답했습니다. 이 빗속을 걷는 이유는 내 안에 존재하는 선한 성품의 내가 걷기를 중지하기 원하면서도, 다른 한편으로 내 안에 존재하는 또 다른 억세고 고집스러운 내가 계속 걷기를 요구하기 때문이라는 사실을 깨달았습니다. 선한 나와 고집스러운 또 다른 내가 내면에서 충돌하여 갈등하고 있는 것입니다.

비는 속옷까지 파고들어 온몸이 축축해졌고, 등산화 속의 발은 완전히 물속을 걷고 있는 것 같은 느낌이었습니다. 달리 선택의 여지가 없었습니다. 앞으로 한 시간을 더 가야 바가 나온다고 했으니, 뒤로 돌아 13km를 가는 것보다는 앞으로 나가는 편이 훨씬 현명한 생각이라고 판단되어 앞으로 돌진하듯이 전진했습니다. 빗길을 걸으면 발걸음이 빨라지게 마련입니다. 그로부터 8km를 더 가서야 우리는 다음 알베르게를 찾아 들어갈 수 있었습니다.

우리가 들어간 알베르게는 마을 자치단체에서 운영하는 곳인데 손님이 우리밖에 없었습니다. 시설도 마치 콘서트홀같이 훌륭하고 깨끗했지만, 바닥에서 난방이 되어 올라오는 시스템이 우리나라의 온돌을 닮았습니다. 그동안 세계 여러 나라의 난방 시스템을 보아왔지만, 나는 우리나라의 온돌식 또는 바닥 배관식 난방보다 더 과학적이고 기능성이 우수한 난방 시스템을 발견하지 못했습니다. 바닥에서 난방이 되어 올라오니 따뜻한 기운이 은은하고 온기가 오래갑니다. 또 자연

대류가 되는 따뜻한 공기는 위생적이고 건강에도 좋습니다. 난방을 위한 우리 조상들의 실용적인 지혜에 탄복하지 않을 수 없습니다.

이렇게 깨끗하고 따뜻한 알베르게를 아내와 둘이서 쓰는 호강을 누리니 순례를 오래 하는 가운데 이렇게 복된 날도 있구나 싶었습니다. 그러나 다른 한편으로 마을 자치단체가 운영하지 않았다면 벌써 문을 닫았거나 난방을 중지했을 것이라고 생각하니, 이곳 자치단체가 한두 명의 순례객만을 위해서라도 알베르게를 개방하고 순례자들을 맞아주는 뜻이 고마웠습니다.

물에 흠뻑 젖은 옷가지와 신발을 정갈하게 세탁하여 우리 이외에는 아무도 없는 따뜻한 바닥에 쫙 널어놓고 저녁 식사를 하고 있는데, 한 사람이 비가 억세게 쏟아지는 가운데 우비를 뒤집어쓰고 알베르게의 문을 열고 들어왔습니다. 자세히 보니 어제 숙소에서 만났던 바로 그 한국 여성입니다. 대단한 의지와 집념을 가진 여성이라고 생각되었습니다. 저녁 식사 후 커피를 함께 마시며 실례되지 않는 범위 내에서 물었습니다.

"어떻게 여성 혼자서 이렇게 용감하게 올 수 있습니까?" 그녀가 대답했습니다. "한국에서 두 번씩이나 사업하다 실패하고 나서, 머리도 식히고 견문도 넓힐 겸 세계 여행 중입니다."라고 하였습니다. "그동안 유럽 여러 나라를 돌아 스페인에 왔다가 카미노 길이 아름답다는 얘기를 듣고 즉석에서 의사 결정하여 여기까지 오게 되었다."라고 덧붙였습니다. "여행하며 어려운 점이 없는가." 하고 물었습니다. "언어가 잘 통하지 않아 불편하지만 한국인 특유의 감각과 눈치가 있어 큰 어려움 없이 견디어 왔어요."라고 대답하였습니다.

앞으로의 계획을 물어보니 향후 일 년간 이탈리아와 터키를 여행하며 식견을 넓히고 사업 구상을 한 후에 한국으로 돌아가서 다시 사업을 할 계획이라고 합니다. 참 대단히 용감하고 도전 정신이 강한 여성입니다. 그렇습니다. 우리 한국의 여성들은 겉으로 약해 보일지 모르지만, 내면에는 이렇게 불굴의 집념과 강한 의지를 가지고 있습니다. 나는 이렇게 가슴속에 용광로처럼 활활 타오르는 에너지와 창의적인 아이디어를 가지고 자신의 미래를 당당히 개척해 나가는, 용기 있는 사람들이 참 좋습니다.

개와 고양이들의 천국

11/10 제48일 둠브리아(Dumbria)~무시아(Muxia) 19.5km 7h

둠브리아에서 무시아까지 가는 길은 숲 속을 지나다가 때로는 평탄한 도로를 따라 걷기도 하고 때로는 동네 한가운데를 가로질러 완만한 산길을 걷기도 합니다. 무시아로 가는 산길에도 풍력 발전기가 곳곳에 빼곡히 세워져 있어서 바람의 세기에 따라 날개가 빙글빙글 돌아갑니다. 오늘처럼 바람이 많이 부는 날은 풍력 발전기 날개가 더욱 쌩쌩 돌아갑니다. 이런 풍력 발전기가 스페인 곳곳에 무수히 많이 세워져 있으니, 각 지역에서 생산되는 전기를 한곳에 다 모은다면 대단한 자산이 되리라고 생각됩니다.

시골이든 도시든 스페인의 여러 지역을 다니다 보면 개나 고양이 등 애완동물을 참 많이 보게 됩니다. 가는 곳마다 개나 고양이가 거리를 활보하고 있고, 보이는 가정마다 개나 고양이를 2~3마리 키우는 것은 기본입니다. 심지어 길가 어느 집은 개가 너무 많아 관심 있게 세어보니 8마리가 마당에 앉아 햇볕을 쬐고 있었습니다. 그중에 한 마리라도 지나가는 나그네에게 짖어대기 시작하면 나머지 개들이 짖어대고 마침내 동네의 모든 개들이 따라서 짖어댑니다. 따라서 한번

짖기 시작하면 그 동네를 벗어날 때까지 온 동네 개들의 우렁찬 합창으로 귀가 얼얼할 지경입니다. 개나 고양이가 살기에는 천국인 듯싶지만 이방인들이 방문하거나 도둑들이 활동하기에는 지옥일 것 같습니다.

동네나 거리를 지나다가 가끔씩 황소만큼이나 큰 개와 마주칠 때도 있습니다. 만약 개줄이라도 끊어지면 어쩌나 하여 여간 신경이 쓰이는 것이 아닙니다. 그렇게 많은 개와 고양이들이 소비하는 식량만 해도 아프리카 빈곤국의 1년 치 식량은 너끈히 되지 않을까 하는 생각마저 들었습니다. 나는 개나 고양이가 영양실조로 죽었다는 얘기는 아직까지 들어보지 못했습니다. 아프리카나 북한과 같은 빈곤국에서는 기아와 굶주림으로 죽어가는 사람들을 지금도 UNICEF를 통해서 또는 TV 화면에서 자주 볼 수 있음에도 불구하고 말입니다.

개는 영물입니다. 귀엽고 사랑스럽고 주인에게는 더 이상 충성스러울 수가 없습니다. 사람들이 개와 정을 붙이고 가까이 하는 것은 쉽

지만, 정을 떼는 것은 참으로 어렵습니다. 그래서 나는 애완동물을 키우지는 않지만 다른 사람들이 애완동물을 키우는 데에는 반대하지 않습니다. 그렇지만 그것을 여러 마리 키워 사람에게 쏟는 정성보다도 애완동물에게 시간과 노력을 더 소비해야 하는 경우라면, 그 동물이 아무리 귀엽고 사랑스럽다고 할지라도 동의하지 않습니다. 사람은 인간으로서의 존엄과 가치가 있고, 그 존엄한 가치는 동물보다도 우선적으로 지켜지고 보호되어야 한다고 생각됩니다. 가끔씩 사람의 정성스러운 손길이 가득 담긴 듯 탐스럽게 생긴 2~3마리의 애완견을 몰고 공원길을 당당하게 산책하는 사람들을 만나면 나는 묻고 싶어집니다. 애완동물에게 쓰는 애정과 시간과 비용의 절반만큼이라도 도움이 절실히 필요한 이웃을 위해 나눈 적이 있는가 하고!

애완동물을 사랑하는 사람들은 애완동물과 오랫동안 살다 보면 정이 들어 동물을 가족의 일원으로 돌보게 됩니다. 때문에 잠시라도 타인에게 맡기거나 양도하는 것이 쉽지 않습니다. 단시간 외출을 하거나 식당에 가더라도 자유스럽지 못하며, 장기간 여행하는 것은 더더욱 어렵습니다. 애완동물 때문에 자신이 추구하는 행복한 삶에 제약을 받을 수밖에 없습니다. 나 역시 동물을 사랑합니다. 그러나 애완동물 때문에 나 자신이 추구하는 삶의 일부가 제약을 받는다면, 그것이 사람에게 과연 얼마나 유익한 존재인지 한 번쯤은 생각해 보아야 할 것입니다.

내가 아는 해외 교민 중에 애완견 때문에 임대주택을 구하는 데 애를 먹고 있는 사람이 있었습니다. 그는 몇 년 전부터 자신의 주택에서 애완견을 키워왔는데, 사정상 임대주택을 구해야 할 형편이었지만 주택 주인이 애완견을 키우는 것에 동의하지 않아서 오랜 기간 상당한 어려움을 겪고 있어 보기에도 안타까웠습니다. 그도 애완견을 가족의 일부로 생각해서 애완견에게 쏟는 정성도 지극할뿐더러 장기 여행은 물론 잠시 동안 외출하는 것조차도 자유롭지 못했습니다. 타인에게 양도하지도 못하고 애완견과 숙명처럼 살아야 하는 그의 애완견 사랑은 각별했습니다. 사람과의 관계와 애완견과의 관계 중 어느 쪽에 시간과 정성과 돈을 사용하는 것이 옳은 일인지는 각자가 판단하고 선택해야 할 영역이지만, 자신의 생활을 희생하면서까지 애완견에게 정성을 쏟는 일은 현명한 처사가 아니라고 생각합니다.

세난데(Senande)를 지나자 잎이 무성하고 높다란 유칼립투스 조림이 이어졌습니다. 스페인 전역을 지나다 보면 소나무나 유칼립투스 조림이 참으로 많다는 사실을 알게 됩니다. 푸르고 광활한 이 땅에 누가, 언제부터, 어떻게 이리도 푸른 숲을 가꾸고 조성했는지는 모르지만, 자연을 보호하고 사랑하는 이 땅 사람들의 정성 어린 노력에 경탄을 보내지 않을 수 없습니다.

십자가상이 세워져 있는 작은 마을 퀸탄스(Quintans)를 벗어나 풍광이 아름다운 내리막길을 한 시간 가까이 내려갔습니다. 느낌에는 곧 무시아가 나타나고 대서양의 푸른 물결이 눈에 보일 듯이 기대되는데도 이러한 산길이 세 시간 가까이 이어졌습니다. 기대는 가슴 설레는 기다림을 동반하지만, 오랜 기다림이 계속되면 설렘의 효과는 하강곡선을 그리고 지루함이 상승곡선을 그리며 올라갑니다. 가파른 언덕을 올라 서쪽을 바라보니 어느 순간 멀리 숨어있던 대서양 바닷가의 무시아가 숲과 나무 사이로 빼꼼히 내려다보였습니다. 바다 특유의 비릿한 냄새가 콧속으로 확 스며들어왔습니다.

무시아는 스페인의 서쪽 끝 피스테라 바로 위에 있는 대서양에 접한 조그만 해안가 마을입니다. 이 마을을 감싸 안은 해변과 해안선의 둥그런 곡선은 우리의 숨을 멈추게 하기에 충분할 만큼 아름다웠습니다. 무시아에는 6,000여 명의 주민들이 주로 상업과 어업에 종사하며 살고 있습니다. 전해 내려오는 얘기에 의하면 2,000여 년 전에 「야고보」가 「성모 마리아」와 함께 이곳에 와서 복음을 전파했다고 합니다. 이것을 증명할 수 있는 구체적인 증거는 발견할 수 없었지만, 「야고보」가 피스테라에 왔다면 피스테라와 가까운 이곳 해안가 마을에 한 번쯤은 오지 않았을까 하는 생각이 듭니다.

오후 늦은 시간에 바닷가 산책로를 따라 무시아의 해변 끝까지 걸어갔습니다. 무시아의 저녁노을은 참으로 아름답습니다. 대서양의 드넓은 바닷가에 해가 저물 때 하늘과 바다 온 천지가 붉게 물들어 주홍색으로 변합니다. 어쩌면 당시 사람들이 느끼기에 바닷속으로 해가 사라지는 이곳이 땅의 끝이라는 생각이 들기도 했을 것 같습니다. 먹구름 사이로 잠깐씩 얼굴을 내미는 태양은 수평선 위로 반쯤 걸쳐 있고, 바다를 접한 바위 끝자락에 고딕 양식의 '바르카 성모의 성소(Santuario de Senora de La Barca)'가 석양의 붉은 빛에 반사되어 묘한 분위기를 자아내고 있습니다. 대서양에서 떠밀려오는 거센 파도의 포말은 이곳저곳 튀어나온 돌에 아픈 상처를 남기며 휘감고 지나가고, 파도가 할퀴고 지나간 자리에는 흰 파도에 떠밀려와 부서지는 바닷물의 포말들이 앙금처럼 남습니다.

땅거미가 지고 사방이 어두워질 때까지 바닷가에 서서, 그동안 무수한 사람들이 와서 바라보고 감격했을 자리에 서서 큰 소리로 포효하며 이곳에 왔던 사람들이 느꼈을 감격의 도가니 속에 풍덩 빠져보고 싶은 충동이 일었습니다.

사방이 캄캄해지고 더 이상 사물을 식별하기 어려운 시간이 되어 무시아의 순례자 사무실에 갔습니다. 산티아고를 거쳐 무시아까지 도보로 왔다는 사실을 증명하는 세요가 가득 찍힌 순례자 여권을 보여주니, 산티아고에서 발급해준 것과 비슷한 증명서 무시아나(Muxiana)를 발급해주었습니다. 산티아고에서부터 무시아까지 4일 동안 계속되는 폭우 가운데서도 포기하지 않고 도보로 왔다는 사실에 가슴속 깊은 곳에서부터 찌릿한 전율이 타고 올라왔습니다. 생장 피데포르에서부터 산티아고까지의 긴 여정도 쉽지는 않았습니다. 그러나 산티아고에서부터 무시아까지 오는 과정은 숙소와 휴게소를 찾는 데 어려움도 있었지만, 폭우 속에서 추위를 견뎌야 하는 과정이 더욱 힘들었습니다. 그런 어려운 과정을 거치고 나니 고진감래(苦盡甘來)의 의미가 새롭게 다가옵니다. 사람은 어렵고 힘든 과정을 거친 만큼 그에 비례한 크기의 달콤한 열매를 취할 수 있나 봅니다.

오랜만에 바닷가에 와서 바다 특유의 짭짤한 냄새와 비릿한 냄새를 맡으니 생선회 한 접시에 소주 생각이 아니 날 수 없습니다. 그러나 무시아의 레스토랑이나 바 그 어디에도 생선회나 소주를 파는 곳은 없습니다. 문득 30도짜리 와인을 와인숍에서 판매하고 있다는 생각이 뇌리를 스쳐 지나갔습니다. 그렇지! 아무리 궁해도 의지만 있으면 통하는 법이야! 와인숍에 들러 30도짜리 와인을 한 병 사서 바다에 접한 레스토랑으로 뛰듯이 갔습니다.

늦은 저녁 대서양에서 나오는 싱싱한 폴락(Pollack: 흑대구의 일종) 찜과 새우 요리를 시킨 후에, 주인에게 양해를 구하고 사온 와인을 땄습니

다. 여기까지 오는 동안 우리에게 도움을 주었던 스페인 사람들과 이 길을 함께 걸으며 온정을 나누었던 동료 순례자들의 호의에 감사하며, 무시아까지 온 것을 자축하는 멋진 축배를 아내와 함께 들었습니다. 무시아 해변에 부딪쳤다가 공중으로 흩어지는 대서양의 파도 소리가 깊어가는 밤의 풍취를 정겹게 해 주었습니다.

때로는 연인이 되어주고, 때로는 친구가 되어주고, 때로는 다툴 수 있는 미운 친구가 되어준 아내를 위해 고급스러운 화이트 와인으로 그녀의 로맨틱한 감정을 배려해 주었지요. 삶에서 가장 의미 있고 보람 있는 단일 행동은 '여행'이라고 주장하는 행복연구학자의 견해를 존중하지 않을 수 없습니다. 무시아 해변에 부딪쳤다가 공중으로 흩어지는 대서양의 파도 소리가 만추의 하늘 아래 깊어가는 밤의 풍취를 더해줍니다.

땅끝 마을 피스테라

11/11 제49일 무시아(Muxia) ~파로 데 피스테라(Faro de Fistera) 33km 10h

무시아의 아름다운 해변을 바라보며 떨어지지 않는 발걸음을 옮겨 2,000년 전 고대와 중세 사람들이 세상의 끝이라고 여겨왔던 피스테라에 왔습니다. 피스테라는 고대 로마인들이 이 땅을 지배한 BC 2세기부터 아침에 동쪽에서 떠올랐다가 저녁에 바닷속으로 사라지는 태양을 바라보며 땅끝이라고 여겼던, 등대가 설치된 이곳에 태양 신전(Are Sols)을 세우고 태양신을 숭배해왔던 장소입니다.

산티아고 데 콤포스텔라에서 「성 야고보」의 무덤이 발견된 9세기부터 유럽과 스페인의 순례자들은 갈리시아의 가장 서쪽 끝에 있는 피스테라의 코스타 다 모르테(Costa da Morte)까지 순례를 계속해왔다고 합니다. 고대와 중세의 사람들에게 코스타 다 모르테는 자신들의 눈에 보이는 육지의 맨 마지막 땅으로 비쳤고, 하늘과 바다가 맞닿는 대서양의 끝이기에 세상의 끝이라고 여겼던 것입니다.

고대와 중세는 지구를 중심으로 해와 달이 뜨고 진다고 생각하는 천동설이 지배하던 시대였습니다. 당시의 과학적 사고와 지식으로는 인간이 살아가는 지구가 세계의 중심이고, 지구를 중심으로 해와 달이 뜨고 지며 우주가 돌아간다고 생각했던 시대였습니다. 따라서 눈에 보이는 끝이 땅끝이며 눈에 보이는 바다 끝까지가 세상의 전부라고 믿었으리라 생각됩니다.

성경 속 「예수」의 공생애 이전 알려지지 않은 20여 년 동안 「예수」는 인도를 방문했다는 설도 있고, 영국을 방문했다는 설도 있으며, 피스테라에 어머니인 「마리아」를 모시고 와서 기거했었다는 설도 있습니다. 이 가설은 역사학자가 규명해야 할 몫입니다. 「야고보」가 이스라엘로부터 먼 이국땅에 와서 복음을 전한 이곳 피스테라는 바다에 접한 아름다운 항구입니다. 대서양의 푸른 파도가 넘실거리고 현재의 지도로 보아도 스페인의 가장 서쪽 끝에 있습니다.

「예수 그리스도」가 땅끝까지 하나님의 복음을 전하라는 말씀을 제자들에게 가르쳤고 제자들이 이 말을 서로 공통으로 인식했었다면 「예수 그리스도」가 지칭한 땅끝은 피스테라일 수도 있고 땅끝을 동쪽 끝까지라고 해석한다면 동방의 끝인 한국일 수도 있고, 현대적으로 해석한다면 미국일 수도 있으며, 브라질 땅이 될 수도 있습니다. 아니 전 세계 모든 지역 끝까지를 지칭할 수도 있습니다.

카미노 길을 걷는 동안 증명되지 않은 설화들이 참으로 많았습니다. 아마도 현실에서 이루어지지 않는 일들을 상상 속에서라도 이루고 싶어 하는 사람들의 간절한 욕구가 전설을 만들지 않았나 생각됩니다. 죽은 아들이 부모의 간절한 기도 덕분에 살아났다는 설화도 있고, 죽어 요리상에 오른 닭이 꼬끼오 울며 살아났다는 설화도 있습니다. 「성모 마리아」와 성모상이 위기에 처한 사람들을 도와주었다는 설화, 「성인 산티아고」가 위기에 처한 스페인을 구해주었다는 설화 등 현대 과학 문명 속에 살고 있는 우리가 믿기 어려운 설화들이 많이 있습니다. 모두가 기적을 바라는 마음입니다.

그렇지만 나는 기적을 믿지 않습니다. 도저히 일어날 것 같지 않은 일이 인간의 지극한 노력과 정성을 통하여 일어나게 되었을 때 이를 두고 기적 같은 일이 일어난 것이라고 나는 생각합니다. 신앙이 현실적 어려움과 고난을 극복하는 데 도움은 되겠지만, 기적을 바라며 신앙생활을 하는 것은 올바른 신앙의 자세가 아니라고 봅니다.

「예수 그리스도」가 십자가에 매달려 죽을 때 「야고보」의 나이는 많아야 32세였을 것이며, 어쩌면 그보다 훨씬 아래였을지도 모릅니다. 원대한 목적과 포부를 가지고 온 그가 단지 7명의 제자에게 복음을 전하는 데 성공했다는 사실은 그 당시에도 복음 전하는 일이 얼마나 어려운 일인가를 추측할 수 있는 잣대입니다. 「야고보」는 스페인에서 복음을 전한 이후에 팔레스타인 땅으로 돌아가 초기 예루살렘 교회의 지도자로서 중심적 역할을 하였다고 합니다. 「베드로」가 예루살렘을 떠난 이후 「야고보」는 예루살렘 교회의 실권을 장악하고 전도에 힘써 상당히 성공을 거두었다고 하는데, 이방인 전도를 중심으로 했던 바울과는 달리 그의 신앙은 유대주의적이었다고 합니다. 1세기 로마 역사학자이자 유대인 「플라비우스 요세푸스(Flavius Josephus)」는 야고보가 AD 62년 유대인 폭동 때 그의 성공적인 포교활동을 시샘한 유대교 과격분자에 의해 고발되어 돌팔매형으로 순교하였다고 전하고 있습니다.

카미노 길의 진정한 끝인 땅끝 마을 피스테라이자 대서양이 접한 바닷가에서 나는 이곳까지 무사히 인도해주신 주님의 은혜에 감사하는 기도를 드렸습니다. 그리고 다시 묻습니다. 나는 누구인가? 내가 진정 소망하는 미래는 무엇인가? 나는 이 땅에서 무엇을 위해 살며 이 사회에 어떻게 기여해야 할 것인가를….

우리는 내일의 소망스러운 미래와 행복한 삶을 추구합니다. 그렇지만 중요한 것은 현재에 행복해야지 미래에 행복할 수는 없습니다. 다가올 미래가 중요하지 않다는 말이 아니라, 지금 우리가 맞이하고 있는 현재 이 순간이 영원히 다가오지 않는 미래보다도 더욱 중요하고 의미가 있다는 말입니다.

피스테라까지 카미노를 완주한 사람들은 땅끝 마을인 이곳 바닷가 코스타 모르테에서 옛사람의 허물을 벗어 던지고, 앞으로 새로운 사람으로 살아가겠다는 각오를 다지는 의미에서 신발이나 옷가지 등 자신의 소유물을 한 가지씩 태우고 순례를 마무리합니다. 이미 많은 사람들이 자신의 허물을 태운 흔적으로 바위가 검게 그을어 있습니다.

땅끝 마을 피스테라 바닷가에서 나는 다시 출발점으로 거슬러 올라갑니다. 우리가 무엇인가를 간절히 소망하면 우리 삶 속에서 소망한 대로 이루어집니다. 과정이 좋으면 결과도 좋습니다. 역으로 얘기하면, 결과가 좋으려면 과정이 좋아야 합니다. 우리는 다가올 미래를 위해 원대한 꿈과 비전을 가지고 멀리 바라보되, 그 꿈을 이루기 위해 지금 맞이하고 있는 현실 속에서 과정에 충실하며, 행복한 미래를 위해 미래가 아닌 현재에서 행복을 찾아야 합니다. 그러함을 잘 알면서도 나는 또한 다가올 소망스런 미래를 꿈꾸며, 행복을 담아둘 아담한 공간을 준비해놓고 다가올 복된 날들을 기다립니다. 기다림도 또 하나의 행복임을 고백하면서 말입니다.

순례를 마치며

"하늘을 우러러 한 점 부끄럼 없기를
잎새에 이는 바람에도 나는 괴로워했다
별을 노래하는 마음으로 모든 죽어가는 것을 사랑해야지
그리고 나한테 주어진 길을 걸어가야겠다
오늘 밤에도 별이 바람에 스치운다"

「윤동주」 시인의 「서시」입니다.

나는 시인 「윤동주」를 좋아합니다. 그의 때 묻지 않은 맑은 영혼에서 나오는 청순하면서도 가슴이 시리도록 아름다운 시 언어를 진정으로 좋아합니다. 나라를 빼앗긴 서러움 속에서도, 깨끗한 마음으로 순수한 삶을 살다 간 그를 나는 한없이 사랑합니다. 나는 학창 시절부터 그의 깨끗한 영혼을 닮은 삶을 살고 싶다고 생각할 때가 자주 있었음을 겸손한 마음으로 고백합니다.

「윤동주」는 27세의 꽃다운 나이에 후쿠오카 형무소에서 삶을 마감하였습니다. 우리말로 시를 쓰다가 독립운동을 기도하여 '치안유지법'을 위반했다는 모함으로 일본 경찰에 체포되어 너무나 안타까운 나이에 그는 갔지만, 그가 꿈꾸고 사랑했던 「서시」는 많은 한국 사람들과 그보다도 더 많은 외국 사람들로부터 사랑을 받고 있습니다.

그의 모교인 「연세대학교」 캠퍼스에는 그가 공부하고 생활했던 기숙사 앞에 그의 시비가 세워져, 그의 후배들과 그를 사랑하는 사람들이 자주 찾아와 그의 시를 읽고 생전의 그를 기리는 명소가 되었습니다. 또한 그가 잠시 재학했던 일본 「동지사대학교」 본관 앞 정원과 북간도 「용정중학교」 교정에도 그를 사랑하는 사람들이 시비를 세워 그의 맑고 아름다운 시 정신을 계승해 나가고 있습니다. 그뿐만 아니라 그가 일본 경찰에게 잡혀갈 당시 살았던 교토의 하숙집 터에는 현재 「교토조형예술대학교」가 들어서 있고, 그 하숙집 터 앞에 「서시」 시비가 세워져 있습니다.

「윤동주」 시인이 공부했던 「연세대학교」와 「릿쿄대학교」 및 「동지사대학교」에서는 매년 「윤동주」를 기리는 '윤동주 강연회', '윤동주 시 낭송회', '윤동주 문학 토론회'를 개최하여 그의 시 정신을 기리고 계승하고 있습니다. 우리나라의 여러 문학단체에서도 '윤동주 문학상'을 제정하여 그의 시 정신을 기리고 계승하고 있지만, 일본에서는 우리보다 더 많은 사람들이 「윤동주」의 시를 사랑하고, 그를 좋아하며, 매년 그의 시 낭송회를 열고, 그의 시 정신과 문학을 논의합니다.

「도쿠야마 쇼초쿠」 일본 교토조형예술대학 이사장은 누구보다도 시인 「윤동주」를 좋아하는 사람 중의 한 명입니다. 그도 「윤동주」 시인과 비슷한 시기에 태어나 동지사대학교를 다녔다고 합니다. 「윤동주」 시인은 동지사대학교 1학년 재학 중에 우리말로 시를 썼다는 혐의로 일본 경찰에 잡혀 수감됨으로써 학교를 그만두게 되었고, 「윤동주」 시인보다 2년 늦게 입학한 「도쿠야마 쇼초쿠」 이사장은 일본의 태평양 전쟁에 반대하는 데모를 주동했다가 일본 경찰에 체포되어 학교를 그만두게 되었다고 합니다. 하지만 일면식도 없었던 그가 후일 「윤동주」 시인의 주옥같은 시에 반하여 그를 알고 사랑하게 되었고, 「윤동주」의 생애를 연구하던 중에 그가 살았던 하숙집 터를 매입하여 교토조형예술대학 캠퍼스와 기숙사를 세우고 그 자리에 「윤동주」의 시비 「서시」를 제막했습니다.

그는 거실 안에도 윤동주 시인의 서시를 표구하여 벽에 세워놓고 윤동주 시인의 사진도 세워두고 틈나는 대로 서시를 암송하며 윤동주 시인의 맑고 아름다운 시 정신을 탐독하고 있습니다.

그는 여러 차례 「윤동주」 시비와 「윤동주」가 한때 생활했던 기숙사를 찾아 연세대학교를 방문하였고, 한국을 방문할 때마다 나를 찾아왔습니다. 한국과 일본을 통틀어 그만큼 「윤동주」 시인을 사랑하는 사람도 드물 것입니다.

「윤동주」 시인과 비슷한 성품으로 평생을 살아온 분이 있습니다. 연세대학교 명예교수인 「정창영」 전 총장입니다. 선비풍의 온화하고 인품이 훌륭한 학자입니다. 현재 S 언론재단 이사장을 맡고 있으며, 북한 어린이 우유 보내기 운동본부 이사장을 맡고 있습니다. 나는 「정창영」 전 총장의 겸손하면서도 고매한 인격을 존경합니다. 그는 인생에서 나의 멘토이며, 나는 그런 인품을 닮고 싶습니다.

사람은 멀리서 볼 때는 훌륭하고 존경스럽지만, 아무리 훌륭한 인격자라고 할지라도 가까이에서 오랫동안 지내다 보면 누구나 많은 결점이 보이기 마련입니다. 높고 푸른 산을 멀리서 바라보면 아름답게 보일지라도, 가까이에 가서 자세히 살펴보면 산속에도 오르내리는 길이 있고, 숲 사이에 각종 오물과 죽은 나무들도 보이지 않습니까! 아무리 좋은 생선도 3일이 지나면 비린내가 난다고 합니다. 그래서 나는 진정 좋아하는 사람은 너무 가까이하지 말고 멀리에서 바라보며 인간이기에 가질 수밖에 없는 약함과 단점을 관용하고 덮어주면서 좋은 인간관계를 유지하라고 권하곤 합니다. 남녀 간에도 서로 좋아서 사랑하고 연애하다가 결혼합니다. 결혼하기 전까지는 상대방의 아름답고 좋은 점만 보이지 내면 깊은 곳에 가려진 비밀스러운 실체는 보이지 않습니다. 결혼하여 몇 년간 함께 살며 가깝게 지내고 나서야 비로소 상대방의 실체가 눈에 보이고 서로 실망하여 다툼이 생깁니다.

나는 그분을 10년 동안 가까이서 볼 수 있는 기회가 있었습니다. 언제 보아도 그분은 고매한 인격과 단아한 자세, 겸손한 언행, 인간을 진정 사랑하는 마음을 구체적인 생활 속에 실천하였습니다. 우리가 인간 「예수 그리스도」를 현세에서 볼 수 있다면 그와 비슷한 모습이 아니었을까 생각하곤 합니다. 원대한 꿈을 가지고 있어도 언제나 사람을 먼저 생각하고, 검소하고 겸손하면서도 기품 있게 행동하시던 그분의 모습을 보면 머리가 저절로 숙여집니다.

무한 경쟁 시대를 살아가는 현대 사회에서 내 기쁨은 때로는 상대의 아픔이 될 수도 있기에, 나는 내 기쁨을 위해 나 아닌 사람을 적으로 간주하는 어리석은 우를 범하지 않으려고 끊임없이 자문하며 참된 진실을 찾아가려고 노력해왔습니다.

우리 인생은 현재진행형입니다. 과거는 역사 속으로 사라지고 기억 속에만 존재할 뿐 다시 오지 않는 시간이며, 미래는 다가오는 현재의 다음 시간일 뿐 영원히 다가오지 않는 시간입니다. 우리는 과거에 너무 집착하고 연연해서는 안 됩니다. 통찰력 있게 미래를 바라보며 꿈과 비전을 가지고 준비하되, 너무 멀리 앞만 바라볼 필요도 없다고 생각합니다. 우리가 존재하는 공간은 언제나 지금 이 순간 바로 현재이며, 또한 현재의 연장선에 있습니다. 현재는 영어로 'Present'라고 표현합니다. 명사형으로는 '현재'로 번역되고 '선물'로도 번역되며, 형용사형으로는 '현재의, 지금의, 출석한'으로 번역됩니다. 동사로는 '증정하다, 제공하다, 제출하다' 등으로 쓰입니다.

현재는 하나님이 우리에게 주신 값지고 귀한 선물입니다. 우리가 역사 속에 살아가는 동안 과거와 미래를 이어주며 우리 삶의 희로애락喜怒哀樂이 실제로 이루어지는 삶의 진행 공간입니다. 지나간 과거는 기억 속에만 존재할 뿐 다시 돌이킬 수 없는 시간이며, 미래는 멀리서 다가오지만 내가 찾아가 만날 수 있는 시간이 아닙니다.

나는 하나님이 나에게 주신 선물인 현재의 날들을 「윤동주」 시인의 「서시」처럼 하늘을 우러러 한 점 부끄러움이 없는 마음으로… 별을 노래하는 마음으로… 팔 벌려 이웃과 함께 나누고 섬기며, 나의 흔적과 체온이 현재의 공간에서 이웃 사람들에게 전달되어 선한 영향력이 미치기를 소망합니다. 환경은 경험을 지배하며, 사회적 관계의 놀라운 힘은 행복과 불행을 가까이 함께하는 옆 사람에게도 영향을 미칩니다. 나와 삶을 함께 나누는 공간에서 행복의 온기가 이웃에게 복을 가져다주기 위하여 자그마한 시너지 효과를 일으킬 수 있기를 소망합니다. 이 땅에 하나님 나라를 세우고 확장하는 일에 꿈과 비전을 두고 살아가기를 희망합니다. 이것이 내가 이번 50여 일간 카미노 순례길을 걸으면서 생각하고 얻은 결론이며 소득입니다.

[부록]

알카사르 궁전과 알함브라 궁전

천국에 가보고 싶은가요? 누가 나에게 천국을 미리 보고 싶다고 말한다면 나는 세비야(Sevilla)의 알카사르(Alcazar)에 가보라고 권하고 싶습니다. 나 역시 천국에 가본 적이 없기에 자신 있게 말할 수는 없습니다. 그러나 만약 천국이 있다면 이와 비슷하지 않을까 생각됩니다. 알카사르 왕궁도 아름답지만, 왕궁에서 바라보는 정원은 정말로 아름답습니다. 만약 화가에게 붓을 쥐어주고 상상 속의 천국을 그리라고 한다면 아마 이런 모습으로 그려지지 않을까 생각됩니다. 사람이 생각하기에 가장 아름다우면서도 평화로운 곳, 살기에 적합하고 온갖 조건이 다 갖추어져 있는 곳을 그리라면 이런 모습으로 그려질 것이라고 생각되는 곳이 알카사르 궁전과 정원입니다.

알카사르 궁전의 현란한 아름다움은 보는 사람의 숨을 멎게 하기에 충분합니다. 놀랍도록 아름다운 건축물의 짜임과 구조, 때론 우아하면서도 정교하고, 때론 섬세하면서도 감미로운, 어찌 이토록 아름다운 건축물이 탄생할 수 있었는지 그들의 신기에 가까운 건축 기술과 돌을 다루는 솜씨에 감탄과 탄식이 절로 나옵니다.

정원에는 온갖 진귀한 화초와 나무들이 자라고, 인위적으로 조성되었지만 자연 친화적으로 설계되고 조성되어 인위적인 느낌이 들지 않으며, 온갖 새들이 지저귀고 공작새가 날아와 뜰을 거닙니다. 나무마

다 황금색 오렌지가 주렁주렁 매달려 있습니다. 그러나 이 과일은 관상용일 뿐, 탐스럽다고 만약 한 개라도 따 먹으면 그 신맛이 에덴동산의 과일 선악과처럼 오금이 저릴 정도입니다. 왕궁을 자세히 살펴보면 여기저기 회반죽과 페인트칠이 벗겨져 있고, 세월의 풍상을 견디어내지 못한 돌들의 부서진 흔적도 곳곳에 드러나 있습니다.

이곳 알카사르는 8세기 무어인[16]들이 이베리아 반도 남쪽을 지배하기 시작하면서 점차 북쪽으로 세력을 확장하였는데, 아랍의 술탄 「유스프(Yusuf)」가 왕국의 방어를 위해 건립했습니다. 영원한 제국은 없습니다. 무어인들이 이 땅을 지배하고 통치하기 위해 쌓아놓았던 완벽한 성벽과 궁전도 1248년 기독교 세력에 의해 정복되었고, 그들이 왕

16 무어인(Moors): 8세기부터 15세기까지 스페인의 대부분 지역을 통치했던 이슬람 세력들을 통칭하는 말로 당시 안달루스에서 지배층을 형성했던 아랍인, 북아프리카 베르베르인, 일부 노예 출신 흑인들이다. 그러나 800년간 통치하는 동안 혼혈이 이루어져 스페인 원주민과 무어인 간의 구별은 점차 없어졌다. 가톨릭을 믿느냐, 이슬람을 믿느냐에 따라 스페인 원주민과 무어인을 구분하는 것이 옳다고 본다.

궁엔 스페인식 왕궁이, 그들의 회교 사원과 왕궁 뜰 안에는 채플과 예배당이 세워지게 되었습니다. 역사의 아이러니가 아닐 수 없습니다. 1248년 세비야가 기독교의 손에 넘어온 이후 그라나다에 있는 알함브라 궁전을 모방하여 「이사벨」 여왕과 「페르난도 2세」에 의하여 개축되었다고 합니다.

그라나다의 알함브라는 회교도들의 이베리아 초기 정착지였습니다. 711년 회교도들이 알함브라 알바이신 언덕에 살던 유대인의 도움으로 서고트족에게서 이곳을 넘겨받아 정착하면서 세력을 점차 확대하여, 한때는 스페인의 대부분 지역을 점령하고 세력을 확장한 적도 있었습니다. 코로도바, 세고비아, 세비야, 톨레도를 지배하던 회교도들이 기독교 세력에 밀려 1236년 코로도바가, 1248년 세비야가 그라나다로 피난처를 찾아 후퇴하였는데, 이곳에는 「모하메드 이븐 유스프 나스르(Mohammed ibn Yusuf Nsar)」가 토후국을 설립한 상태였습니다.

회교도들의 마지막 보물인 안달루스의 나스르왕조는 1238년 그라

나다의 알함브라 언덕 위에 성을 높이 쌓아 올려 최후의 거점도시를 구축하였고, 그 후로도 250년간 이 땅에서 통치하며 화려하고 부유한 국가를 이어갔습니다. 알함브라 궁전(Alhambra Palace)을 지을 당시만 하더라도 그들은 이 땅에서 영원히 정착할 생각이었나 봅니다. 그러나 1482년 왕위 계승권을 둘러싸고 토후국 당파 간에 싸움이 발생하여 내전으로 확대되었고, 가톨릭 부부 왕인 「이사벨」 여왕과 아라곤의 「페르난도 2세」 왕 연합세력이 토후국을 포위 공격하여 1492년 마지막 지배자인 「보아브딜」로부터 알함브라 궁전의 열쇠를 넘겨받음으로써 스페인 땅에서 회교도 세력의 지배는 막을 내리게 되었습니다.

붉다는 뜻의 알함브라 궁전은 기독교 세력에 의해 1526년까지 확장하여 오늘의 모습을 갖추었는데, 유럽에 존재하는 아랍 양식의 건축물 중 최고의 궁전입니다. 겉에서 보기에는 요새처럼 거칠어 보이고 진한 황토색의 흙벽돌을 쌓아 올려놓은 듯합니다. 그러나 성안에 들어가서 보면 세비야의 알카사르와 느낌은 비슷하지만 규모가 훨씬 더 웅장하고 정교하면서도 섬세합니다. 각 방마다 아라베스크 문양이나 조각이 다르게 꾸며져 있고, 아랍어로 특색 있게 조각된 문양이 돌 조각과 어우러져 뿜어내는 아름다움과 자연 채광을 이용하도록 설계된 정교한 조각과 문양을 보면 경탄과 탄식이 절로 나옵니다.

왕이 방문객을 접견하는 대사들의 방은 알함브라 궁전에서도 가장 화려하고 아름다운 공간입니다. 기하학적 아름다움의 극치인 그 공간의 매력에 빠져있다 보면 궁전 밖으로 나가고 싶은 생각이 사라집니다.

알카사르나 알함브라 궁전에 있다 보면 이대로 세상이 멈춘다 하더라도 행복하겠다는 생각이 들 정도입니다. 그들은 아마도 이곳에 현세의 천국을 건설하려 했었나 봅니다.